"十四五"时期国家重点出版物出版专项规划项目

中 国 城 乡 可 持 续 建 设 文 库

丛书主编 孟建民 李保峰

Research on the Color of Winter Cities

寒地城市色彩研究

路 旭 金 芋 王梦云 王智慧 著

华中科技大学出版社
http://press.hust.edu.cn
中国·武汉

图书在版编目(CIP)数据

寒地城市色彩研究/路旭等著. -- 武汉：华中科技大学出版社，2025. 1. --（中国城乡可持续建设文库）. -- ISBN 978-7-5772-0774-2

Ⅰ. TU984.2

中国国家版本馆 CIP 数据核字第 2024LC6573 号

寒地城市色彩研究
Handi Chengshi Secai Yanjiu

路　旭　金　芊　王梦云　王智慧　著

策划编辑：彭霞霞　简晓思

责任编辑：周江吟

封面设计：王　娜

责任校对：李　弋

责任监印：朱　玢

出版发行：华中科技大学出版社（中国·武汉）　　电话：(027)81321913

　　　　　武汉市东湖新技术开发区华工科技园　　邮编：430223

录　　排：武汉正风天下文化发展有限公司

印　　刷：湖北金港彩印有限公司

开　　本：710mm×1000mm　1/16

印　　张：20.75

字　　数：442 千字

版　　次：2025 年 1 月第 1 版第 1 次印刷

定　　价：158.00 元

内容简介

　　本书专注于探讨寒地城市色彩特色及规划应用,通过对寒地城市色彩的系统研究,揭示寒地城市色彩形成的内在规律,深入探讨寒地城市色彩的特色及其在城市规划和设计中的应用。全书共分为7章:第1章综述城市色彩的地域特色与研究进展,探讨"千城一面"的色彩困境及规划努力;第2章简述色彩学历史发展与测量基础,介绍城市色彩对公众视知觉及心理的影响,还探讨了国际色彩管理立法实践经验;第3章聚焦寒地城市色彩倾向,解析其自然、人文、夜景等色彩特征及色彩心理补偿;第4章深入探究寒地城市色彩的成因与特色,分析色彩污染、特色缺失等问题,强调色彩感知评价的重要性,系统介绍寒地城市色彩的解码方法,为色彩规划提供科学依据与实践指导;第5章以牡丹江、哈尔滨、沈阳等城市为例,开展色彩风貌调查,分析寒地城市风貌特点;第6章对上述城市的特色区域进行心理感知研究,总结寒地城市色彩风貌对公众心理的影响并提出优化策略;第7章探讨寒地色彩特色保护,包括如何保护寒地色彩空间、延续城市特色色彩,并延伸至寒地乡村色彩风貌的特色保护。本书旨在为城市规划者、设计师等专业人士提供理论与实践参考,增进读者对寒地城市色彩的理解与认识,促进城市色彩规划领域的发展。

前　言

在人类文明的历史长河中，城市不仅是人类活动的中心，也是文化、经济和社会发展的缩影。城市的色彩，作为城市形象的重要组成部分，反映了一个地区的自然环境、历史文化和社会特征，直接影响着居民的生活质量和心理感受。随着城市化进程的加快，城市色彩规划与管理逐渐成为城市规划的一个重要领域，对于提升城市形象、增强城市竞争力具有重要意义。

本书旨在深入探讨寒地城市色彩的特色及其在城市规划和设计中的应用。寒地城市因其独特的自然环境和气候条件，对城市色彩的选择和应用提出了特殊要求。本书通过对寒地城市色彩的系统研究，旨在揭示寒地城市色彩形成的内在规律，为城市规划者、设计师以及相关领域的专业人士提供理论指导和实践参考。

本书共7章，内容涵盖了城市色彩的基础理论、色彩测量与管理体系、寒地城市色彩的心理和文化倾向，以及寒地城市色彩的实际案例研究。在本书的撰写过程中，我们力求做到理论与实践相结合，既注重理论的深度和广度，又强调实践的可操作性。我们希望本书能够为寒地城市色彩的研究和实践提供新的视角和方法，为城市色彩规划与管理领域的发展贡献一份力量。同时，我们也期待读者能够通过阅读本书，对寒地城市色彩有更深入的理解和认识，共同推动城市色彩规划的科学化和精细化发展。

在此，我们满怀感激之情，向所有在本书创作和出版过程中给予支持的同事、合作伙伴以及朋友们致以诚挚的谢意。对于那些投身于实地调研和数据搜集的团队成员，我们尤其要表达深深的敬意。他们不辞辛劳的贡献，使得本书的问世成为可能。此外，我们也要向广大读者表达我们的感激之情，感谢你们对本书投以关注和支持。我们热切期待与你们一起深入探索寒地城市色彩的丰富内涵和独特魅力。

目　录

1

城市色彩的特色

1.1　城　市　色　彩

城市色彩泛指城市各个构成要素在公共空间所呈现的色彩面貌的总和，反映了城市的社会发展水平与文化特质，是城市特色与魅力的重要体现。城市色彩设计是城市设计的一个重要的专项内容，也是城市风貌管理工作中经常关注的一类要素。城市色彩研究既有助于推动地区文化发展，也对城市设计中色彩因素的总体设计、控制、管理等具有基础支撑作用。国际学术界一直以来都对城市色彩问题给予关注，以法国、德国、日本等国的规划与研究最具代表性。

自 20 世纪 90 年代以来，我国城市规划学者和专业人员编制了大量城市色彩规划，并积累了较为丰富的学术成果。但是，国内目前对城市色彩规划原理的探讨和总结还相对分散，尚未形成完整的理论体系。2015 年中央城市工作会议提出，我国的城乡规划与设计逐渐进入城市修补和景观质量提升阶段，城市色彩规划的重要性也被反复强调。在此背景下，从色彩地理学的角度入手开展基础性研究，探讨我国不同自然地理区域城市色彩特色与生成原因，并研究以保护地域性城市色彩特色为导向的城市规划与设计方法，是落实中央城市工作会议精神，实践强调地域特征、传承城市文脉的新型城市设计技术体系的重要一环。

纵观当代国际城市色彩规划的发展历程，在此领域做出开创性贡献的法国学者让-菲利普·郎科罗（Jean-Philippe Lenclos）和日本规划师吉田慎悟都是从色彩地理学角度入手解决了本国城市色彩规划的基础依据问题，在保护城市色彩地理原生态与城市色彩发展的矛盾中找到平衡点。然而，我国在前一时期的城市规划工作中，对色彩地理学的引进与应用并不充分，此类规划方法更适用于城市建成区的景观改善与更新，而非新城规划设计。因此，在当前我国城市规划工作重心转向存量优化、风貌提升的趋势背景下，系统学习、实践、优化色彩地理学方法，有望对我国城市规划原理与方法的优化产生积极作用。

1.2　中国传统城市色彩

中国有着五千多年的历史文化底蕴，不同时期的建筑都有着各自的特点，其中不难发现色彩是体现建筑特色的重要元素。我国的城市色彩文化的起源较早，色彩种类丰富，且形成了各时期的色彩体系，同时各时期的城市色彩也被当时的建筑色彩所影响。由此本节将根据我国的历史文化和色彩特点简述不同时期的色彩情况。

原始社会时期，建筑色彩主要体现在建筑材料本身。 原始人类居住方式最初是巢居和穴居，后来演变为居住茅草屋。 茅草屋是人类使用泥土、木材和植物等材料搭建而成的，不同地域的泥土、木材和植物的颜色也各不相同，形成不同地域的建筑色彩。 原始社会的色彩文化的成就主要体现在彩陶方面，仰韶文化时期的遗址中，发现陶器在母系氏族社会已经可以分为黑陶、白陶、红陶、彩陶、印纹陶五类（图1-1），色彩主要以黑色、白色和红色为主。 新石器时代，人类使用赤铁矿粉末等材料将麻布、毛线染成黄色、红色、褐色、蓝色，由此色彩开始逐渐丰富。

图 1-1　仰韶文化时期的彩陶

（图片来源：https://tuchong.com/10333368/82858891/）

奴隶社会时期，人工色彩逐渐运用在建筑方面，建筑的色彩也逐渐丰富。 夏朝是我国奴隶社会的开端，礼制是巩固统治者权力和威严的基础治国制度。 礼制在西周时期已经形成了完善的思想体系，在建筑色彩方面也制定了严格的使用制度。《周礼·考工记》中曾有对色彩的明确记载，周朝时期青色、赤色、黄色、白色、黑色称为"正色"，正色只有社会地位尊贵的人可以使用；而淡赤色、紫色、硫黄色等由五色中任意两种颜色相匹配的色彩称为"间色"，间色则是社会地位低微的人使用的颜色，在色彩方面尊卑分明，不可僭越。 春秋时期，各诸侯开始追求华贵的宫室风格，《左传·庄公二十三年》也记载了当时建筑色彩严格的规范和等级，建筑要按尊卑等级进行着色，同时建筑的墙面刷白、地面涂黑。

封建社会时期是我国的色彩文化发展演化的重要阶段，在建筑艺术方面也有着较大的成就。 秦国统一六国后，中国正式进入封建社会时期。 秦朝在城市方面保留了多数前朝的建筑，但也建造了一系列气势恢宏、规模庞大的工程，整体的建筑风格简洁稳重（图1-2）。 秦朝以黑色为尊，车架、仪仗、旌旗以黑色为主，宫殿和皇陵建筑外部壁画保留着各种图文样式，色彩上也比较丰富，其中黑色占比较大，黄色和赭色次之，石绿、朱砂等非有机颜料显现的其他色彩为点缀。 宫殿和皇陵建筑内部的墙面涂有白粉，地面则涂为朱丹色。 汉朝皇帝则更改了黑色为尊的传统，使用黄色彰显帝王尊贵，同时由"五行论"思想延伸发展出"五色观"，"五色"体系从而被确立。 在五色体系中，黄色对应中央位置，代表五行中的金元素，象征黄龙；黑色对应北方和冬季，代表五行中的木元素，象征玄武；青色对应东方和春季，代表五行中的水元素，象征青龙；红色对应南方和夏季，代表五行中的火元素，象征朱雀；白色对应西方和秋季，代表五行中的土元素，象征白虎。 由此五色也被运用在建筑方面，其中使用黄色涂在柱枋，金色、黄色、红色和蓝色涂在梁枋，黑色作为轮廓线在石灰岩的墙壁上勾勒图案形状，再由赤、黄、黑、赭、石绿等多种矿物颜料填充后形成壁画。 由此形成色彩丰富且层次感强的汉代建筑。

图 1-2　秦阿房宫复原意向图

（图片来源：https://baijiahao.baidu.com/s?id=1632033998313339469）

自东汉后期，佛教由印度南方传入中国，统治阶级的人受佛教的影响，也开始对建筑加入异域风格，主要体现在雕花造型、纹饰、壁画色彩等建筑装饰方面。 色彩方面除原有民族传承下来的色彩外，还开始大量使用金色和银色。 佛寺和佛塔在该阶段出现，其中石窟寺在建筑形态、总体布局方面与其他佛寺不同，多数建造在幽静的自然环境中。 这个时期著名的石窟寺为敦煌莫高窟（图1-3），其以土红色作为基调色，搭配黑色、白色、蓝色和绿色形成多个壁画石窟。 制作壁画的颜料分别是从赤铁矿、高岭土、绿铜矿和青金石等矿物质中提炼而成的，且运用了退晕和对晕的施色技法。 这体现了汉朝时期我国色彩绘制技术的水平，也为我国的壁画艺术打下了坚实的基础。

隋唐时期随着经济的发展和政权的统一，城市在风貌上有了巨大的成就。 相比于汉朝，隋唐时期改变了原有的城市布局，采用里坊式进行布局，单体建筑、群体建筑和院落的设计方面都形成了特有的风格，中国古代城市建设也在此时处于鼎盛时期。 隋唐时期的建筑有着刚柔并济、气势恢宏的风格。 色彩方面沿用"礼部"的要求对建筑进行规划和管制，同样是维护封建统治阶级利益的方式。 在建筑方面保留并传承了"五色论"，皇族专用黄色装点建筑，体现皇家的华贵，勋贵使用青

图 1-3　敦煌莫高窟壁画

（图片来源：https://baijiahao.baidu.com/s?id=1719382199273930410）

色、红色和蓝色装点建筑，寺庙建筑以红色为主体色，平民建筑则多使用无彩色系。

由于盛唐时期经济繁荣，外来文化也逐渐传入中国，因此其他国家的文化也在当时的建筑雕刻技艺、装饰纹样、图案色彩等方面得以运用。琉璃彩瓦也在盛唐时期得到使用，成为体现建筑华丽的重要元素。壁画方面，经过隋朝的运用和发展，到唐朝时期，已经能够使用深红色、紫红色、大红色和石绿色等，色彩种类多样，且增加了金箔和铝箔，从而渲染出层次感，也让壁画更加鲜艳华丽。陶瓷原来以多元单色为主，在盛唐时期彩色的陶瓷更加丰富，也制作出了我国最具代表性的"唐三彩"（图 1-4）。

宋朝是多民族政权并存的时期，城市发展由以政治为主演变为以经济为主，使得宋朝的城市规划和建筑技术方面都发生了质的飞跃。《营造法式》是中国古代完整的建筑技术书籍，由宋朝的建筑师李诚组织编纂而成。书中详细规定了材料的使用和建筑的技术作法等，形成了建筑通用的规定，也形成了中国古代的建筑用色体系。建筑色彩方面，宫苑、庙宇等级别较高的建筑的墙面使用浅黄、土红和灰色。其他官式建筑的内外墙会使用浅黄、土红和灰色添加白色后形成的颜色，主要由不同颜色的石灰泥和其他材料按比例配置形成。屋顶采用琉璃瓦全部覆盖，琉璃瓦搭配青瓦组合呈现出绿色或者黄色的剪边式屋顶（图 1-5）。门窗、平闇等一些小木作构件上，通常粉刷土红色，并夹杂土黄、黄丹、绿色等。彩画是宋朝应用于建筑斗、拱、梁、柱和连檐等位置的图案，主要使用金、黄、青、绿、紫等色彩。《营造法式》中也详细记载了宋代彩画的类型、运用在建筑各部位的方式、用色规律及施

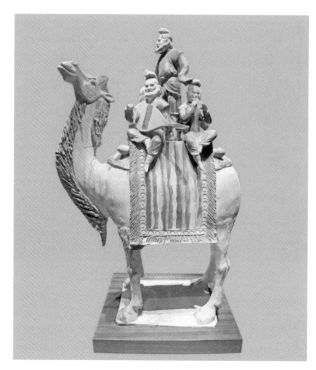

图 1-4 唐三彩陶瓷

（图片来源：https://baike.baidu.com/pic/%E5%94%90%E4%B8%89%E5%BD%A9/466/0/08f790529822720e0
cf368691c821d46f21fbe097d44?fr=lemma&fromModule=lemma_content-image#aid=0&pic=08f790529822720e
0cf368691c821d46f21fbe097d44）

图 1-5 宋代隆兴寺摩尼殿

（图片来源：http://www.sjzntv.cn/h5/sy/syrd/2024/06/1677970.html）

工方式、色彩颜料的制作方式等。 总的来说，在经济文化繁荣发展的时代背景下，宋朝色彩体系更加完善并形成了特有的风格，呈现出典雅又不拘谨，明艳却不浓烈的艺术面貌。

明朝和清朝是中国封建社会时期的最后两个朝代，色彩的等级制度更为细致严苛，同时建筑色彩的应用也发展到了较为成熟的阶段。 这一时期的色彩发展仍然受到物质、经济、文化、审美等因素的影响，明朝初期延续前朝等级森严的礼制，建筑色彩等级也同样被严格管控。 由于对外贸易的发展，外来文化冲击着各方面的制度，人们开始崇尚以华丽、自由、新奇为美的观点，在色彩使用上也开始出现"僭越"。 清朝又开始重新整顿明朝的自由新奇之风，但建筑的色彩和形式方面仍然保留了浓厚的历史特征。 明清时期的彩色建筑多为宫殿和庙宇，主要采用黄色、红色和蓝色等高彩度颜色，突出皇权为尊的特点（图1-6），庙宇中多使用白色、黑色、褐色等多种色彩的琉璃，形成了琉璃塔、琉璃照壁等。 民间建筑则多为灰色系，其中北方民宅材质多为木材、灰瓦和土坯，建筑色彩是材料的本色，以北京四合院为例（图1-7），四合院由青砖灰瓦所造，整体色调也就以青灰色为主；南方民宅多以白墙青瓦为主，柱子则为棕色或褐色，色调以简朴为主。 油饰的使用在明清时期也因等级制度、风俗习惯影响有所差异，《工程做法则例》中的资料显示，当时的油饰色彩有二三十种，但金色与红色的油饰色彩仍然只是皇帝专用色，官式建筑多为银朱红色或者铁红色，普通民宅就只能使用黑漆油饰，直到清朝末年，普通民宅才敢使用红漆油饰。 少数民族地区，色彩会丰富一些，如新疆地区建筑的门窗、柱子等采用绿色、蓝色的油饰装点，西藏地区则采用朱红色。 总体而言，油饰技术的进步，大大丰富了整体建筑的色彩体系。

图1-6 北京故宫皇城

（图片来源：http://k.sina.com.cn/article_7014172115_p1a213c5d300100ocf2.html#p=1）

图 1-7　北京四合院

（图片来源：https://club.autohome.com.cn/bbs/threadowner/42dff99013bc3883/88029270-1.html）

　　通过对不同时期色彩的梳理，能够发现我国有着丰富的色彩研究历史。传统城市的色彩载体主要为城市中的建筑物与构筑物群体，包括宫殿、寺院、亭台楼阁以及民居等，受到不同时期政治、经济、文化等诸多因素的影响，建筑色彩文化经久不衰、持续发展。古代侧重于城镇感性色彩的研究与应用，色彩开始作为阶级统治工具并带有较强的主观感情因素。随着宗教佛法等传入，我国又在其影响下形成了五行五色观。儒学兴起后，宋朝受到儒家理学与禅宗思想的影响，又将色彩作为辅助礼制空间形成的工具。清朝故宫建筑群的色彩设计与营造中充分融入了礼制。通过色彩的历史发展脉络不难看出，古代的色彩研究缺乏科学理性的量化研究，对色彩的规划运用也主要限制在建筑等微观层面，没有系统宏观的色彩规划实践。直到 20 世纪 80 年代引入西方科学量化色彩体系后，为了解决城镇形象危机，我国才开始了以理性科学为主导的色彩研究。

1.3　城市色彩研究的发展

1.3.1　与色彩相关的实践研究

　　自色彩学创立开始，关于色彩的研究逐渐丰富。其中色彩功能主义的运用推动了大量的色彩实践研究，既有科学的量化研究，也有基于人文心理视角的色彩感知评价研究。工业产品领域创建了基于色度学的 CIE 体系，通过光学测色设备检测的指标来控制工业产品的色彩，使得色彩可以完全脱离人眼的视觉感知体系进行标准化生产，充分促进了色彩数字化发展。此外，色彩与人的生理心理关联性也得到了许多实践性研究的证实。例如 1894 年 Eysenck 和 Cohn 曾发表关于色彩感知问题的研究结果，这也是最早明确人的色彩感知的实验方法。1953 年查尔斯·埃杰顿·奥斯古德（Charles Egerton Osgood）创立了语义差别实验法，为色彩的量化研究提供了更加科学客观的研究路径。21 世纪初关于色彩的实验研究主要关注单一色彩和组合色彩两种类型。Sato 等人在物体色的情感评价实验中通过聚类分析得到 CIELCH 色彩空间中的色彩情感图以及色彩情感公式。2004 年 L.C.Ou 等进一步构建了 4 个不受地域文化、历史、民族等制约的色彩情感模型和 3 个色彩偏好模型。2007 年德国吉尔哈德·梅尔文（Gerhard Meerwein）等学者编写的 *Color—Communication in Architectural Space* 一书中记载了多次色彩心理临床实验，并基于人的色彩感知的心理维度总结出了建筑空间中的色彩语义。色彩与情感关联性得到众多实践证实，语义分析作为简单有效的心理量化方法，广泛运用于色彩研究的实践中。如今人们已经懂得如何通过相关的色彩组合搭配烘托商业氛围、提升工作效率以及安抚病人情绪等。

1.3.2　色彩在建筑学领域的发展

建筑学领域对色彩的应用最早源于对建筑色彩设计方法与工艺的探讨。文艺复兴时期，已经有著名建筑师阿尔伯蒂（Alberti）在其著作《论建筑》中详细论述了建筑色彩设计方法。德国建筑师戈特弗里森·森佩尔（Gottfried Semper）、德国艺术史学家弗朗茨·库格勒（Franz Kugler）等欧洲建筑师结合对古希腊建筑色彩的研究，编写了大量有关建筑色彩设计的著作。他们证实了希腊建筑并非传统的大理石白，而是多彩的，神庙与居住建筑更是被赋予了生动的色彩。早在古希腊与古罗马时期，色彩已经开始成为装饰建筑、美化生活环境的重要手段。赫尔曼·菲尔普斯（Hermann Phleps）所著的《罗马和中世纪的着色建筑》一书中提到了罗马人的色彩偏好，他们习惯运用红色涂料掩饰建筑立面的粗糙感，并热衷于色彩丰富的珍贵物品及石材。

色彩在现代建筑运动中扮演着重要的角色。现代建筑运动的萌芽阶段主张对建筑装饰元素进行削减以及去色化处理。包豪斯（Bauhaus）作为对现代建筑运动影响深远的院校，其色彩的传播与教育在现代建筑运动中扮演着重要的角色，并在瓦西里·康定斯基（Wassily Kandinsky）、约翰·伊顿（Johannes Ltten）等众多色彩学者的理论基础上创立了与工业设计结合的色彩教育体系。该校的教授伊顿是最早将现代色彩学引入现代主义思想教育的教育家之一，并编写了《色彩艺术》一书。从著名建筑师勒·柯布西耶（Le Corbusier）早期的建筑作品中可以看出他对各种艳丽的纯色的创新运用，通过大胆的色彩运用与建筑空间互动形成新的建筑语言。 他认为色彩能够带给建筑活力，反对当时学院派推崇的灰色。 1957 年成立的 "国际色彩顾问协会"（International Association of Color Consultant, IACC）旨在研究并解决色彩和人工建造环境以及使用者的生理、心理感受之间的问题，这标志着以人类生活环境为研究目标的色彩设计研究开始专业化。 20 世纪 60 年代后期，国际式建筑蓬勃发展，建筑师纷纷开始崇尚极简的建筑形式，建筑色彩由多彩变成了无彩色系。城镇色彩面貌的平淡造成了空间感受的乏味呆板，直至 20 世纪 70 年代，后现代主义蓬勃发展，反对城镇色彩过于简化，强调历史建筑与环境的地位，促进了建筑色彩的回归。 瑞士色彩教育家 Werner Spillman 呼吁将色彩作为基本的设计元素，并设立专业色彩教育机构为建筑师等专业领域的从业者提供大量的色彩教育课程，推动了色彩教育理论与实践的发展。 1996 年芬兰的赫尔辛基艺术与设计大学开设了色彩教育的专业课程，以建筑、环境色彩为主要教学内容，并可以授予硕士学位。2007 年科帕茨所著的《三维空间的色彩设计》一书研究了建筑三维空间中的色彩表达，对色彩模型、色彩属性与个性及色彩对比等基础理论做了详尽的描述，并首次提出建筑色彩与材质在历史建筑保护中的促进作用。

1.3.3　城市色彩景观规划的发展

色彩规划由城市建筑色彩设计发展而来，经过漫长的社会实践逐渐成熟。 从宏观层面来说，色彩的运用是以改造城镇风貌为目的而开始的。 早期的色彩规划实践大都依靠色彩研究的相关学者、建筑师等的推动，以建筑色彩风貌规划协调为主。例如意大利建筑师乔瓦尼·布里诺（Giovanni Brino）通过相关文献的研究，详细制定了建筑色彩搭配方案，对都灵建筑色彩进行改造提升，建立了历史街区的色彩修复方法，开创了城镇系统开展色彩规划的先例。 法国色彩学家让-菲利普·郎科罗教授基于大量的色彩实践研究创建了色彩地理学相关理论学说。 他主张通过研究区域地理文化色彩，总结 "色彩基因图谱" 并用于指导城镇色彩规划。 郎科罗教授还带领团队参与了许多社会实践，例如在法国住区的色彩规划中，他充分运用了色彩地理学的研究理论，不仅有效改善了当地的色彩景观，还较大地提升了当地居民的生活环境品质。 这种从社会文化与自然环境两个视角进行色彩图谱的收集整理的方法得到了各国色彩专业人士的肯定，成为当时色彩规划设计的主要工作方法，并逐步在英国、美国、日本等城镇的色彩工作实践中推广。 法国巴黎色彩规划以街道为界面展开研究设计，通过协调建筑物色彩，取得了良好的视觉效果，形成了独特的城镇氛围。 英国将建筑色彩纳入城镇景观环境，即作为色彩景观进行研究，并积极找寻色彩隐含的历史文化以及美学内涵。

1.3.4　亚洲最早的色彩景观立法

日本是亚洲最早进行色彩景观立法的国家。 通过相关的法律政策干预以及详细的规划设计，日本城乡色彩空间呈现了较好的视觉景观效果。《东京城镇色彩规划》是日本于 20 世纪 70 年代出台的第一个具有现代意义的城镇色彩规划文件，此后，日本各个城镇相继开展了色彩规划研究。 例如京都市在 1972 年便开始对建筑环境色彩做出限制性规定；宫崎县致力于追求建筑与自然环境色彩的相互协调；神户市在颁布的《城镇景观规定》中提出色彩规划的专项内容；广岛市成立了"管理指导城市色彩的创造景观美的规划"委员会，培养市民的色彩审美与文化素养。 此外日本还出现了专业化的色彩规划中心，承担城镇色彩研究与色彩法律制定的双重职责。 法律效力基础之上的日本色彩景观规划更具实施性与管理性，为城镇色彩景观风貌的形成起到了重要的规范引导作用。

1.3.5　色彩量化体系在我国的发展

从古至今，我国色彩量化经历了由模糊哲学至精细科学的转变。 色彩量化体系在我国起步较晚，发展基础较为薄弱。 我国古代对色彩还属于比较感性的认知阶段，将色彩与玄理结合成为古代人们判定事物的依据。 由于对色彩认知分类还处于比较粗略的初步阶段，依照古代传统的色彩判定方法，并不能对其他色彩做到精确化描述。 近现代我国开始引入国外对色彩科学定量化的研究成果，实现了从技术角度精准把握色彩。 色度学是研究色彩表现与应用的学科，通过一定的标准体系实现色彩的科学化、符号化与精准化。 一些国家制定了本国的色度学体系，现国际上较具有影响力的主要有 CIE 标准色度学系统、孟塞尔色彩体系、奥斯特瓦尔德色彩系统、日本实用色彩坐标体系、瑞典自然色系统等。 目前我国的色彩体系是在孟塞尔色彩体系的基础上发展而来的。 色彩量化体系的精细化与标准化是色彩应用的前提条件。

1.3.6　城市色彩规划的学术理论发展研究

色彩规划的理论发展源于对建筑整体环境的视觉思考，建筑色彩是城市色彩的重要组成部分。 对于中国传统古建筑色彩的评述，林徽因曾于《论中国建筑之几个特征》中提出"中国人的操纵色彩可谓轻重得当"，并指出中国建筑色彩冷暖运用、光线位置、施色方式是色彩和谐的重要方面。 近现代色彩规划往往滞后于城镇建设，色彩管控欠缺以及应用混乱无章法，导致色彩地域性逐渐消失，给城镇形象带来严重的负面影响。 许多学者从色彩问题入手，并结合地方色彩实践案例进行策略思考，例如陈昌勇、刘恩刚两位学者从城镇色彩现状问题研究入手，对柳州城镇色彩规划案例做了实践研究，通过前期的色彩图谱梳理、社会色彩认知意象调查研究，以感性的公众认知作为色彩规划设计的基础，从而制定出更加科学有效的色彩量化管控体系。西安建筑科技大学杜莹基于西安城镇色彩情感调研分析，结合色彩心理学等相关理论提出色彩规划中情感诉求的作用。

色彩是形成地域性标识的重要表征，也有学者对色彩与城镇区域环境之间的关系进行了研究。厦门大学教授马武定指出，在自然环境及历史人文的综合作用下，色彩具有明显的地域特征并在发展演变过程中形成了独特的地方审美。学者张大元以文化生态为研究视角，通过建立色彩与地方文化的互动联系，探究区域环境背景下的色彩形成。学者卞坤通过文脉主义视角下的色彩体系梳理，建立地区色彩基因图库，促进城镇色彩风貌传承和延续。

色彩规划需要了解地域性特征，聚焦色彩问题，也需要一套完整的理论体系作为制定规划的内核。学者于西蔓认为城镇色彩规划需深刻理解与掌握色彩量化、色彩基因、彩度控制以及色彩管理工具。学者黄翌玲通过将镇江的色彩分为物质层面和精神层面的研究，提出了人性化的城镇色彩规划设计。学者苟爱萍强调色彩规划的空间安排是核心，应该通过区分色彩轴线与节点的空间等级进行色彩设计，提出要通过色彩的点、线、面的设计逻辑体系，打造一个安全的、视觉连续的、有吸引力的、人文的城镇环境。随着社会发展以及色彩学术研究的更新，色彩规划设计逐渐呈现精细化发展，对于色彩理论研究也会回归人本主义。

1.4　千城一面的色彩问题

城市色彩具有重要的文化传承意义。我国很多城市在长期的历史发展过程中形成了自身的城市色彩特色，这些特色是塑造中国城市形象的重要景观元素，在表述中国的城市精神方面有极大优势（王京红，2016）。保护城市色彩特征对保护城市风貌、延续历史文脉、传递城市精神起着极其重要的作用（柯珂，2015）。然而在快速城镇化的推动下，我国"千城一面"的问题日益凸显，城市景观模式化、雷同化、无特色化。直接原因就是城市建筑遍在色彩的过多使用。遍在色彩可以理解为在不同城市的建筑立面建设时被普遍使用的建筑立面色彩或色彩组合，例如日本吉田慎悟研究发现，现代日本都市建筑物的墙面主要色彩普遍处于黄红色系或黄色系的低彩度区域内（吉田慎悟，2011）。在当代建筑材料显色范围丰富的背景下，遍在色彩的形成具有一定的必然性，且已在当代城市色彩环境中占据较大比例。但是遍在色彩的广泛复制和使用将对城市色彩特色造成破坏，会形成"千城一面"的景观现象。各个城市的传统特色往往被淹没在大量标准化开发的新建建筑环境中，从而造成了城市文化精神表达能力的弱化，这是城市色彩规划普遍面临的难点和亟须解决的重要问题。

我国城市色彩规划在多年的实践过程中，逐步形成了自然基底、地域文化、现状特征三元融合的规划思维框架。 ①重视城市色彩所根植的自然色彩基底，建议在存有自然色彩的情况下，尽量使用自然色彩构成城市底色（韩平，2014）。 ②重视具有鲜明表述作用和强烈记忆价值的传统城市色彩，通过发掘城市色彩记忆，提炼根植于该地区的传统色彩，为城市定制专属的色彩体系（郭红雨，2010），尤其重视历史文化街区等特殊地段所承载的独特历史背景与文化信息（白舸，2020）。③城市色彩规划中主体色的选定需要基于城市现有的建筑色彩，明确城市的已有特色并对城市市民的色彩审美习惯或审美传统进行调查和研究（许艳玲，2010；王晓，2014）。 这种三元融合的思维既体现了我国城市色彩规划对自然、人文等系统性因素的重视，强调城市色彩发展的文化意义，同时也兼顾了城市色彩出现的分散性和随机性，顺应城市色彩演变的发生学规律。 然而，从破除"千城一面"的角度出发，对现状城市色彩的研究在甄别现状色彩基调特色方面还具有一定的提升空间。广泛调研所得的现状城市色彩中既包含了形成"千城一面"的遍在色彩，也包含了很多城市特有的色彩基调特色。 识别和保护现状城市色彩的基调特色对于保护城市色彩特征意义重大，其重要性甚至超过对于少量历史建筑或历史街区的研究分析。城市色彩规划应当顺应目前的基调特色与演变趋势来引导色彩发展。

快速城市化导致城市色彩的"同"与"乱"。 自改革开放以来，中国城市经历了多年的高速发展，城镇化率高速增长。 城市色彩出现了"同"与"乱"两个方面的问题。 短时高效的建设模式使城市快速发展，但视觉的同质化现象也日趋严重，许多城市的建设都盲目模仿西方模式，建筑的设计就好像复制粘贴一样，使得城市出现了"千城一面"的现象，这就是城市色彩问题中的"同"。 除此之外，许多建筑为了争夺"话语权"，拼命使用鲜艳、刺眼的颜色来吸引眼球，争相突出，建筑设计师对建筑色彩设计的不同，使城市建筑色彩杂乱无章，造成了视觉污染，这就是城市色彩问题中的"乱"。

事实上，在诸多城市风貌要素中，城市色彩对城市特色的表现能力非常突出。城市特色通常包括物质要素（自然景观、人工建筑等）和精神要素（文化习俗、生活习惯等）两个方面。 而城市色彩由于兼具视觉要素特征与心理刺激属性，不仅是城市特色重要的物质体现，也能够起到传达场所精神的作用。 正如希腊蓝顶白墙表达的浪漫情怀、巴黎深灰色屋顶与奶酪色墙面所呈现的优雅气质，以及苏州黛瓦白墙展现的婉约风情，城市色彩在展现城市风貌特征的同时，也彰显了城市的精神文化品质。 由于色彩具有物质与精神的双重价值，保护城市色彩特征对保护城市风貌、延续历史文脉、传递城市精神起着极其重要的作用，也就是说城市色彩是表达环境特色的重要手段。 破除"千城一面"的局面离不开城市色彩特色的营造。

1.5　城市色彩规划的努力

国际上对城市色彩的专业研究由来已久，始见于早期建筑设计师的著作。 在建筑理论家阿尔伯蒂于 1452 年完成的《论建筑》中就有关于建筑立面色彩建构方法的论述。 早在 19 世纪初，意大利都灵就已经开始城市色彩控制的实践。 19 世纪中期以后，欧洲建筑师开始对古代希腊时期的建筑色彩进行考证研究，并结合建筑设计实践撰写了许多系统阐述建筑色彩设计与施工方法的著作。 20 世纪六七十年代，色彩地理学的创立使得城市色彩规划在全球范围内得到蓬勃发展。 而直到 21 世纪初，城市色彩才逐渐引起国内城市规划研究者和管理者的关注。 当代建筑材料显色性能的显著提升，让城市色彩研究的重心由探讨如何实现转向如何科学控制色彩搭配。 建筑色彩研究的发展是现代建筑运动的一个重要组成部分。 建筑师勒·柯布西耶非常注重建筑设计中立面色彩语言的使用，并通过工程实践和论文等系统阐述了他对色彩的理解与色彩的运用原则。 同样注重建筑色彩研究的还有建筑大师沃尔特·格多皮乌斯（Walter Gropius），特奥·范·杜斯伯格（Theo Van Doesburg）和布鲁诺·陶特（Bruno Taut）等。

国内的城市色彩规划以借鉴国际经验与结合中国国情的实践探索为主，近年来取得了较快进展，已有 60 个以上（不完全统计）的地级市或直辖市编制了城市色彩规划，有数百个城市有色彩规划的诉求。 然而，国内的城市色彩规划成果往往落实性较差，建筑建设者对规划要求的理解能力有限，有关管理部门也缺乏有效引导城市色彩意象形成的手段与技术。 随着城市设计与研究的不断发展，当今的城市色彩规划逐渐成为由建筑学、心理学、艺术设计学、法学、城乡规划学等学科共同支撑的系统工程。

1.5.1　城市历史街区的传统色彩风貌保护与修复研究

欧洲对城市历史街区与非历史街区的景观规划措施差异明显，针对历史街区色彩风貌保护与修复的工作一直被强调。 都灵、特林、切塞纳等城市的历史街区色彩修复工程，采用了极为严谨的修复方式，规划人员在对历史档案与工程资料鉴定的基础上提出城市色彩图谱，建立了详尽的"古城色彩数据库"。

瑞典联邦立法《规划和建筑法》（*The Planning and Building Act*，PBA）要求根据现有历史建筑的立面和色彩的典型特征进行严格保护和修复。 美国加利福尼亚丹维尔镇（Danville）基本采用了欧洲管理模式，采取了严格明确的管理措施。 位于洛杉矶东南部的伍德布里奇（Woodbridge）采用《伍德布里奇乡村协会规范》（*Woodbridge*

Village Association Code），提供了非常精确和严格的建筑指南和标准，所有颜色变更都必须获得批准。该规范还提供了《调色盘颜色指南》（*Color Palette Guidelines*），在某些部分则强制使用特定的颜色。

国内的色彩发展与应用也已有较长的历史，较早的古代时期在木质建材上进行色彩粉饰与涂刷通常是避免其遭受腐蚀与破坏，而现在随着城镇化的快速发展，较少兼顾到地域文化、传统习俗的社会大背景，大都呈现出色彩趋于一致或色彩杂乱、污染的现象，因此在近年来逐渐引起政府相关管理部门与城市规划从业人员的注意与重视。研究学者和组织也开始将西方国家较为典型与前沿的城市色彩规划理论、方法、实践经验等引入国内，此后国内的色彩实践逐渐兴盛。北京市作为国内首个规划并实施色彩规划的城市，综合考量其自然环境、人文环境、人工环境，最终将其城市主体色定为以灰色为主的复合色；杭州市根据江南水乡的历史文化背景，主体色定为具有古代水墨意向的色系，形成较为和谐、协调的色彩氛围。除此之外，武汉、哈尔滨、西安、广州等较大城市亦找到适配当地文化、历史、风俗的色彩规划与管控体系（表 1-1）。

表 1-1　国内城市色彩规划的实践进程

时间	城市	规划范围	规划内容
2000 年	北京	城区八区	将灰色为主的复合色作为城市建筑外立面主体色
2001 年	盘锦	主城区	提出 158 色推荐色谱
2003 年	武汉	主城区	推荐了冷色系、暖色系、中灰色系、重彩色系和淡彩色系 5 类 300 种颜色，通过分区规划与管控的方式分别推荐主体色
2004 年	哈尔滨	主城区	确定米黄色加白的暖色系为主体色
2005 年	西安	主城区	把灰色、土黄色与赭石色作为主色调
2007 年	广州	主城区	将城市主体色定位为黄灰色
2009 年	杭州	主城区	确定水墨意向的城市色彩主色调
2009 年	无锡	新城区	将城市主色调定为"新白、黑、灰"色系
2010 年	长沙	主城区	将城市主色调定为素雅的暖色调并对不同建筑推荐色谱
2010 年	重庆	主城区	将城市主体色定位为灰色，以此将山城特色展示出来
2011 年	秦皇岛	主城区	按城市行政区划分了暖白、绿、青灰等城市主体色
2012 年	青岛	主城区	将城市主体色定为"红瓦绿树、碧海蓝天"
2012 年	福州	中心城区	将城市主体色定为暖白、暖灰色，体现古雅温润的海边印象
2012 年	滨州	中心城区	将城市主色调定为暖色系的低彩度色、无彩色

时间	城市	规划范围	规划内容
2012 年	廊坊	中心城区	色彩规划总理念定为"润色浪漫,时尚廊坊"并提出推荐色谱
2013 年	洛阳	主城区	将城市主色调定为灰色、土黄色系,制定建筑色彩管控
2014 年	晋江	主城区	将中心城区城市主体色定为红橙暖灰
2015 年	济南	中心城区	确定"湖光山色,淡妆浓彩"的城市主体色、片区推荐色谱
2015 年	临沂	中心城区	将城市主体色定为暖白灰橙,并为建筑立面推荐 108 种颜色
2016 年	大同	三大区域	提出大同城市色彩 150 体系
2016 年	张掖	中心城区	城市色彩规划的总体理念为"五彩风雅×金张掖",并提出具体的色谱与配色方案

1.5.2　基于色彩地理学的城市色彩研究与规划实践

我国当代第一次大规模与环境色彩相关的学术研究活动是在 1991 年,北京市建筑设计研究院设立了"我国传统建筑装饰、环境、色彩研究"课题小组。 詹庆璇、焦燕在 2002 年开展了国内 5 个城市居住建筑色彩的研究。 2003 年,清华大学尹思谨系统介绍了城市色彩规划理论,提出了"城市色彩景观"的概念。 2003—2009年,我国已有哈尔滨、广州、武汉、南京、杭州、苏州、厦门、长沙、泉州等 20 个城市陆续开始城市色彩规划实践。 其中包括总体规划研究、建筑色彩控制引导规划、色彩专项规划等。 总体而言,国内城市色彩规划的研究是结合城市色彩规划实践的需求来开展的,由于开展时间相对较晚,因此也非常重视对国外经验的学习与借鉴,可以分为如下方面。

1. 城市主体色研究

20 世纪 90 年代初,随着城市建设中色彩问题的不断出现和各地城市色彩规划的逐渐开展,城市建设者逐渐认识到,良好的城市色彩印象往往取决于占比最高、最稳定、对城市整体色彩环境最具影响力的建筑色彩的品质。 城市色彩塑造了中国形象,在表达中国的城市精神方面有极大优势。 关于城市色彩主体色或者主色调的研究开始显现,大部分学者通过实际的城市色彩规划进行了不同角度的研究。

宋建明(1999)认为,城市色彩受自然地理背景、人文历史背景两个大背景影响,而对城市色彩现况的梳理,主要体现在对基调色、杂色、主调色的色彩要素的提炼。 王洁等(2006)通过借鉴大阪市的色彩景观设计理论,在台州城市色彩规划中运用色彩框架这一概念,确定了城市基调色和强调色,从而规范和控制台州市的城市色彩。 郭红雨、蔡云楠(2009)从广州、苏州、厦门几个特大城市的色彩混乱和趋同现象的成因出发，认为需要为城市色彩制定总体色谱，引导城市色彩环境的优化。 赵春冰等（2009）根据国内外城市色彩规划案例分析，提出从城市的自然色彩、文化色彩、传统建筑色彩和现状建筑色彩四个方面对城市色彩进行研究和调查，并结合色彩心理评价实验，综合得出城市色彩总谱，并提出天津市的城市色彩主调。 顾红男、江洪浪（2013）利用 MATLAB 软件平台的插值与回归算法，得到城市色彩主色调理想色彩图，确定城市片区色彩、街道色彩等，实现色彩设计的量化控制。 赵云川（2006）通过对北京城市色彩现状的反思及发展趋向分析、定位，提出限定地使用"城市主色调"和区域功能、性质进行色彩规划的理念，并且呼吁北京尽快制定符合自身情况的城市色彩指南，按照设定的主色调进行规划。 如今，对于城市主导色的研究依然是国内城市色彩研究的主要内容和城市制定色彩规划的重要组成部分。

2. 城市街区色彩环境设计研究

城市街区地段色彩是城市色彩的子集。 目前对城市街区色彩环境设计的研究主要体现在两部分：一是城市地段之间的色彩特征，即如何体现特有的历史文化、民俗风情、地理特点，如何营造出城市街区的特色氛围；二是在环境设计中避免地段间建筑与建筑、建筑与街道、街道与街道景观等产生色彩矛盾。

蒋跃庭、焦泽阳（2008）总结了城市色彩特性和色彩规划的思路，从延续城市文脉、协调建筑色彩与自然山水等环境色的角度，对黄岩商业街区色彩控制进行了深入探讨。 高金锁、梁丽娜（2009）结合历史演进、气候条件、技术进步等方面对天津城市街区的色彩更新设计进行探讨，从天津城市街区色彩的空间分布上提出利用多元色彩共同构建具有时代特征和历史文脉的天津城市街区色彩整体格局。 郑丽娜等（2013）提出城市街区色彩特征模型的概念，实现用数学语言描述建筑与周边建筑色彩的总体逻辑关系，并以天津市五大道历史风貌区为例，通过调研获取色彩样本，利用统计分析和数学建模的方法，对其建筑色彩现状特征进行了较为深入的分析，构建建筑主体色的色彩特征模型，减少报建色谱比对的主观性，提高了选色可操作性。 吴茜（2014）通过对街区内现状色彩的调研总结，在此基础上定性认识了什刹海街区的现状色彩特征，建立了现状色彩数据库，通过计算机辅助设计与统计定量分析，对现状色彩的孟塞尔系数进行量化研究，提出了北京历史街区色彩规划设计构想，以及历史名城、历史街区色彩设计的目标与愿景。

3. 城市色彩规划与管理方法研究

在城市中有效控制并引导城市色彩的形成一直是城市色彩规划研究中需要深入探讨的方向。 我国现行的城市色彩规划管理基本仍处于初期的尝试阶段，同时也缺乏实施途径。 制定合理的色彩规划管理机制、编制统一规范对建筑色彩进行系统管控、以法规的形式加强色彩控制的持续管理、健全色彩规划中的公众参与机制都是城市色彩规划与管理方法研究中亟须完善的内容。

张楠楠（2009）通过对杭州市重点规划试点以及宏观层面的色彩规划等实践的探索，提出从宏观、中观、微观多尺度研究城市色彩的控制和引导方法，并能够与规划体系相互适应、相互沟通。陈群元、邓艳华（2011）通过全面和系统的对城市色彩规划编制与管理的探索，总结出控制层次分为建筑色彩指点重点控制区、建筑色彩规划主控制区和建筑色彩规划次控制区，其在中观和微观层面上又细分为城市主要道路两侧建筑色彩管制等多种管制办法。王新文等（2012）按照"技术体系改造，重点片区调整，规划信息更新"的思路，实现对各层面城市色彩的规划。苟爱萍（2007）通过对各国的规划管控部门管理条例的总结，认为采取"自上而下"的规划方法，强调控规层面的原则性条款，鼓励修建性详细规划和建筑设计阶段的色彩规划和设计，是城市色彩规划得以实施的有效途径。

4. 地域性传统文化色彩特征研究

我国古代仅存的两部建筑专书之一——《营造法式》中就提到中国古代彩画的传统色彩、造型和构图。城市的地域性和传统文化的特征反映了该城市的建筑、人文和景观色彩，反之，一个城市内的色彩景观也应该体现该城市的地域特色。当代中国色彩观念受到传统文化、色彩教育以及个人艺术修养和时尚敏感度等方面的影响。如何利用色彩景观的手段去保护并体现城市的地域性和传统文化，解决历史与现代、传统与科技、城市发展与文化传承之间的矛盾更是刻不容缓。

朱瑞琪（2012）借鉴了建筑学领域相关理论，提出从传统地域特色到新地域城市色彩的转化方法以及策略，并对西安市曲江新区进行验证，形成了和谐有序、现代性和地域性兼备的地域性城市色彩的理论和方法体系。郝阿娜等（2013）从鄂温克民族的传统文化和建筑风格中提炼民族传统文化符号与民族传统色彩，用于设计内蒙古鄂温克聚居地的新型民居。王京红（2014）提出色彩力的概念，并创新性地结合了中国园林中的传统手法"园中法"对紫禁城的轴线进行了色彩分析，得出轴线空间序列的关系。李路珂（2016）提出，"象征"与"美"是中国建筑色彩设计的主要方面，二者的协调和取舍，构成了中国传统的建筑色彩设计思想。

5. 寒地城市景观色彩特征研究

我国关于寒地城市的城市色彩研究数量相对较少，大多针对寒地城市的建筑、广场、专项公共设施。2001年，哈尔滨工业大学城市规划设计研究院开展"哈尔滨中心城区总体城市设计研究：城市色彩规划"的课题研究，这是较早对寒地城市开展城市色彩规划研究的案例。吴松涛等（2001）提出寒地城市色彩规划要依据适应寒地气候特点、注重历史文脉、突出时代性与现代感三项基本原则。目前对于寒地色彩相关研究主要分为三类，即寒地城市色彩特征及规划研究、寒地城市建筑色彩研究、寒地城市景观环境色彩研究。

孙英博等（2008）分析了气候对寒地城市的一些负面影响，并从植物色彩和城市色彩几个方面进行研究，提出寒地城市亮化和地面铺装彩色化有助于改变寒地城市色彩现状。 齐伟民等（2012）系统地从色彩定位、色彩特色以及色彩管理三个方面对东北寒冷地区的城市环境进行控制和规划。 郭春燕、卫大可（2006）通过对北京、哈尔滨、海拉尔、吉林、牡丹江共五个具有代表性的寒地城市住区进行实地调研，分别从色彩、环境色彩和建筑材料方面总结出寒地城市住区色彩设计应注意的问题。 徐亮等（2014）认为寒地城市有着悠久的历史，保护和传承寒地城市建筑色彩文化和文脉是城市色彩规划的基本原则。 何喜凤、宫金辉（2007）应用色彩设计手法从人工景观、园林绿化、季节性再创造三个方面塑造寒地城市景观。 客佰慧（2015）结合北方植物景观特点对寒地植物景观色彩进行搭配，为寒地城市植物景观的塑造提供了合理的建议。 张萃（2016）对寒地城市进行道路景观色彩设计的重要意义进行了阐述，然后对现阶段我国寒地城市道路景观色彩设计过程中存在的主要问题进行分析，最后提出应从色彩搭配、道路绿化和生态环境保护三个方面进行景观色彩设计。 我国严寒地区城市色彩研究数量相对较少，没有形成系统的理论框架，缺乏实际的优化对策。 而且寒地城市色彩具有复杂性与多元性，导致设计与规划错综复杂，所以针对寒地城市色彩的系统研究对系统保护寒地城市群体的景观特色具有重要的研究价值。

城市色彩是一个多学科交叉的新兴研究领域，既包括偏重于社会科学原理与方法的城市色彩文化问题研究，也包括侧重技术探讨的城市色彩分析技术与工具研究，还有侧重管理与控制的城市色彩规划研究。 这三个方面并非孤立存在，单一领域的理论或技术突破都有可能对其他方面产生显著的推动作用，同时某一方面的应用需求也在推动其他领域的技术进步。 总体而言，国外的城市色彩研究始于建筑师在城市历史街区修复中的技术实践，研究发展一直保持着非常强的针对性，将研究对象保持在旧城更新、景观立法、城市复兴等技术边界相对清晰的研究领域，各领域均有明确的核心理论与技术方法。 相比之下，国内的城市色彩研究发展大多是跟随城乡规划实务需求，在城乡规划的总体技术框架之下，对城市色彩规划中的现状分析、主导色选取、色彩区划等关键技术开展讨论与研究，或片段式地引介和应用国外技术，或在城市设计其他领域借鉴相关方法，长期以来缺乏实务之外的独立基础研究。 近年来，基础研究不断增加，形成了对我国或部分地区的色彩环境的综合分析，对未来我国城市色彩规划理论的发展必将产生深远而积极的影响。

2

城市色彩研究

色彩学源于 17 世纪 60 年代，英国物理学家牛顿在三棱镜中发现光色的奥秘，色彩学的发展基础也因牛顿对光科学的研究而奠定。到了 18 世纪，德国著名的诗人和科学家歌德对绘画与大自然丰富奇妙的色彩现象十分感兴趣，开始对色彩及其对人的影响进行研究，终于在 1810 年编写了《色彩论》这一专著。这本书讲述了人对色彩的一些生理感知规律，又为后期色彩心理学的研究奠定基础。

随着现代科学技术的不断发展，色彩信息的传递方式不再局限于人和物体的实际接触和口头传递。除了传统意义上个体对色彩的认知差异，显示屏的显色差别、印刷技术等因素也影响了色彩信息传递的准确性。为了保证城市色彩规划的科学和严谨，城市色彩规划不可避免地会涉及色彩的测量和表达。目前国际上没有统一的色彩技术标准，色彩技术标准因国而异，因此本章系统介绍了我国色彩研究中常用的色彩体系。

2.1　色彩标示系统

表色系统指将色彩通过数据的方式进行转述。表色系统的存在使色彩的表达更加准确，且更易被计算机精准识别。美国的孟塞尔色彩体系是最先创立的，通过对孟塞尔色彩体系的研究，中国制定了色彩国家标准《中国颜色体系》（GB/T 15608—2006），日本则颁布了日本实用色彩坐标体系（Practical Color Coordinate System，PCCS）。下面对上述三种表色系统进行详细介绍。

2.1.1　孟塞尔色彩体系

孟塞尔色彩体系是由美国著名的色彩学家阿尔伯特·孟塞尔在 19 世纪 90 年代末创立的色彩体系，是在国家色彩规划实践中应用最多的色彩体系。孟塞尔色彩体系的立体模型成锥体，从下到上共分为 11 个色彩等级，也叫作灰度等级。中线上的彩度值为 0，距离中线越远，彩度值越大。从中线到外圈分为 10 个等级，中心圆形分为 10 种颜色，这 100 种基础色共同组成孟塞尔色彩体系的基本模型。之后再根据不同的彩度、明度和色相来确定不同的颜色。

孟塞尔色彩体系（图 2-1）最显要的特征是直观体现了色相（hue，H）、明度（value，V）、彩度（chroma，C）三项色彩属性，通过孟塞尔色彩体系，人们可以直观了解到某种颜色的色彩三属性。孟塞尔色彩体系因其便于使用的特性，是目前国际上使用最广泛的表色系统。

孟塞尔色彩体系包括红（red，R）、红黄（yellow-red，YR）、黄（yellow，Y）、黄绿（green-yellow，GY）、绿（green，G）、蓝绿（green-blue，GB）、蓝（blue，B）、蓝紫

（purple-blue，PB）、紫（purple，P）、紫红（red-purple，RP）10 个色相。 在实际城市色彩规划工作中，一般取每个色相区间的 2.5、5、7.5 和 10 共 4 个值区分不同的色相，如黄色系（Y 系）分为 2.5Y、5Y、7.5Y 和 10Y。 孟塞尔色彩体系的明度由 N0～N10 分为 11 个等级，数值越大，色彩所对应的明度就越大。 彩度与明度规律相同，也是随着数值的增加而增加。

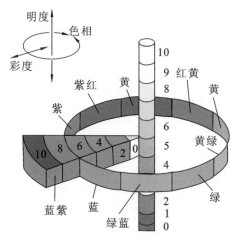

图 2-1　孟塞尔色彩体系

2.1.2　中国颜色体系

20 世纪 90 年代，色彩国家标准《中国颜色体系》与《中国颜色体系样册》正式通过国家标准审查，并公布实施。 我国在色彩的度量上建立了适用于中国实际情况的标准，中国社会对色彩的使用自此步入标准化阶段，有关色彩的信息传递实现了定量化。

中国颜色体系虽然依据我国国民的视觉特点进行了针对性调整，但在城市色彩规划所注重的色彩表达体系制定方法和色彩表达语言逻辑上，与孟塞尔色彩体系相差无几，基本可以套用孟塞尔色彩体系的表色方法。

在中国颜色体系中，色彩主要分为无彩色系与有彩色系两类。 无彩色系由黑、白、灰三种色彩组成，有彩色系是指除无彩色之外的其他所有色彩。 色彩的属性三要素包括色相、明度和彩度。 目前我国的城市色彩规划实践中通常采用"中国颜色体系""中国颜色的表示方法"等，这是因为东方色彩独具韵味，与西方的现代感色彩截然不同，东方色彩偏重，更加体现出东方的历史气息，因此本书也将采用传统的中国颜色体系，以及以中国颜色体系为基础的"中国建筑色卡"（图 2-2）作为色彩记录的主要技术手段。

图 2-2　中国建筑色卡

2.1.3　日本实用色彩坐标体系

日本实用色彩坐标体系和我国采用的中国颜色体系一样，都是在孟塞尔色彩体系的基础上，根据本国国情进行修改完善的。在色彩表达体系制定方法和色彩表达语言逻辑上，日本实用色彩坐标体系和中国颜色体系相同。但在色彩的表达方法上，日本实用色彩坐标体系将色彩三属性中的明度与彩度相结合，引申出了独特的"色调（tone）"概念。通过"色调"概念，日本实用色彩坐标体系可以将明度、彩度这种更为抽象的色彩概念通过语言进行表述，如鲜艳的（vivid）、稀薄的（pale）、柔软的（soft）等，并将英文缩写编入色彩标号。这种将色彩感觉与色彩体系结合的做法，使色彩体系通俗易懂，为色彩教育提供了便利，特别是在城市色彩面向市民的导则的表达、城市色彩与公众参与的结合等方面。

综上所述，我国和日本所采用的表色系统在城市色彩规划所需方面相差不大。针对日本实用色彩坐标体系特有的色调概念，日本 PCCS 机构提供了色调与明度、彩度的对应表，可将色调直接转换为色彩的三属性，为本书在中日两国城市色彩规划的研究提供了互通的途径。

2.1.4　色彩测量系统

在城市色彩规划工作中，规划前期对城市现状色彩的整体把握和规划后期对色彩规划实施后的管理维护是必不可缺的重要环节。在这两个环节中，需要对城市的现状色彩进行采集。城市现状色彩的采集主要以使用色卡对照并记录城市色彩的具体数值的方法为主。我国在中国颜色体系的基础上，颁布了《建筑颜色的表示方法》（GB/T 18922—2008），规定了建筑色卡的色度值。该色卡广泛应用于与建筑涂装有关的各行各业，是具有权威性、唯一性和行业认可度的建筑行业色卡。 中国建筑色卡沿用中国颜色体系，采用色彩三属性(H/V/C)进行编码。

2.2 视知觉理论

通常来说，人往往存在视、听、嗅、味、触 5 个方面的感觉机能，而知觉则是对前面几种感觉进行整合、处理与分析而形成的大脑最终反应与判断。 视知觉的含义相对来说简单一些，即大脑由于视觉感知做出的应激反应，其中对视觉感知最具有冲击力的便是周边的色彩环境。 除此之外，美国学者 Warren 于 20 世纪末对"视知觉"具体的感知过程进行深入研究并创造性地提出"视知觉"层级递进模型（图 2-3），由此归纳并总结出不同等级的视觉任务对应不同的认知能力，其中，最

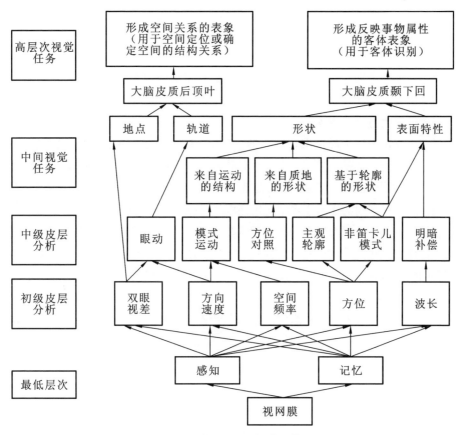

图 2-3 "视知觉"层级递进模型

（图片来源：根据谭明《景园色彩构成量化研究——以南京地区为例》重新绘制）

低层次仅需基于感知、记忆（较为简单的视网膜开展"视觉接收与认知"工作），高层次视觉任务则需形成空间关系的表象及反映事物属性的客体表象，从而在空间定位与客体识别工作之中进行应用。

城市色彩规划中较常用的色彩生理感知主要涵盖视觉阈值、视觉混色、色适应、色的恒常四大方面的内容。具体来说，首先，视觉阈值常常被色彩面积、与使用者间的距离等影响从而呈现出不同的色调，其在城市色彩多层次设计中起到较为重要的作用。其次，视觉混色即为色彩感知与距离间的联系，随着距离增加，色彩感知亦随之变化成明度降低的灰色倾向。再次，色适应即为色彩感知与色温间的联系，但一般来说，色彩感知不会随光线变换而产生较大改变，由此，在调研采集色彩数据时不用拘泥于特定日照强度。最后，色的恒常为眼睛能够识别物体固有颜色的能力，其往往和公众的色彩感知记忆有联系。

2.3 色彩心理学

色彩心理学主要是探究公众面对色彩时的真实反应或者说色彩给公众带来的心理影响等内容。其中，产生的色彩感知主要涵盖色彩的冷暖感、重量感、空间感、联想与象征四大方面的内容。具体来说，首先，冷暖感即色相在公众心理上产生的冷暖感知，亦常被称为暖色调与冷色调，其中，暖色调包含紫红、红、红黄、黄、黄绿等，往往给人亲和、激动、亢奋、温暖的印象，故而在寒地城市中应用较为广泛，而冷色调则包含绿、蓝绿、蓝、蓝紫、紫等，往往给人疏离、冷静、冷漠、寒冷的印象，因此在多雨的江南水乡中运用甚广。其次，重量感即明度在公众心理上产生的轻重感知，通常明度较低的色调给人稳重的印象，明度较高的色调给人轻盈的印象。再次，空间感即色相、彩度在公众心理上产生的远近感知。一般来说，彩度较高的暖色调常常给人前进、膨胀的印象，彩度较低的冷色调给人后退、紧缩的印象。最后，联想与象征即公众对色彩的认知上升到特有的情感，通常亦会受到文化信仰、传统习俗等外在因素影响，诸如蓝色象征忧郁、白色则代表纯洁，同时由于公众的思维惯性往往产生"记忆色"，该"概念化"的色彩常常能够较好地将自身的特色展现出来。

2.4 复杂色彩的调和

色彩调和通常指两种及两种以上色彩通过色彩搭配来提升整体的色彩和谐程

度。 研究色彩调和规律的本质是客观探讨多种颜色的搭配关系。 在城市色彩设计中，可以分别使用同一色调和与类似色调和的方法对城市色彩进行整体调和。 同一色调和与类似色调和指选择性地赋予色彩三属性（色相、明度、彩度）以统一的规律，将一个区域内的建筑色彩整合为相同或类似的某一色彩属性，从而形成区域内建筑色彩之间的联系。

受色彩地理学影响，日本城市色彩规划中色彩调和的理念根深蒂固。 大部分城市都以色彩调和为美，追求"低威压感"与"低违和感"。 日本城市色彩规划的内容实际上是城市色彩调和方法的运用。

此外，日本城市色彩规划还发展出了独有的色调调和的概念以寻求城市色彩的调和。 日本在孟塞尔和奥斯特瓦尔德两种色立体的基础上开发了日本实用色彩坐标体系作为国家通用的表色系统，该表色系统将明度和彩度相结合并赋予"色调"的定义。 色调将色彩的明度、彩度等无法直接表述的属性用明暗、强弱、浓淡、深浅等带有色彩性格的语言表达出来，生成色彩性格相近的颜色组团（图 2-4）。 日本城市色彩规划将色调的概念延伸，取同一色调组团内的颜色互为色调调和（图 2-5）。

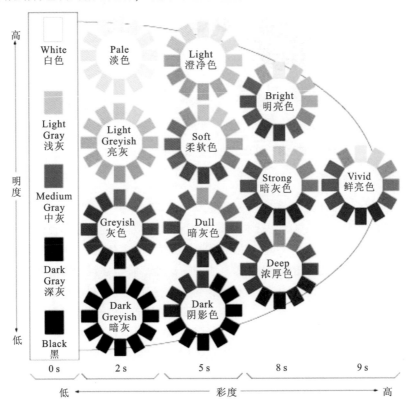

图 2-4　色调及色调组团表示的色彩性格

（图片来源：根据王冠一等《论色彩调和思想在日本城市色彩规划中的地位与实现》重新绘制）

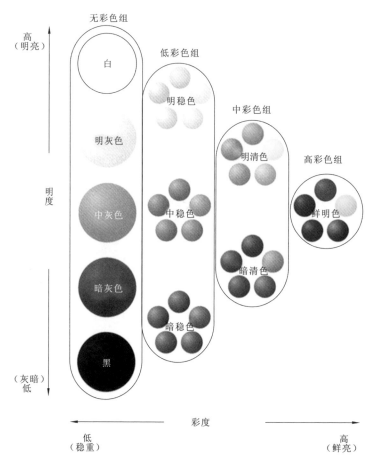

图 2-5　日本城市色彩规划中的色调调和

（图片来源：《熊本城市色彩导则》）

　　日本的建筑立面色彩调和时既要避免单一色彩的单调平铺，又要避免过多色彩缺乏主次的喧杂现象。对此，日本通常采用区分主体色、辅助色和点缀色的方式调和建筑立面色彩。主体色指建筑立面采用的底色。主体色占建筑立面的面积最大，直接影响人们对建筑的一般印象。此外，远距离眺望建筑物时看不清建筑主体细节，只能看见建筑立面主体色。因此，主体色是建筑立面最重要的构成色，主体色的选择通常决定了人群对街道的观感。辅助色是指对建筑立面具有补助效果的颜色。一般选择与主体色相调和的色彩，起到丰富并装饰立面的效果。点缀色作为装饰性色彩，在城市色彩规划中起到突出建筑色彩性格的作用。为了城市色彩整体的调和，点缀色的使用面积占比很小。

　　单体建筑立面色彩的调和主要要求主体色、辅助色和点缀色选取相同或类似的色相，并在明度和彩度上作适当变化［图 2-6（a）］。如图 2-6（a）与图 2-6（b）的对比，相较于随意使用不同色相的颜色带来的建筑外观杂乱感，在建筑立面使用同系色相 Y 色系、YR 色系的建筑更协调；但是，即使满足色相要求，若缺乏明度和彩度的色彩变化，只使用某种单一颜色，也会使建筑外观单调死板［图 2-6（c）］，进而影响城市色彩的整体调和。

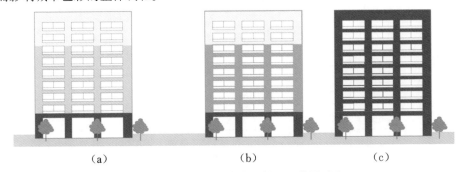

（a）   （b）   （c）

图 2-6 不同色彩构成的建筑立面效果对比

（a）立面调和的色彩配置（色相——Y 色系、YR 色系）；（b）立面不调和的色彩配置
（色相——Y 色系、YR 色系、RP 色系）；（c）立面单调的色彩配置

2.5 色彩管理立法

21 世纪以来，伴随着景观立法在发达国家的逐渐开展，城市色彩作为一项重要内容被写入政府主导的城市景观管理法规。日本早在 1988 年就制定了《横滨市港口色彩规划》，横滨市也是亚洲最早使用地方性管理条例进行城市色彩管理的城市。在日本于 2004 年 6 月颁布的《景观法》中，有 6 处对色彩进行规定。在《景观法》的框架和原则基础上，日本很多城市编制了色彩规划或包含色彩规划专项内容的景观规划，如《札幌景观色彩 70 色》（2004 年）、《近江八幡市景观规划》（2005 年）、《东京都景观色彩导则》（2007 年）等，进一步明确了景观色彩导则。2010 年重新修订的《熊本市景观规划》，甚至特别补充了处罚条例的相关内容。

《景观法》是日本城市色彩规划最有力的法律支撑。它的目标是促进都市和农山渔村良好的景观营造，形成优美的国家景观风格，为国民创造富有意趣的生活环境以及营造富有生命力与个性的地域特色景观。其中规定了与景观营造相关的基本理念，以及国家、地方相关负责部门、景观从业者、城镇居民各自在景观营造中应尽的责任与义务。《景观法》从宏观角度规定了日本包括城市色彩在内的景观营造整体理念。为了景观营造目标的实现，《景观法》赋予地方相关负责部门根据自身实际情况和景观资源，制定《景观规划》和《景观条例》的权利和义务。因此，日本的景观营造能以一种自上而下的良性走势从中央贯彻到地方，是日本城市色彩规划体系的重要构成部分（图 2-7）。

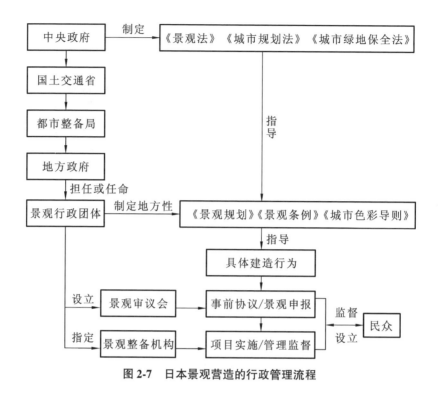

图 2-7　日本景观营造的行政管理流程

同时，日本的城市色彩规划行政管理体系在法律背景的支持下发展情况相对乐观。日本针对城市景观色彩的管理工作先从中央到地方垂直执行，然后由地方政府以横向展开、多方合作的模式开展。如图 2-7 所示，在《景观法》的支撑下，日本的景观营造在宏观层面由都市整备局制定全国性的战略计划，在中观层面由地方政府设立的景观行政团体、景观审议会和景观整备机构三个部门共同合作实现。其中，景观行政团体负责制定地方景观营造规划，《景观规划》《景观条例》《城市色彩导则》都是由其制定的；景观审议会负责审核城镇居民或相关从业者提交的具体建筑物的色彩景观方案，包括事前协议和景观申报；景观整备机构监督城市景观营造方案的项目实施与管理监督。机构和民众一同保障了城市色彩景观的实施。

城市景观规划是日本城市色彩控制范围和控制对象的主要界定载体，但并非日本城市中的所有建筑色彩都会受规划的限制。根据城市景观规划的限定方法不同，有的城市如京都市、神户市等，仅部分城区被纳入了城市景观规划范围；有的城市如新潟市、仙台市，虽然全域受景观规划的管控，但只有一定规模的建筑才需要进入审核程序，小住宅等处于无管制状态。

此外，还在对日本城市色彩规划文件的整理中，发现日本色彩规划中涉及一些普及率较高的特殊情况处理方法，如对天然建材的三属性不做要求。笔者认为，这种特殊做法原因有三。一是"色彩地理学"的理论影响，即区域范围内的色彩表达途径与城市自然景观色彩的交互关系。景观规划通过使用天然建材以营造地域特有的景观特征。 二是天然建材的色彩整体呈现低彩度、低明度且色相范围狭小的趋势，不影响城市的色彩整体调和。 三是地方政府有意推进地产建材的销售以支持地方经济发展。 而要求高识别度的建筑色彩不受色彩范围限制主要是出于特殊安全考虑，特别是埼玉市还规定了在交通标识周围禁止使用高彩度色，以保证交通标识的醒目，减少事故发生的不安全因素。

为促进城市色彩规划的落实，日本城市在《景观法》的支撑下设立了惩罚制度。 一些城市为了进一步调动相关从业者和业主维护城市色彩秩序的积极性，在惩罚制度的基础上设立了景观助成制度和色彩形成奖励。 日本的 20 个政令市中有 16 个城市确立了景观助成制度，为景观形成地区的建筑发放补助金用于建筑色彩的设计与实施。 除了静冈市，所有政令市都设立了景观色彩形成奖金，每年对辖区内建筑进行色彩景观评比，并向获奖建筑的业主颁发奖金。

日本以国家法律为中心，结合各自城市的具体情况制定地方性法规，提出对城市色彩扰乱行为的惩罚措施，同时对好的景观给予奖励和支持。 这种做法使得日本城市色彩得到了根本性的控制和监督，让日本的城市色彩变得更加和谐、有序。

3

严寒地区的色彩倾向

3.1 寒地城市

如今，学术界对于寒地城市仍有不同的见解，从地理学、中国气候分区等角度来看，寒地城市具备的特点一方面为温度较低，标准为冬天时平均气温低于5 ℃，同时持续145天及以上；另一方面，雨雪天气居多，日照时长较短而晚间较长，并且具有四季变化明显的特点。通常来说，寒地城市在高纬度地区多有分布，我国比较有代表性的是东北三省、内蒙古自治区、华北等区域，由于这些城市受到地理位置与气候的制约，对其进行城乡规划、建筑设计及其园林景观设计等有很大难度。

3.1.1 冰雪下的城市色彩

寒地城市冬季大部分时间处于冰雪附着的环境下，根据 Weather Spark 网站提供的气象数据，寒地城市大部分从10月开始直至翌年4月都有降雪，如图3-1所示。受气候的影响，寒地城市中能够适应寒冷、漫长冬季的植被有限，导致寒地城市自然色彩构成中绿色系和黄红色系的色彩骤减。由此寒地城市形成了以天空的灰蓝色、积雪的白色和枯草附着的大地色为主的色彩体系。寒地城市的河流分布广泛，但会在寒冷的冬天结冰，失去环境中水体本身的彩度，与雪一样呈现白色。整体来看，严冬时期的寒地城市，自然色彩较单调。人们从视觉和心理上更倾向于寻找温暖和热烈的感觉，以弱化寒冬带来的萧条、冷清感。人工色彩更倾向于明快、中低彩度，使城市整体色彩呈现出饱和度高、彩度低的视觉效果。

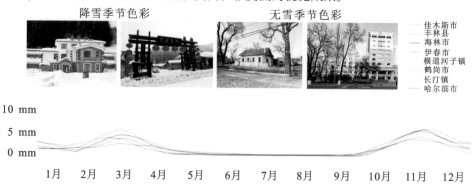

图 3-1 寒地城市冬季气候特征与色彩

（图片来源：作者根据 Weather Spark 网站数据自绘）

3.1.2 夜景色彩

寒地城市冬季漫长，季节更替明显，植被适应性问题造成了城市自然环境色彩空缺，城市冬季色彩单调且缺乏活力，让人在视觉和心理方面感到萧条和压抑。根据 Weather Spark 网站提供的气象数据可知，寒地城市冬季夜间时间大于日间时间，从下午 4 点（16:00）左右开始日落，日照时间短，黑夜漫长，自然环境因素影响下城市户外活动时间短暂，如果对城市夜景设计不当，会加剧城市生活不活跃程度。城市色彩环境明暗对比见图 3-2。

图 3-2　城市色彩环境明暗对比

目前寒地城市普遍缺乏对城市夜景色彩规划的整体设计，在实施城市亮化工程时，通常忽略景观性，比如线状轮廓灯以及泛光照明的滥用，不但掩盖了建筑特色，而且形成了较混乱的城市夜景，部分照明在彩色光运用方面考虑欠佳，照明效果与功能存在明显矛盾。此外，一些单位不顾建筑夜景设计的协调性，盲目追寻照明亮度、灯光彩度，形成阴森、冷寂的照明环境，使人们在寒冷的冬季不愿聚集靠近，建筑周围活跃度不高，并严重破坏了建筑的艺术文化与审美价值，对于历史保护建筑而言更是如此。

人们趋向于在视觉舒适的光亮环境中活动，夜景设计丰富的区域促使人们停留活动的时间更长，增加交流机会，活跃城市气氛，同时也可以在一定程度上缓解寒冷冬季城市色彩匮乏的问题。利用夜景照明色彩营造出寒地城市居民需要的、层次丰富的照明环境，对于提升城市的活跃度有着良好的效果。在寒冷的夜间环境中，良好的夜景设计有助于提升人们对于城市整体的认知。如图 3-3 所示，寒地城市滨河夜景亮化设计层次丰富，主要建筑标志物夜间形象突出，配合广场活动设施周边照明吸引很多市民在此活动，跳广场舞的人群、在桥底吟唱的老人、在河边散步的居民展现了热闹的夜间景象。

3.1.3 阴影区色彩

著名的色彩理论家洛伊丝·斯文诺芙（Lois Swirnoff）在其著作《城市色彩——一个国际化视角》一书中曾指出，日光特性由纬度、海拔等地理因素决定，日光的

图 3-3　寒地城市滨河夜景

入射角和光线的强弱都会对建筑色彩产生影响，因此日光特性是决定一个区域内建筑色彩的重要因素之一。 由于大多数情况下城市色彩的观察光源就是自然光，人们已经习惯将自然光照射下的物体颜色称为固有色。 自然光线投射到物体时，建筑受光区色彩偏向红黄调的暖色，而处于阴影区的色彩明度偏低，偏向蓝紫调的冷色（表 3-1）。 本章中的寒地城市地处中国东北高纬度地区，冬季太阳高度角偏低，导致城市整体环境中受光区较少、阴影区较多。 因此，城市色彩与自然光线应该相互协调、相互适应，对于冬季阴影区的色彩应该充分考量，为了协调整体色彩，可通过局部的装饰色、点缀色进行色彩补偿，也可以通过提升阴影区色彩明度进行光线补偿。

表 3-1　建筑阴影区与受光区色彩对比

照片	色彩区域	色样	光谱色值（$L×a×b$）	色彩属性 [H（色度）、S（饱和度）、B（亮度）]
	墙面阴影区		60×0×（-5）	225、8、60
	墙面受光区		94×1×6	39、7、96
	墙面阴影区		355×16×53	50、9、2
	墙面受光区		30×8×100	97、2、6

3.1.4 低照度色彩

照度是物理术语，是光的重要特性，也是室内外采光设计的重要参照标准，指的是单位面积上所接受可见光的光通量。依据《建筑采光设计标准》（GB 50033—2013）的光气候分区，本书研究的城市大多属于Ⅳ类光气候区，属于室外年平均日照度较低的区域。从一天照度变化下的建筑色彩可以看出，照度高时建筑颜色偏向于暖色调，照度低时建筑颜色偏向于低饱和度的冷色调（图3-4）。有相关研究指出，在照度低的城市，人对于建筑色彩心理倾向表现为暖色调，同时随着城市文化特征不同，建筑色彩表现也不同，例如满洲里市处于中俄蒙三角地带，城市色彩在以暖色调为基准的情况下通过增加诸多富有民族特色的点缀色而表现丰富。

图 3-4　低照度环境下建筑色彩

3.2　寒地城市色彩意象

城市色彩不但是城市中随处可以感知的一个客观事物，而且是一种独特的语言，表述着一个城市的文化特点和居民的情感与喜好。在认知个体无意识地感知客观呈现的空间时，对于不同文化的认知个体来说，色彩的表述意义也有较大的差别。城市意象是由城市空间形态的客观呈现与人的主观感知功能决定的，而城市色彩同样存在于主观认知个体与客观环境之中，因此城市色彩与城市意象是相互联系并且相互影响的。城市色彩是城市的自然环境与文化共同影响而产生的，是客观存在的，而城市色彩意象是城市意象中的一个重要组成部分，因此也可以说城市色彩直接影响着城市意象。城市色彩与城市意象存在着难以分割的交互关系，因此借助城市意象要素来进行寒地城市色彩规划是十分科学合理的，可以得出一个新的方向——寒地城市色彩意象。它是寒地城市意象的重要组成部分，也是塑造寒地城市色彩特色的着力点。 本书以城市色彩意象要素为单位进行寒地色彩规划，将为寒地色彩规划提供一个新的思路与途径，有助于塑造寒地城市色彩个性及风貌特色，也有助于提升人们对色彩的感知，从而完成具有可操作性的、实效性较高的色彩规划。

目前大部分的城市色彩规划以制定主要色谱为基本内容，按照建筑的功能类别进行分区，进而实现色彩的规划与控制。 但事实上按照建筑的功能进行硬性分区并不合理，同时容易造成色彩的破碎化，缺少了对景观的连续性的考虑。 本书创新性地将城市意象应用到寒地城市色彩规划中，首先通过认知地图的方法获取城市意象要素，然后借助辅助软件对城市意象要素做出验证与补充，结合色彩调查结果，得出城市色彩意象，最后在提出城市总体色谱与主体色的基础上，以城市色彩意象要素为基本单位进行城市色彩的规划与控制。

3.3 色彩心理补偿

3.3.1 自然反差

城市空间色彩是在自然环境色彩基础之上产生的，它深刻又直接影响着人们的直觉和空间定位，良好的色彩环境有助于人们对城市空间进行标识，从而形成良好的城市意向。 挪威朗伊尔城在 1981 年经过城市色彩风貌改造，形成了具有极寒地区特征的城市色彩风貌，吸引了大批游客观光游览。 改造的主要途径就是使人工色彩与自然环境色彩产生强烈的反差对比，形成特征鲜明的对比色调，弥补极寒地区自然色彩的贫乏，改善城市活动空间品质，并通过色彩风貌的规划设计提升了地区的经济发展水平。 位于严寒地带的莫斯科红场，常年积雪覆盖，建筑色彩表现为彩度较高的暖色，并辅以绿色、白色为点缀色，在寒冷的冬季营造出典雅温暖的城市空间氛围（图 3-5）。 寒地城市由于冬季时间长，城市自然色彩匮乏，相对于南方城市更应该注意利用自然反差原则，增强城市景观的视觉感。

3.3.2 显色补充

对光线不足的区域适当采用明度较高的色彩来弥补阳光照度不足，可以突出城市色彩的层次性，营造显色性强、视觉效果协调的寒地城市色彩。 寒地城市本身照度低造成建筑部分受光不足，满洲里市城区建筑在照度低的一面采用了同色系的较高明度色彩，在增加建筑整体明亮感的同时也为建筑之间的巷道增加温暖明亮的感觉（图 3-6）。 常年光照充足的广州市，为处于低照度阴影区的隧道推荐了具有阳光感的黄色系色谱，并在拥堵的隧道顶部天井的壁面上运用了阳光黄色，为地下隧道照度低的区域带来明亮光感，同时缓解了人们在拥堵时焦虑的心情。

图 3-5 国外寒地城市色彩

（图片来源：根据视觉中国图片绘制，https://www.vcg.com/）

图 3-6 满洲里市建筑立面色彩对比

3.3.3 心理补偿

色彩是自然界的一种光电现象，通常包括紫外线、红外线、可见光、X 射线等，人的肉眼可见的光属于电磁波的可见光部分。 光不仅可以创造五彩缤纷的世界，还可以与人的生命活动发生关联，例如当紫外线照射人的皮肤时，其中有一半能量参与人体的维生素 D 合成，人体内部的某些元素振动频率与光和色彩的波长、频率相对应，同时肌肉会对这些微妙的协同作用做出反应，这些反应通过人体脑电波和汗液分泌量来标示肌肉紧张程度的数值，即"肌肉对光紧张度（light tonus 值）"。 相关研究表明，红色、橙色等暖色调相对于蓝色、绿色等冷色调来说，其肌肉对光紧张度高，而米色等偏柔和一点的色彩并不会引起大的数值变动，是相对令人平和的色彩。

了解到色彩对人的心理有影响之后，针对寒地城市冬季冰雪覆盖时间长、户外自然色彩单调而且色彩整体偏向冷色调的总体概况，在气候寒冷的情况下，人们总是倾向选择与现状自然环境互补的暖色调来进行视觉平衡。 合理利用暖色调不仅可以弥补城市冬季颜色的单调，还可以有效缓解冬季抑郁症，有助于增加室外活动频率，提升室外环境的视觉舒适感，对寒冷冬季城市环境造成的单调压抑感进行心理补偿。

3.3.4　灯光照明

寒地城市黑夜漫长，建筑色彩与立面灯光色彩的协调非常重要。在热带城市的夜景中，建筑色彩往往为黑背景，形成比较单一的灯光秀，夜景设计主要表现在对植物的照明设计。与热带城市不同的是，寒地城市由于气候寒冷，人们在户外的活动时间较短，且主要集中在建筑周围区域。因此，对于寒地城市夜空环境而言，营造良好的城市夜空间意象需要从视觉艺术层面整体把握建筑的风格特点，注重城市标志物周围的整体夜景设计，遵循主次分明、远近协调、连续有序、重点突出、互不干扰的原则，对于单体建筑特别是高层单体建筑物灯光，应从艺术、文化、场景的高度来思考。

建筑夜景规划设计应注重利用灯光投射墙面形成的复合色彩效果渲染建筑立面色彩，再现与活化建筑立面固有的设计元素，避免高亮度光源的滥用，通过屋顶墙体的灯光刻画设计，突出建筑细部特征，展示建筑形体轮廓，合理控制灯光工程的秩序、规模，依据建筑功能特色进行夜景照明灯光设计。例如，针对纪念性建筑、行政建筑等，应以营造庄重、典雅的氛围为目标，夜间照明光优先选择橘黄、米黄、浅粉等暖色调，建筑局部可以依据设计需求选择低彩度光照射，谨慎使用绿色、紫色等彩色光源，避免营造诡异、阴冷的城市空间；针对商业娱乐等人群聚集的建筑可通过增加彩色光的照射数量来提升片区内光照彩度，也可以利用智能光感设备与人产生互动。如图 3-7 所示为牡丹江市商业步行街的光影盒子，它可以通过数据采集实时显示来往的行人，增加街道的趣味性，活跃城市氛围，提升城市夜景空间的繁华度。

图 3-7　牡丹江市商业步行街的光影盒子

4

解码寒地城市色彩

4.1 解码寒地城市色彩的原因

4.1.1 遍在色彩：千城一面的"祸根"

我国现代社会城市的发展和古代具有独特魅力的城市相比较，缺少了更多属于自己的色彩个性。心理学家认为，色彩对于人们的生理、心理、行为活动、思维情感等的变化有重要的调控作用。不当的色彩运用，不但对城市的和谐环境造成了破坏，也对人们的身心健康产生不良影响。而当前过快的城市化建设，使得城市建设的速度远远超过城市色彩环境品质塑造的速度，究其原因，可概括为以下两方面。

1. 城市色彩污染

城市色彩污染不但破坏了城市的面貌，而且会使人们产生视觉疲劳，影响居民对一个城市的认同感和归属感。即便如此，仍有许许多多的城市、企业等为了强调建筑色彩的与众不同，不顾周边城市与建筑色彩环境，再加上各类为了吸引顾客而设置的各类广告和招牌色、缺少特色性与科学性的灯光装饰色等，无疑加重了城市的色彩污染现象，使得城市或街道的色彩呈现无序混乱的状态。归根到底，主要是因为人们缺乏对色彩在城市环境中的认知，色彩管控和理论指导也不足。

2. 城市特色缺失

作为我国历史文化重要载体之一的城市色彩，既是城市自然选择的结果，也是具有独特品位与特色的人文资源。纵观我国的历史可以发现，各类鲜明的地方传统色彩已然成为一个地区的标志，而随着现在全球一体化的加快，各类新材料和新技术的发展让大量快速涌现的现代建筑不再受限于当前环境，各类建筑的流行色彩和风格在各个地方得以普及，因而日益雷同的建筑色彩也正逐步侵蚀各地区的城市特色，弱化了我们的本土色彩，使得城市的色彩问题更加严重。长期以来，我国对色彩问题的重视程度远远不够，城市色彩的实际应用不但需要学者的深入研究，还需要政府人员、公民群众等的共同参与，为城市与街道色彩的和谐有序、个性内涵的发展添砖加瓦。

4.1.2 特征色彩：城市的色彩之魂

由于地域和文化背景的不同，世界上大多数城市都形成了较为独特的色彩风格。从 20 世纪 90 年代末开始，国内相关领域的学者结合中国城市发展的理论已获得了一些共识，即城市色彩与地理区位禀赋、人的习惯和历史文化传统、城市空间格局有关。21 世纪，随着规划师与政府管理者色彩意识的提高，全国范围内开展了一些城市色彩规划实践，这些实践大都由色彩研究机构或规划设计院负责，借鉴国外色彩规划经验并结合中国国情，探索某个区域的色彩控制方式，其中最为突出的便是由宋建明教授领衔的中国美术学院色彩研究所。冯智军、宋建明（2017）认为，城市色彩受自然地理背景、人文历史背景两个大背景影响，而对城市色彩现状的梳理，主要体现在对基调色、杂色、主调色的色彩要素的提炼。这些要素在城市色彩规划中的影响，体现在自然环境、人文环境、人工建成环境、色调的形成及城市意象的形成中。赵春水等（2009）通过对国内外典型案例的分析后发现，对城市色彩起到决定性影响的主要是城市环境基质、城市文化传统、城市空间格局等几大因素。王新文等（2012）提出影响城市色彩规划的要素分别为自然、人工、人文历史环境及规划期内对城市特色的愿景。

众多学者在取得共识的同时，对城市色彩设计的一些理论性问题尚有争论。苟爱萍、王江波（2011）通过对比国内外色彩规划发现，国际上城市色彩规划大致有两种模式：亚洲模式（强调由政府主导的城市色彩严格管控）与欧美模式（城市中的非历史街区色彩管控相对宽松，而在保护性街区则进行较为严格的色彩修复），因此，也为我国的城市色彩规划提出了两条理论性路径，分别是采用从宏观到微观的自上而下逐层指令模式和重视从微观到宏观的自下而上模式。对此，我国大多数学者多数以"从宏观到微观"的立场阐述色彩规划的理论观点与实现途径。例如，宋建明（2010）认为，城市色彩"主旋律"基调决定了具体的城市色彩规划与设计的营造策略；郭红雨、蔡云楠（2009）从分析几个特大型城市的色彩混乱和趋同现象的成因出发，认为需要为城市色彩制定总体色谱，引导城市色彩环境的优化；王岳颐（2013）则提出从城市的宏观意象到中观结构，再到微观界面的城市空间色彩建构途径。

寒地城市地处高纬度地区，受气候因素影响，季节更替明显。漫长的寒冷气候使得寒地城市自然色彩构成中绿色系和黄红色系的色彩骤减，形成了以积雪白、枯草灰为主要背景附着的色彩体系。法国色彩学家让-菲利普·郎科罗认为色彩与地域关系紧密，他认为每个国家、城市以及乡村都存在自己的固有色彩，并在很大程度上形成了该区域内的民族和文化的本体。不同地域文化语境下的色彩有着不同的内涵。相对于集中建设区的色彩环境，色彩随着附着环境的变化表现得更加简单且带有浓郁的地域特征。在现实生活中，受到寒地城市不同的地方文化、社会色彩价值以及社会意识形态的影响，城市色彩也具有显著的地域特征。

4.1.3 城市色彩规划中色彩感知评价的重要性

城市色彩是自然与历史共生的产物，是城市物质环境最显著的视觉要素。单调且缺乏活力的色彩环境会从视觉以及心理等方面使人感受到萧条、压抑，还有可能使人患上冬季抑郁症，影响人们身心健康。由于寒地城市环境具有特殊性，色彩成为影响人们身心健康的重要因素，对其进行合理的规划引导尤为重要。相关研究证明，富于表现力的城市色彩和各类环境色彩设计不仅有利于调节人们的视觉和心理感受，还可以利用色彩良好的互动来塑造城镇精神。 尤其是作为人们活动的重要场所，色彩规划设计就显得尤为重要。 在城市存量优化以及风貌提升的趋势背景下，城市色彩作为一种经济有效的风貌整改手段，其承载的文化内涵尤其需要得到关注和重视。

从色彩形成与感知的两个层面来说，色彩既具有显著的视觉感受，同时也隐含着丰富的社会文化。 所以人感知色彩的过程也会存在心理感知与社会文化影响两个方面，即同时具有丰富的心理语义和非视觉信息的生理作用。 在相关的心理学实验中，选择形状与色彩两个自变量，通过数据显示发现，人的视觉对于色彩感知的敏感度是形状敏感度的四倍，即色彩是感官的第一要素。 由于人的生理构造特征，视觉成为我们认知空间环境的主要途径，色彩的构成序列形成了可感知的空间环境。

从色彩生理感知与心理感知层面来说，色彩的特点是促进色彩规划设计实现人本位的重要体现。 合理利用视感知心理特点，对于色彩空间的规划引导有着重要的意义。 尹思谨（2004）在研究中总结出色彩生理感知层面的五种表现：色适应、色的恒常、明度恒常、视觉阈值、视觉混色。 除此之外，相关研究指出色彩能够影响人们对于温度、湿度、空间等感知。 因此色彩规划的前提是获取到现状色彩基本信息与公众对色彩的感知描述情况，前者即色调的色相、彩度、明度概况以及建筑材质、功能、层数对色彩的外在影响，后者则为公众从不同角度对色彩的评价、认知、满意度与认可度等内在因素。 两者在城市设计的基础之上共同发挥作用，能够较好地助力政府、从业人员全方位了解该区域的物质空间环境特点、发展特征以及与公共的联系，以此为接下来的色彩控制奠定较为坚实的实践基础。 环境色彩对人们的身心影响的关注度逐渐提高，基于此，色彩心理学的关注重点亦慢慢转向大众化的、与公众生活息息相关的城市建筑室内外环境色彩，希望通过科学合理的色彩管控手段改善色彩环境，引导人们更好地生活。

4.1.4 寒地城镇对于色彩规划的需求

在全国色彩规划浪潮的多地实践中，最初的城市色彩规划主要是围绕主辅色确定进行空间设计引导。 2000 年北京提出将灰色为主的复合色作为从城市建筑外立面主体色。 2001 年盘锦市色彩规划提出要建设具有北国水乡特色的 "色彩城镇"，借助色彩规划管控来改善城镇的整体环境。 2003 年武汉推出了《武汉城市建筑色彩控制技术导则》，编制了《武汉城市建筑色彩控制技术导则》，并推荐了冷色系、暖色系、中灰色系、重彩色系和淡彩色系 5 类 300 种颜色，通过分区规划与管控的方式分别推荐主体色。 2004 年，黑龙江省哈尔滨市在《哈尔滨城市色彩规划》提出以米黄色、白色为城市的主体色。 通过不同城市在城市色彩方面的尝试和探索，更多的城市相继通过城市自身的特色，打造具体的城市色谱和配色方案。 2015 年济南确定了中心城区的主体色，并将 "湖光山色，淡妆浓彩" 作为色彩的主要特点。

2016 年张掖市将"五彩风雅×金张掖"作为城市色彩规划的总理念，提出相对具体的色谱与配色方案。《上海市城镇总体规划（2017—2035 年）》中明确提及了城市色彩对于城镇品质打造的重要性。 时任上海市委书记的李强也曾说："城市色彩是理解未来城镇的一个切入口，寻找城市色彩的过程就是寻求城市品质的过程。"在今后满足人们日益增长的美好需求、破解不充分不平衡发展难题中，城市色彩规划设计的重要地位将会越来越突出。

现阶段关于城市发展的研究内容已经相当全面，但涉及寒地城市的发展研究较多集中在御寒措施政策和报告，而针对色彩规划的研究屈指可数。 由于缺乏科学的色彩管控与规划，城镇建筑色彩选择具有较大的主观性与随意性。 在冬季自然背景色相差无几的情况下，寒地城市色彩同质化现象尤为突出。 随着建筑文化的国际化和城市空间趋同，寒地城市色彩应有的整体性、文脉延续性、地域性被割裂。 近年来急功近利的城市建设，使得城市内部的自然与历史人文景观遭到了不同程度的破坏，色彩风貌也逐渐变得毫无特色可言。 寒地城市作为一个复合多元的社会文化组织单元，色彩规划设计也要遵循在一定地域环境与文化影响下的群体审美的发展需求。 以自然规律与环境保护为城镇发展准则，设计引导寒地城市所特有的冰雪资源与地方文化在色彩规划中不断绽放光彩。 因此，科学合理的色彩规划能够在城镇化进程中提供寒地城市展示其独特形象与气质的表达平台，对营造和谐幸福的人居环境、提升整体风貌也具有重要的作用。

4.2　解码寒地城市色彩的方法

城市色彩通常包含自然环境色彩、人工环境色彩。 自然环境色彩是城市色彩进化演变的开始，主要包括植被、土壤、水系与天空等形成的色彩；而人工环境色彩从不同尺度进行分类可分成宏观的街区色彩、中观的建筑色彩和微观的小品色彩。其中，街区色彩是由街道、广场等元素围合成的区域色彩；建筑色彩由主体色、辅助色与点缀色构成；小品色彩则包含广告标牌、公共设施、垃圾桶、公交车亭等设施的外在色彩。

4.2.1　寒地城市色彩现状客观调研方法

在城市色彩分析方面，我国城市尺度色彩规划的分析处理思路基本上是基于让-菲利普·郎科罗的"色彩地理学"的观点。 在分析途径上，有以定量为主的思路，也有以定性为主的思路。 比如，安平（2010）、叶青（2014）和笔者等（2017）对城市的色彩要素进行量化分析，绘制了彩度-明度分布图与分区段色彩统计图，讨论了建筑材质、使用功能、区位等分类因素对城市色彩环境的影响，在此基础上形成色彩规划导引，这是一种定量的方法。王新文等（2012）在城市色彩规划编制过程中，首先通过对城市文化进行分析，归纳了理想化色彩的构成与分类，然后通过对城市色彩要素的空间层次的叠加比较，确立了城市色彩的管控谱系，这是一种定性的方法。

不论哪种分析方法，城市色彩现状的客观调研都是其中重要的一环。对城市存续的色彩现状进行基础调研，能够多层次、多角度地将城市整体色彩、不同色彩风貌分区、不同类型与等级街道色彩、城市重要节点色彩、重点建筑或地标性建筑色彩等现状色彩倾向与特征、存有的问题掌握和分析清楚，以此作为出发点，为色彩感知评价提供数据支撑与实践依据，最终生成具有针对性、目的性且更为准确的色彩感知评价问卷。

1. 色彩风貌片区划定

一般来说，同一城市、区域内不同片区的公众通常对城市色彩的心理诉求存在差异，故在对研究区现状色彩开展客观的基础调研前，需要依据上位规划来确定空间结构与布局等情况，如商业区、居住区以及配套公共服务的分布概况等，同时结合城市设计等动态规划，更为科学、合理地对研究区进行风貌片区、街道的划定，从而有针对性地对不同分区开展色彩基础调研、感知评价等后续工作。具体来说，色彩风貌片区的划定有四条原则：①根据城市总体规划中的定位、建设原则，对城市的发展趋势、不同用地性质的分类等情况有整体的把控；②契合城市结构、功能区划定原则，针对城市内功能各异的片区或组团进行不同的色彩调研与规划控制；③尊重历史城区、历史文化街区色彩传承原则，即面对存续的列入保护范围内的风貌街区或重点建筑进行加强设计，尽可能将其历史文脉、传统文化延续下去；④着重突出特色景观要素原则，即根据地理、自然环境对城市整体或者重要的节点色彩环境进行适宜的、有效的色彩管控。

2. 色彩调查研究工具

1）传统的色彩调研工具

目前国内常见的、应用较为广泛的传统色彩调研方法主要包括建筑色卡或孟塞尔国际标准色卡目测比对法、测色仪器测色法、相机与无人机拍摄法等，如表 4-1 所示。

表 4-1 传统色彩调研方法

调研方式	适用样本	样本特征
建筑色卡或孟塞尔国际标准色卡目测比对法	小范围自然环境、建筑立面、人工景观等	少量典型要素（非连续）
测色仪器测色法	小范围自然环境、建筑立面、人工景观等	少量典型要素（非连续）
相机与无人机拍摄法	局部或整体视觉环境	典型节点空间

首先，建筑色卡或孟塞尔国际标准色卡目测比对法是手持"中国建筑色卡"或"孟塞尔国际标准色卡"对建筑立面、植被等的现状色彩进行多次目视比对，将研究对象的色相、彩度与明度等基本属性信息记录下来。该方法主要是依据宋建明教授归纳总结的研究步骤：①选取色彩倾向较为显著的区域作为研究对象，即"选址"；②对其区位、历史文脉、文化信仰、传统习俗、建筑材质与功能、色彩具体配色等外在环境以速写、拍摄等方式进行详细"调查"；③手持色卡比对进行"测色记录"，将现状的色彩信息记录在册；④可以实地直接对研究对象进行采样"取证"，获取如土壤、植被、建筑材质等能够展现当地色彩风貌的样本；⑤对采集的色彩信息进行后期的"转译、编谱与小结"等工作，从而较为系统地将研究对象的色彩信息表达、阐述清楚。色卡因携带便捷而被学者广泛使用，不过也会受到如天气、光线或使用者对色卡感知差异等因素的制约，从而产生结果欠准确、出现偏差等问题。

其次，目前经常用来进行色彩测量的测色仪器主要是分光测色仪、色度计（图4-1），两者均以色度三基色与混色为依据，以国际照明委员会明确的标准色度系统、标准照明体与照明观察条件为准则。其中，分光测色仪的操作原理主要是通过测得被测试物体在特定波长处光的吸光度或发光强度，以此得到标准曲线进而自动计算出测定值，是一种精度较高的测色设备；色度计的操作原理主要是将现状色彩与合成颜料进行比对，以此进行较为准确、详细的测量，较为前沿的色度计还会采用先进的光电管、电子电路等取代公众眼睛来作为色彩的接收器。综上所述，伴随微电子学技术、现代光学技术等的快速进步，测色仪器的精确程度、自动化程度等得到进一步的提升，不过不同型号或品牌的仪器的测量精度存在差异，并且可能存在价钱较高且维修困难等问题。

图 4-1　常见的分光测色仪、色度计等测色仪器

（图片来源：分别摘自网络 http://www.3nh.com/Product/613.html 和
https://baike.baidu.com/item/%E8%89%B2%E5%BA%A6%E8%AE%A1/4494282? fr=ge_ala）

最后，相机与无人机拍摄法为目前辅助建筑色卡或孟塞尔国际标准色卡目测对比法的，较为有效、可行的方法，其主要是在实地调研过程中为节省时间而选用超高清相机或无人机等影像设备将城市整体或街道空间、重点建筑立面等色彩信息拍摄下来，以便后期通过这些图像数据与建筑色卡或孟塞尔国际标准色卡进行比对等二次研究。这种记录色彩信息的方法具有方便操作、易于存储等优势，但也存在受到机器自身精度等限制，从而产生色彩误差以及后期比对时人眼感知差异等人工偏差的问题。

2）大数据下的色彩调研工具

目前随着数字化技术、传感器技术的不断进步，传统的色彩调查方法在大规模、大范围与精细化的尺度上较难有效开展与完成，因此逐渐衍生出不同于传统调查研究的色彩数据收集的新思路、新方式，即采用立足三维视角、关注人本尺度的数据、高分辨率的实景图像大数据。其存在以下优势。首先，其数据库庞大、涉及范围较广，国内互联网涉足的百度、腾讯街景等地图覆盖可达 300 座城市，因此，为建筑立面色彩的采集提供了稳定的、广泛的数据来源，但同时也存在一些待改进、未完全覆盖行政区以下的地区等问题。其次，日照时间一致、误差较小，由于街景图像信息采集为确定的某一时刻，此时整个研究区获取同样的日照角度，产生的光影效果基本一致，有效地减少了现场调研时日期、光照等因素造成的误差。再次，人行与车行角度前进、视域范围较广，街景图像较为完整地涵盖了城市街区内道路两侧的立面内容，包括天空与水系等在内的自然景观、建筑与基础设施等在内的人文与人工景观，这为色彩信息采集的深入度与准确度奠定了坚实的基础。最后，调研资金较少、成本较低，前期调研工作可从线下转为线上，街景图像采集可有效减少实地出行的成本，还可避免实地调研突发的安全问题。

现阶段较为前沿的大范围街景色彩采集方式主要有以下步骤：①通过 Python 计算机语言对腾讯、高德或百度地图的 API 进行访问，以此获取研究区内较为精准细致的交通道路网络；②借助 ArcGIS 将采集的道路网进行拓扑学、视线计算与分析，由此得到等距离的、带有横纵坐标的样本点；③再一次对 API 进行访问得到研究对象的街景图像；④借助以深度学习为基础的图像识别技术（即 SegNet）将街景中的建筑识别出来；⑤对提取的建筑图像进行色彩校准，同时结合 OpenCV 里的闭运算对较为零散、靠近边缘的图像进行灵活精简，从而得到较为精准、细致的建筑图像；⑥借助建筑色卡、HSV 颜色模型等工具将色彩进行归整，在 K-means 聚类算法的支撑下获取到建筑的主体色；⑦对采集到的建筑主体色概况进行整理、分析，从而将现存的色彩问题总结、归纳出来（图 4-2）。

这一基于街景图像的色彩信息采集方法虽然弥补了先前手工、小范围样本调研的缺点，能够在城市层面与高精度方面对色彩展开快速且有效的采集，但也存在一些劣势，如目前一些街景地图数据源存在不全面甚至不开放的情况，同时现有的技术尚处在不太成熟的阶段，由此，应灵活结合传统色彩调研与新形式调研方法，从而获取较为准确、客观的色彩数据。

3. 色彩数据分析方法

1）色彩数据转换

以中国颜色体系为标准完成城市色彩信息提取与分析工作。中国建筑色卡以标

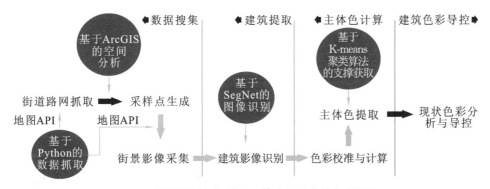

图 4-2　街景数据与机器学习算法相结合的色彩调研

（图片来源：根据叶宇等《城市尺度下的建筑色彩定量化测度——基于街景数据与机器学习的人本视角分析》重新绘制）

准命名（H/V/C），色卡代码表示色彩。对收集的数据进行分解、转换并最终生成可视化分析图。首先整理调研得到的以色卡代码表示的建筑色彩数据，通过色卡代码在中国建筑色卡上找出对应的属性值，即色相（H）、明度（V）、彩度（C），将三者数值汇总到 Excel 表格。由于色相是以"数值+字母"标号的形式表达的，难以对其展开具体的数据统计与分析，但可以通过色相在色相环的排布规律特点，将其通过一定的公式转化后以数值的形式进行统一表达。

色相转换可建立公式为

$$H = 3.6a + b \tag{4-1}$$

式中：H——色相经过最终转化量化后的数值，表示的是在色相环上与正红（5R）之间的逆时针角度；

a——中国建筑色卡上每种色相的数值标号；

b——由色相的字母标号转换成的数值，预设 YR = 18、R = −18……N = 0。

2）归纳现状色谱

色彩作为直观传达的视觉信息，定性的观测分析较为重要。依据中国建筑色卡提取的色彩样本，以主体色、辅助色、点缀色三类色彩图谱以及色彩搭配的简化图示对研究对象的现状色彩进行归纳梳理，为后期进一步的研究提供直观参照。基于横道色彩现状以及国内其他寒地小镇色彩图谱，抽取寒地城镇典型色彩，作为后期模型实验的色彩赋予。

依据得到的主体色、辅助色及点缀色的色彩数据，将采集的现状色彩数据进行归纳、整理与相关分析。现阶段运用较为广泛的色彩量化分析方法主要包括网格色块分析法、色彩抽象图示法与散点图分析法等，从而将研究区现状的色彩倾向、特征以及存在的问题总结出来。

（1）网格色块分析法。

该方法以城市或区域平面图、卫星图等二维图为底图，将采集的具体色彩信息抽象为色块的形式进行填补，从而生成研究区的现状色彩网络图（图4-3）。其优势便是能够较为直观地将整体的色彩信息展现出来，更利于调查者对于色彩的感知，目前较多应用于大规模、大范围城市或者区域尺度层面等进行色彩分布规律的归纳与总结，但应注意的是，色块面积的确定、所代表的色彩为主体色或点缀色均应进行准确的说明与表示，从而灵活地根据调研街道的划分、建筑的数量与规模进行色彩样本分析。

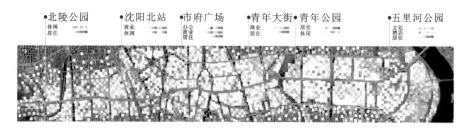

图 4-3　网格色块分析法

（图片来源：根据路旭等《沈阳城市色彩演变特征与成因探析》重新绘制）

（2）色彩抽象图示法。

该方法常见的有两种表达方式。　其一，与上述方法类似，以不同大小的色块填充街道平面的长、宽，不同的是此时色块的大小可以更为准确地表示建筑的规模，但也存在只能表现出主体色［图 4-4（a）］的情况，辅助色以及点缀色还需要更多的图示。　其二，以对应的长、宽色块面积来抽象表示街道立面的外在色彩概况［图4-4（b）］。　这种方法源于吉田慎吾在姬路市大道两侧建筑立面的色彩实践中凝练归纳的色彩表达方式，优势在于较好地将主体色、辅助色、点缀色占比情况放在一张图中表示，更为直观地总结出整条街道在连续性、协调性方面是否和谐，以便有针对性地提出优化策略。　色彩抽象图示法往往在分析街道两侧建筑色彩时应用较为广泛，由街道围合而成的中央大街街区最适宜采用该方法。

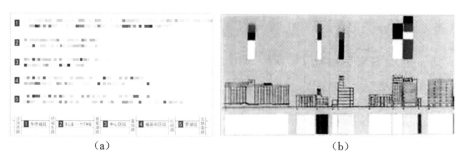

| （a） | （b） |

图 4-4　色彩抽象图示法

（a）色彩色块图示法；（b）色彩面积图示法

（图片来源：根据路旭等《城市色彩调查与定量分析——以深圳市深南大道为例》及
吉田慎吾《环境色彩设计技法——街区色彩营造》重新绘制）

（3）散点图分析法。

目前常用的散点图分析法有两种。其一，涉及色相与彩度分析的，使用 Origin 作图软件中的极坐标系，以色彩三属性中的色相值作为角度、彩度值作为半径进行绘图，以此构建环形坐标分析图（图 4-5）。其二，涉及明度与彩度分析的，借助散点分布图，以彩度为 X 轴、明度为 Y 轴绘制明度-彩度散点图（图 4-6），由此，依据散点的布局规律提炼出街区整体色彩的倾向。该方法对于较大规模的城市、区域范围或小尺度的街道、建筑空间均适用。

图 4-5　色彩的色相-彩度示意图　　　　图 4-6　色彩的明度-彩度示意图

4. 色彩调和设计方法

色彩调和设计是以色彩调和理论为依据的色彩搭配，主要是以"色彩基调范围图谱选取——色彩调和搭配方法设计"为基本思路来展开的。色彩基调范围选取主要用来确定研究对象的主体色彩基调，色彩调和搭配方法主要用来确定在主体色彩基调下的色彩搭配方案设计。对于城市街道来说，色彩基调范围选取需要结合研究对象的现状特征以及相关影响因素，共同确定街道总体色彩风貌基调倾向，而色彩调和搭配方法则需要在街道色彩基调的基础上，对具有同类色彩功能的色彩体系设施进行色彩三属性范围选取与搭配设计，使各类色彩体系设施做到既能在体系内部形成自调和，又做到与周边建筑与环境之间的协调搭配，最终达到街道整体的色彩环境调和。

（1）色彩基调范围选取。

结合色彩学理论知识来看，色彩不仅包含具体的物理属性，同时还具有心理与生理感知的特性。城市色彩基调范围选取通常依据不同城市的特征风貌、地理环境、历史文化、人群倾向等多种因素来确定。在针对街道进行色彩基调范围选取时，本书在调查与设计过程中，对研究对象进行了自然环境、历史人文、空间结构、街道中商业类型几类要素的调查以及总体色彩基调的调查与分析，同时结合眼动实验，从人群视角以更科学客观的方法来进一步验证当前色彩基调选取与相应的色彩类型、体系对应的功能特征是否合适，这样可以更精确地获得街道色彩选取与搭配的心理预期，也使街道色彩规划设计更能满足人群的感性审美需求。

（2）色彩调和搭配方法。

在根据各类相关性因素确定主体色彩基调后，需对色彩进行调和搭配设计，从而达到色彩协调舒适又极具特色的目的。结合色彩调和理论研究能够发现，研究学者对于色彩调和的关注重点多放在色彩调和的秩序变化方面。将对人视觉产生强烈冲击的杂乱色彩按照色相、明度、彩度三个属性进行有序组织，让原本杂乱的色彩富有节奏感和层次感，给人以舒适协调的视觉感受，而这种将无序的色彩按照一定的逻辑原理进行有序排布，以达到界面色彩协调舒适、条理有序的方法称为秩序调和，而秩序调和所独有的特性，又与商业街复杂丰富的色彩设计需求相切合，因此在商业街色彩设计过程中，将以秩序协调为原则探讨街道色彩调和的设计方法，从而达到街道空间色彩丰富而有活力、杂乱又有秩序的目的。经过综合情况分析，要通过以秩序为中心的色彩调和理论来让街道的色彩界面搭配设计达到协调舒适的目的，需要满足这两个方面：其一，是同一类色彩功能类型的色彩尽量满足色彩家族的约束；其二，色彩三个属性要满足秩序性变化。

①色彩家族因素。

法国色彩学家郎科罗在对色彩搭配调和设计的研究中发现，搭配的色彩设计包含相同要素属性。基于此种现象，为了能够达到色彩调和的目的，他围绕色相、明度、彩度三个色彩属性要素提出了：色彩群体中具有相同要素属性的特征叫作"色彩家族"。他的观点与奥斯特瓦尔德和孟塞尔所持的部分色彩调和方法观点相一致，由此可以看出色彩家族因素是色彩调和的一个基础前提。但由于商业街色彩数量繁多，对应不同设施的色彩功能类型并不相同，所以结合商业街的特征类型，可根据同一色彩功能类型的设施色彩体系去满足色彩家族的约束来达到色彩调和的效果。

②色彩属性调和。

色彩的调和与色彩的秩序变化具有某种联系，而色彩的属性秩序变化是指色彩的各要素差值产生诸如等差、等比之类的具有一定规律性的变化，从而有利于色彩的调和。色彩工程学里，将明度与彩度进行组合称为"色调"。在商业街色彩规划设计中，色相是一类比较容易分辨的色彩属性，而明度与彩度分辨困难，且两者又多相互依附，需要将两者综合思考，所以色彩调和的设计方法从色相调和与色调调和两方面展开。

色相调和是指运用一个色相或类似色相的色调变化进行色彩搭配设计。不同色彩间的色相关系依据色环中不同色彩间的夹角大小进行决定，一般来说，色相夹角小于15°的是同类色相、夹角为15°～60°的是邻近色相、夹角为60°～90°的是类似色相、夹角为90°～130°的是对比色相、夹角为130°～180°的是互补色相或者冷暖对比色相。 其中同类色相、邻近色相以及类似色相为弱对比色相，在视觉上较为温和，对比色相与互补色相为强对比色相，视觉上会给人带来强烈冲击。

色调调和是指在明度和彩度两类色彩属性上通过有秩序的变化来进行色彩搭配设计。 通常色调调和方法包括同一调和、类似调和、对比调和三类，其中，同一调和与类似调和色彩搭配设计较为温和，给人以协调一致、整体系统的色彩感受；对比调和色彩搭配对比强烈，视觉冲击力与吸引力较强。

色彩调和方式、含义、特点及效果见表4-2和图4-7。

表4-2　色彩调和搭配方法

色彩调和方式	色彩调和含义	色彩调和特点
同一调和	将具有相同色调、不同色相的色彩搭配在一起而组成的"同一/统一"的色彩组合	在各类色调调和中最简捷的方法，具有高度统一、稳重和谐的感觉
类似调和	在各种色彩空间中，各色彩的色调以相邻的形式而存在的色彩组合	不同色彩间的色调差异较小，较同一色调略有变化，不易产生单调呆板的感觉，具有相似感与和谐感
对比调和	在色彩空间中，色调相隔较远的多个色彩组合	不同色彩差异较大，产生极强的视觉对比效果，相互排斥又相得益彰具有平衡的特点，从而产生"在对比中调和"的感觉

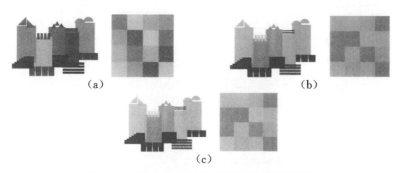

(a)　　　　　　　　　　(b)

(c)

图4-7　不同色彩调和法的色彩组合搭配效果

(a)类似色调和法；(b)色相调和法；(c)色调调和法

为了更加直观明确地表达色调产生秩序协调变化程度的规律特征，慕恩和史班瑟对色调调和进行了详细的说明。 当以明度为单一变量时，明度的类似调和间隔为1，对比调和间隔为3；同等状态下，由于彩度色彩范围数值大于明度，且视觉变化效果弱于明度，所以彩度类似调和间隔为4，对比调和间隔为8。 但由于商业街色彩环境复杂，可结合实际情况与色彩功能特点调整梯度变化取值，具体情况如表4-3所示。

表 4-3　色调秩序调和法

变量	色彩数量	调和程度	案例
单一明度变量	双色调和	类似调和	Y4/8、Y5/8；P3/2、P5/2
		对比调和	Y4/8、Y8/8；RP3/2、RP6/2
	三色以上调和	小幅度调和	R4/8、R5/8、R6/8；P3/2、P4/2、P5/2
		大幅度调和	R1/8、R4/8、R7/8；P1/2、P5/2、P9/2
		大小幅度调和	R1/8、R2/8、R7/8；P3/2、P4/2、P9/2
单一彩度变量	双色调和	类似调和	N8、Y8/3；Y3/3、Y3/8
		对比调和	G3/1、G3/10
	三色以上调和	小幅度调和	R1/4、R1/8、R1/12；P3/2、P3/6、P3/10
		大幅度调和	N4、R1/7、R1/14
		大小幅度调和	N6、R6/8、R6/11
双变量	双色调和	类似调和	Y4/1、Y5/3；RP2/2、RP3/5
		对比调和	Y2/3、Y6/8；RP7/2、RP3/10
	三色以上调和	小幅度调和	YR5/2、YR6/4、YR7/6；P6/8、P5/10、P4/12
		大幅度调和	YR7/6、YR4/4、YR12/6；P8/2、P5/5、P2/10
		大小幅度调和	GY5/2、GY7/8、GY8/10；B7/4、B6/6、B4/10

　　色彩分为有彩色系与无彩色系，结合色相调和与色调调和来看，将无彩色系与有彩色系间进行组合或者同类色相进行对比的搭配的方式称为零度对比，具体色彩搭配方式、含义与特点见表 4-4。

表 4-4　零度对比搭配方法

色彩对比方式	色彩对比含义	色彩对比特点
无彩色对比	将不同明度的无彩色系搭配在一起形成的色彩组合	对比效果感觉大方、庄重、高雅而富有现代感，但也易产生过于素净的单调感
无彩色与有彩色对比	将无彩色系与有彩色系搭配在一起形成的色彩组合	对比效果感觉既大方又活泼，无彩色面积大时偏于高雅、庄重，有彩色面积大时活泼感加强
同类色相对比	同一色相的不同色调对比形成的色彩组合	对比效果统一、文静、雅致、含蓄、稳重，但也易产生单调、呆板的弊病

色彩对比方式	色彩对比含义	色彩对比特点
无彩色与同类色相对比	无彩色系与同一色相的不同色调对比形成的色彩组合	其效果综合了无彩色与有彩色对比、同类色相对比的优点，既有一定层次感，又显大方、活泼、稳定

4.2.2　研究寒地城市色彩感知评价的方法

1. 语义分析法——构建色彩评价内容

Semantic Differential 简称 SD 法，译为语义分析或语义差别法，是由美国心理学家奥斯古德于 20 世纪 50 年代提出的心理研究量化方法，主要内容是通过设定两极化的评判词语来进行尺度标记，利用统计学方法找出研究对象的规律特征。 其中对于评价因子的拟定需要基于研究对象的基本特征来选定一定数量的相关形容词，并根据研究需要选取适宜的评价尺度。 这种基于心理学研究的方法可以通过特定的词汇表达，将人们模糊的心理感知意向转为可量化的数据。 反映到城市色彩方面，公众面对不同的色彩信息时亦会产生不同情感的心理活动，即城市色彩感知的原理与本质同样为公众的一系列视知觉、情感反应。

色彩感知符合显著的语义分析现象，且能够选用语义分析法对公众的色彩感知进行较为准确的表达与阐述。 同时，语义分析法在不同实践领域中的应用常常存在共通性与契合性，现阶段在社会学、心理学以及教育学等领域广泛应用，并形成较成熟的评价体系与模型，可以明显地看出该方法具有较高的可借鉴性。 反映到城市色彩方面，即在色彩语义量表上设置多对意义相反的形容词，以此得到公众对城市、区域或者街道现状色彩的态度、期望等，由此开展具有针对性的色彩管控与设计。 综上所述，语义分析法是研究色彩感知评价的有效方法且便于操作，是语义分析法理论体系、应用实践发展的新方向、新思路。 语义分析法能够获得科学的评价结果，创造出满足公众的生理、心理需求的适宜和协调的色彩氛围。

语义分析法在色彩方面主要由三个要素构成：①被评估的事物或概念，选择被评估的对象、抽象或具体的事物，常见的为采集沿街建筑立面色彩的基本信息；②评价内容（评价因子），在城市色彩领域里经常使用的有活泼度、丰富度、协调性、连续性、主次关系、洁净度、亲和度等中性词汇；③受试者，使用者对被需要被评估的事物或概念进行评估，常常依据视觉与心理感知进行。 该研究方法起初多在心理学领域应用，于 20 世纪末才逐渐应用在建筑、规划与景观领域。 语义分析法的基本程序流程图如图 4-8 所示。

2. 虚拟现实技术——色彩的前期评价和方案比选

虚拟现实技术（virtual reality, VR）是以计算机系统为核心硬件构建的可体验与

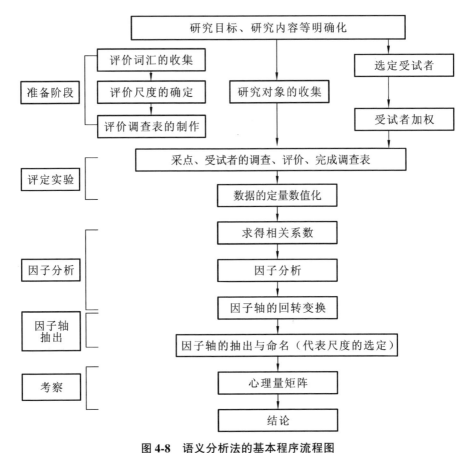

图 4-8　语义分析法的基本程序流程图

（图片来源：根据庄惟敏《SD 法与建筑空间环境评价》重新绘制）

创造的仿真模拟体系。 这种虚拟环境的建立集成了计算机图形学、传感技术以及电子显示等多种技术，具备良好的沉浸性、交互性与想象性。 本书以虚拟技术的应用为主要研究载体，通过 Rhino 三维建模软件建立较为完整的城市环境。

虚拟现实技术应用于色彩现状的前期评价以及色彩方案的比选两个阶段。 主要应用意义体现在以下两点。 第一，借助虚拟现实技术构建实验环境并引导实验者进行真实的色彩环境评价，以此完成相关基础数据的收集。 虚拟空间的体验有助于初步了解现状色彩的感知。 第二，通过模拟色彩空间环境，将真实建成色彩环境的评价方法前置到方案阶段，保证公众参与的真实有效性。 此外，实验者在体验过程中还要通过相关设备的连接来收集更多色彩反馈评价信息，以保证后期规划的科学性、民主性。 基于实验所得的反馈数据可更好地应用在色彩规划方案中。

3. 眼动跟踪分析法——色彩的感知评价

大量的实验研究证明人眼球运动与心理认知活动密切关联。 眼睛通过搜索与注视从外界获取信息，通过眼动过程来执行大脑指令。 眼动跟踪分析法就是通过对人眼球运动的统计来分析实验者在虚拟环境中的视觉运动，进而实现特定环境的主观与客观评价分析。眼动跟踪是测量人眼或注视点相对于头部的运动过程。眼球的生理结构特征决定了视觉敏锐度在空间上的不均匀分布，为了获取清晰的视觉影像以及环境信息，需要依赖眼动过程来主动获得兴趣区域以及精确信息。眼动仪就是用来测量眼球位置和运动的设备，目前已经在视觉设计、医疗康复、心理学及人机交互领域得到了广泛的应用与实践。目前的眼动仪器主要分为附眼跟踪、光学跟踪及电位测量，如今人工智能和人工神经网络已经成为眼动跟踪任务完成与分析的可行方式。

1）眼动仪器的装置介绍

从装置形式上，眼动仪器分为头戴式眼动仪以及非穿戴式眼动仪两种。其中非穿戴式眼动仪主要由摄像机与光源组成，放置于显示器下方或集成到显示器单元中，为了便于眼动仪进行数据收集与分析，受试者需要在一定范围内观测刺激物。非穿戴式眼动仪不与实验者直接接触，对实验环境的干扰较小。实验模拟环境直接在显示器内显现，便于设计人员操控实验过程，还能实时观测并分析实验者的视觉轨迹。头戴式眼动仪内置有记录刺激实景的摄像机，实验范围更广泛，具备更多的灵活性与适应性。但长时间佩戴设备会引起人的视觉疲劳与身体不适，影响数据的准确性。

2）眼动指标统计选取

虚拟实验过程中有效记录时间的不固定会给指标的判定造成影响。通常使用的眼动状态指标有首次注视点、注视次数、注视时间、眼跳次数、眼跳时间等。人眼的生理结构决定了需要借助眼动过程来获取外界信息，注视便是信息获取和加工的主要状态；从该注视点转移到下一个注视点的过程就是眼跳，其辐射范围表明了受试者的信息获取范围及周围环境的鲜明特征；在具体实验过程中通常会因个体色彩感知偏差而导致观测时间长短不同，以及场景切换和设备故障调试时间延迟等，最终可能造成部分眼动跟踪记录数据无效。所以单纯依靠注视次数及注视时间等数值意义不大，也难以得出人在不同色彩环境中的状态。为了精确、详细表述人眼运动状态，注视与眼动两类指标通过注视频率（单位时间内注视次数）、注视时间比重（注视总时间与总时间的比值）、眼跳频率（单位时间内眼跳次数）及眼跳时间比重（眼跳总时间与总时间的比值）等进行研究分析。

3）眼动数据的可视化分析方法

眼动数据的可视化分析主要有热区图法、扫描路径法、AOI法等（图4-9）。其中热区图法是在区域范围内将注视点的数目与持续时间等数据，通过半透明的色彩覆盖在实验对象上。虽然热区图无法表现视线注视秩序等信息，但可以清晰地表示实验者注意力的累计分布，并以此找出实验者的兴趣区域。扫描路径法是将先后出现的注视点用直线连接，依据注视持续时间设置注视点的半径大小。扫描路径能够反映认知环境的显著特征以及大脑对认知环境的信息加工顺序和神经机制。对于不同受试者还可以通过设置不同路径颜色进行区分，但不适合表达长时间的注视累计。 AOI法指通过人为设计的兴趣区范围，进行设计范围内的眼动数据分析。 兴趣区分为静态与动态两种。 对于动画视频等动态实验材料而言，可以通过划定动态兴趣区来实现对研究区域的眼动指标的定量计算。 但需要注意动态AOI并不适用于非线性动态记录的分析，而且对于非线性动态刺激物，被试的眼动数据叠加是没有意义的。 在科技日益发达的背景下，眼动跟踪技术的准确性与科学性也在不断提高。 这些带有时空特征的可视化处理结果，能够方便快速识别其隐含的语义信息，为心理学等相关学科的研究提供了科学直观的数据支撑。

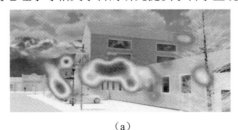 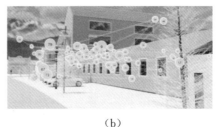

（a）   （b）

图 4-9　眼动可视化示意图

（a）热区图法；（b）扫描路径法

4. 统计学分析方法——定性研究与定量分析相结合

色彩形成具有多重因素影响，是社会文化与自然环境的融合再现。 由于寒地城市冬季漫长，在这种特殊气候的影响下，城市自然色彩比较单一。 首先需要寻找寒地典型色彩环境的共同特点，筛选出寒地城市典型色彩，建立色彩图谱。 其次，对具体研究对象进行综合的色彩分析，剔除杂色，建立色彩数据库。 借助现实虚拟技术、眼动跟踪技术等进行实验数据的输出，并利用 Origin、SPSS 等分析工具对城市色彩的有效数据进行全面剖析。 为了在大量的数据中寻找内在的关联，寻求事物的本质，就需要采用数学思想解决问题。 使用准确的数值统计方法和分析方法，在冗杂无序的数据中找到清晰的结构。 随着各学科的发展，统计学成为分析数据结构的关键学科，统计方法被广泛应用于医学、社会学、农学和工学等领域。 采用不同的统计方法解释科研中的问题，并在整个研究过程保证定性研究与定量分析的充分结合，可提高数据结论的科学性与可靠性。

1）因子分析

因子分析是运用少数几个因子来表达较多变量或评价因子间的联系，反映原始资料里的大部分信息的方法。 该方法最初应用于心理学领域，后多在统计学领域中应用，其主要依据数学中的"降维"理论。 对研究区内多个原始变量间存在的关系进行分析，从而总结归纳能够概括多变量的公共因子，由此便可实现将原始的多个较为离散的因子转换成少量、相关性较高的共性因子。 因子分析的主要操作步骤如下。

因子分析前需要采用 KMO 检验、Bartlett 球形检验来确定能否开展。

KMO 检验用于对比变量间简单相关系数和偏相关系数，标准采用统计学家 Kaiser 给定的准则，即 KMO<0.5 时表示非常不适合；KMO 为 0.6～0.7 时表示不太适合；KMO 为 0.7～0.8 时表示尚可；KMO 为 0.8～0.9 时表示较适合；KMO>0.9 时表示非常适合。由此可看出，该值无限趋近于 1 时，说明全部变量间的简单相关系数平方和远远大于偏相关系数平方和，故而其更适宜做因子分析 [式（4-2）]。

$$KMO = \frac{\sum\sum_{i \neq j} r_{ij}^2}{\sum\sum_{i \neq j} r_{ij}^2 + \sum\sum_{i \neq j} p_{ij}^2}$$ (4-2)

式中：r_{ij}^2——变量 i、j 间的简单相关系数；

p_{ij}^2——变量 i、j 间的偏相关系数。

Bartlett 球形检验以变量的相关系数矩阵作为判定依据，H_0 表示其为单位阵，即该矩阵对角线上全部元素均是 1，非对角线则为 0，与 H_0 对立的备择假设则为 H_1。其统计量是按照该矩阵行列式获取的，若大于 Sig 值（即 0.05），则认为其接受 H_0，原始变量之间不存在相关性，不宜做因子分析；若小于 Sig 值，则应该拒绝 H_0，接受 H_1，由此适宜做因子分析。

完成 KMO 检验、Bartlett 球形检验后使用公因子方差分析，使每个原始变量均能用公因子进行描述。"初始"列为因子分析初始解获得的变量共同度，原始变量的方差均可被因子变量解释，故其共同度皆是 1。"提取"列为因子分析最终解获得的变量共同度，因子变量数比原始变量数少，共同度皆小于 1，因此采用公因子描述时应分析"提取"列结果，通常比 0.7 大，表示结果较成功。

公因子可以较好地表达各原始变量后，便要清楚到底需要几个公因子，由此便要用"解释的总方差"进行分析，即公因子对原始变量解释的贡献率，通常达到 70%～80% 才有研究价值。

接下来便要着重分析哪些原始变量可成批归类到不同公因子，故而进行成分矩阵分析，又被称为"因子载荷矩阵"。简单来说，成分矩阵为每个原始变量的因子表达式的系数，表达提取的公因子对原始变量的影响程度，即进行分析后能得到原始变量的线性组合，公因子与指标标量之间的相关系数。其数学模型见式（4-3）。

$$x_1 = \alpha_{11}F_1 + \alpha_{12}F_2 + \cdots + \alpha_{1m}F_m + \alpha_1\varepsilon_1$$
$$x_2 = \alpha_{21}F_1 + \alpha_{22}F_2 + \cdots + \alpha_{2m}F_m + \alpha_2\varepsilon_2$$
$$\cdots$$
$$x_p = \alpha_{p1}F_1 + \alpha_{p2}F_2 + \cdots + \alpha_{pm}F_m + \alpha_p\varepsilon_p$$ (4-3)

式中：x_1，x_2，$\cdots$，x_p——p 个原始变量，是均值为 0、标准差为 1 的标准化变量；

a_{11}，a_{12}，$\cdots$，a_{1m}——与 X_1 在同一行的因子载荷；

ε_1，ε_2，$\cdots$，ε_p——特殊因子，表示原始变量不能被公因子所解释或表达的部分；

F_1，F_2，$\cdots$，F_m——m 个公因子，$m<p$，表示成矩阵形式为 $X=AF+a\varepsilon$。

因子旋转的目的便是将"因子载荷矩阵"中的公因子载荷系数向 1 和 0 的方向

进行分化，以便大的载荷更大、小的载荷更小，使公因子的归类与解释更加便捷。其根据因子对应轴是否相互正交，分成正交旋转、斜交旋转两类，其中较常使用的便是最大方差正交旋转法，对不合理的变量进行删除，进行多次重复操作后可达到全部变量和公因子对应关系与预期基本吻合的目的。

2）相关性分析

Pearson 相关性分析主要是研究两两变量之间的关联性，以下是计算公式：

$$\rho = \frac{\sum\limits_{i=1}^{n} (x_i - x)(y_i - y)}{\sum\limits_{i=1}^{n} (x_i - x)^2 (y_i - y)^2} \tag{4-4}$$

在上述公式中，ρ 是两个因素的相关系数，它的取值范围为 $-1 \sim 1$。当 ρ 值越接近 -1 时，则两个因素的负相关程度越高；当 ρ 值越接近 1 时，则两个因素的正相关程度越高；当 ρ 为 0 时，表明两个因素不相关。进一步细分，当 $|\rho|$ 值为 $0 \sim 0.1$ 时，说明两者存在微弱的相关性；当 $|\rho|$ 值为 $0.1 \sim 0.2$ 时，说明两者存在低度相关性；当 $|\rho|$ 值为 $0.2 \sim 0.4$ 时，说明两者存在中度相关性；当 $|\rho|$ 值为 $0.4 \sim 0.5$ 时，说明两者存在高度相关性；当 $|\rho|$ 值为 $0.5 \sim 1$ 时，说明两者存在显著相关性；当 $|\rho|$ 值为 1 时，两者完全线性相关。此外，n 为样本的数量；x_i 和 y_i 分别为第 i 个样本个体在两个变量上的数值；x 和 y 分别代表相应变量在样本中的平均值。

5

缤纷的寒地城市

5.1　牡丹江市色彩风貌调查

牡丹江市是黑龙江省东部中心城市，北邻哈尔滨市的依兰县和七台河市的勃利县，西邻哈尔滨市的五常市、尚志市、方正县，南邻吉林省的汪清县、敦化市，东邻鸡西市、鸡东县，全市总面积 3.88 万平方千米，常住人口 229 万人。牡丹江市位于东北亚经济圈的中心区域，距离俄罗斯边境线 211 千米，距俄远东交通枢纽乌苏里斯克市 53 千米、符拉迪沃斯托克港 153 千米，距日本海最近直线距离 50 千米，是"中蒙俄经济走廊"和"龙江丝路带"的重要战略支点，也是我国对俄沿边开放的桥头堡和枢纽站。

牡丹江市具有中温带大陆性季风气候的典型特点，四季分明、气候宜人，空气湿润且植被十分茂盛，年平均气温 5.1 ℃，冬天寒而不冷，夏天热而不酷，被称作"塞外江南""鱼米之乡"。牡丹江市自然条件较为优越，全市森林覆盖率为 65%，有 2500 余种野生动植物，被誉为"黑龙江省天然基因库"。

牡丹江市地形以山地、丘陵为主，兼具河谷、盆地等地质形态，山势连绵起伏，河流纵横交错，被称为"九分山水一分田"。全市平均海拔为 230 米，最高海拔为 1686.9 米，位于张广才岭的白突山，而海拔最低地区则是位于绥芬河市与俄罗斯的边境，为 86.5 米。

5.1.1　牡丹江市历史文脉概况

牡丹江市历史悠久，具有深厚的文化底蕴。早在 17 万年前，就有古人类在此活动；5 万年前的旧石器时代，就有人类在这里生活劳作；3000 年前，满族祖先肃慎人在这片土地上揭开了牡丹江流域人类历史的篇章；1300 年前"海东盛国"渤海国崛起，并在此建都，盛极一时。从商周到清朝，这里一直是北方少数民族居住地、满族发祥地、全国第二大朝鲜族聚居地。商周时期莺歌岭文化、唐代渤海文化、清代宁古塔流人文化、近代"闯关东"移民文化、开发建设北大荒知青文化等多种文化在此积淀。这里也是冷云等 8 位抗联女战士及杨子荣等众多英烈战斗过的地方，是第二次世界大战的战场。

旧石器时代就出现了牡丹江流域文明，从商周开始这里便是靺鞨、女真等北方少数民族的主要聚居地。目前，牡丹江市共有 38 个少数民族，是满族文明源头之一。如目前牡丹江市发现的最早的历史文化遗存是莺歌岭文化遗址；国务院 1961 年首次公布的关于渤海文化的全国重点文物保护单位也在牡丹江市；宁古塔流人文化更是家喻户晓；从抗日战争、解放战争、土地革命、抗美援朝战争到中苏边界冲突等诸多历史事件更是孕育出革命历史文化；民俗文化特色鲜明，包含满族民俗、朝鲜族民俗等，其中"朝鲜族花甲礼"于 2019 年入选国家级非物质文化遗产名录

（图 5-1），如此丰富的民俗文化更增加了乡村文化的底蕴。

图 5-1　牡丹江市人文色彩采集图片
（a）渤海文化；（b）宁古塔流人文化；（c）革命历史文化；（d）民俗文化
（图片来源：牡丹江市人民政府网站）

随着时代的发展，城市中的各种建筑也在发生变化，会呈现不同的历史印记。而社会习俗作为一个重要的文化特征，会使城市展现出独特的魅力，因此，应当关注社会习俗，从中提取重要的元素与典型的色彩，形成独特的城市魅力。

5.1.2　严寒城市的自然环境色彩特征

自然环境对建筑构造、景观及人文习俗有着重要的影响。牡丹江市四季分明，冬季气候寒冷，时间较长，且盛行西北风，风速较大。在如此的低温条件下，适宜种植的植物种类非常少，合适的建筑材料也少。由于气候的限制，许多景观设施、水系等不能展现完整的样貌。自然气候条件不仅影响城市的自然风貌，还对城市中建筑的形式和材质有一定的影响。例如太阳辐射就会影响建筑的色彩，通常太阳辐射热不容易被色彩明度高的材料吸收，而容易被色彩明度低的材料吸收。此外，人们的主观感受也会受到气温的影响。人们总是习惯寻找与心理感受相吻合的色彩。

由于湿度的不同，大气的透明度也会产生变化，光线的强弱会影响色彩的鲜艳度，柔和的光线会形成鲜艳度高的颜色，而强烈的光线则会形成鲜艳度低的色彩。

自然环境色彩主要由天空色彩、土壤色彩、植被色彩组成，其本身具有不稳定的因素，而且牡丹江市属于寒地地区，所以景观会随着四季变化而有明显的变化。

1. 天空色彩

天空色彩的变化受天气的影响，晴天和阴天会使天空色彩有着明显的不同。 牡丹江市作为寒地城市，冬季时间较长，被称作"雪城"。 牡丹江市年日照小时数约为 2305 小时，属于中等光亮城市，即使在阴天，天空也表现为彩度偏低的蓝色调，因此，在一年中的大多数时候，城市的天空色彩总体会呈现蓝色（图 5-2）。

（a）　　　　　　　　　　　　　　　　（b）

图 5-2　晴天与阴天牡丹江天空色彩

（a）晴天天空色彩；（b）阴天天空色彩

2. 土壤色彩

城市绿地、土壤具有调节小气候、保蓄水分、净化空气和维持绿色植物生长等多种生态功能。 所以，土壤色彩是影响城市、建筑、环境的重要因素。 土壤直接决定了城市的底色。 不同的自然环境造就了丰富多彩的地域城市风貌。 牡丹江市的主要土壤有暗棕壤、黑土、白浆土、草甸土、沼泽土、水稻土和火山灰土，不同类型土壤的色彩在明度、彩度上会有细微的差异，但都主要集中在 YR 的中低彩度范围内（图 5-3）。

3. 植被色彩

牡丹江市生态环境优良，拥有秀美的山川，形成了与众不同的山地特色景观。牡丹江市尽管没有巍峨的高山，却有着独特的幽静与平和。 牡丹江市区大部分为丘陵地形，林地面积可达到 244.3 万公顷，有 25 科百余种的树种，主要优质木材包括红松、落叶松、樟子松、云杉、冷杉、水曲柳等。

牡丹江市具有非常复杂的地形，同时拥有丰富多样的植被种类。 牡丹江市一年内的植被颜色的变化还是十分明显的（图 5-4）。 冬季，植被凋零，且由于冰雪，呈

（a）　　　　　　　　　　　　　　　　（b）

图 5-3　不同类型土壤

（a）暗棕壤；（b）黑土

图 5-4　牡丹江市植被景观

（图片来源：摘自网络）

现冷色调；春季，植物刚刚开始发芽，牡丹江市开始呈现出绿色，环境的冷色调逐渐褪去，展现出生机；夏季，植被色彩浓郁鲜艳，并且枝繁叶茂；秋季，由于银杏和红枫等植物颜色变化，城市的植被变得五颜六色。道路两侧的绿化景观重点在夏季和秋季，由于地表景观设计丰富，乔灌木与地表植物可以进行多种组合与搭配，能够形成大面积的背景色。

5.1.3　严寒城市的建筑环境色彩特征

建筑是城市存在的基本条件。城市是建筑的母体，建筑是城市景观构成中最为重要的因素。城市色彩规划与设计领域一直存在着一种说法，即"只要把控了建筑的色彩，就等于把握了城市色彩的基调"。通常来说，建筑色彩主要是指建筑及其附属设施的外观色彩的总和，有时也包括建筑内部的色彩。但事实上，城市色彩是综合而复杂的，其中建筑色彩仅是基调，而不是全部。

1. 城市建筑色彩

建筑作为城市色彩中最广泛、体量最大的载体，是城市视觉环境最为重要的部分，因此建筑色彩会对城市色彩产生直接的影响。通过对牡丹江市主要街道建筑色彩的采集，对其进行分类，研究不同功能与层数对建筑色彩的影响，以分析其整体色彩类型。

1）不同功能的建筑色彩

建筑功能会对建筑色彩产生一定的影响，为符合其功能的特点，建筑色彩通常会产生差异，在此主要将建筑分为公共服务类、居住类、商业类以研究其色彩上的异同（图5-5～图5-7）。

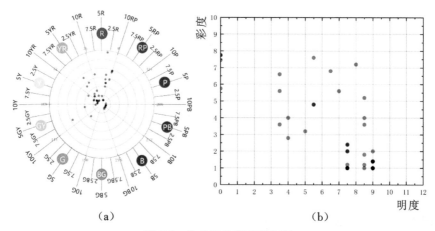

（a）　　　　　　　　　　　　　　　　（b）

图 5-5　公共服务类建筑色彩

（a）公共服务类建筑色相-彩度分析；（b）公共服务类建筑彩度-明度分布

通过图5-5～图5-7可知，牡丹江市不同功能的建筑色彩存在一定差异，总体上建筑倾向于红黄色系，但商业类建筑色调分布更广，呈现出冷暖相间分布的特征，而居住类建筑以暖黄色调为主，公共服务类建筑色彩偏向于低彩度、高明度。

2）不同层数的建筑色彩

建筑层数不同，建筑色彩的表达形式也有所不同，而符合层数的色彩搭配会提升城市的整体色彩风貌，在此将建筑分为低层、多层、中高层和高层以研究其色彩特点。

根据图5-8～图5-11，不同高度的建筑均向暖色调方向集中，低层、多层建筑主体色较为集中，中高层、高层建筑主体色较为分散，存在部分冷色调，在蓝绿色系中也有一定比例的分布。不同高度的建筑，其彩度、明度分布也具有差异，但总体上都集中于中低彩度、中高明度区域。

3）不同材质的建筑色彩

材质是建筑色彩主要的表达形式，不同的材质自然会表现出不同的样貌。牡丹江市建筑材质主要有涂料、面砖、玻璃、石材、混凝土等，由于时间、天气等因

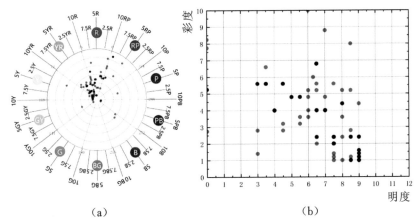

图 5-6 居住类建筑色彩

（a）居住类建筑色相-彩度分析；（b）居住类建筑彩度-明度分布

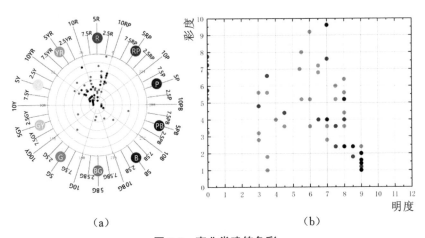

图 5-7 商业类建筑色彩

（a）商业类建筑色相-彩度分析；（b）商业类建筑彩度-明度分布

素，许多建筑立面材质破败缺损，影响整体色彩风貌。 牡丹江市建筑多采用涂料、面砖等，多倾向于中低彩度，比较符合寒地城市整体色彩环境特点，但仍存在部分建筑采用玻璃等低彩度、高明度色彩，易形成寒冷、压抑之感，因此，玻璃、金属等材质不应大面积采用。

2. 城市建筑外环境色彩

除了建筑色彩，建筑外环境色彩也是构成城市色彩风貌的重要内容，包括位于建筑立面的广告标识色彩、点缀建筑周边的景观小品色彩以及广泛存在的铺装色彩。

1）广告标识色彩

城市街区及街区内的各色建筑作为城市的基本组成单元，与城市有着密不可分

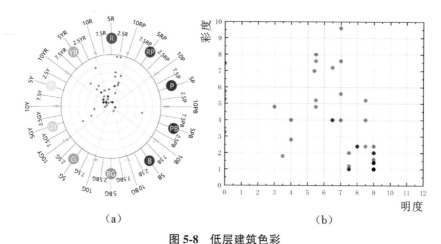

图 5-8　低层建筑色彩

（a）低层建筑色相-彩度分析；（b）低层建筑彩度-明度分布

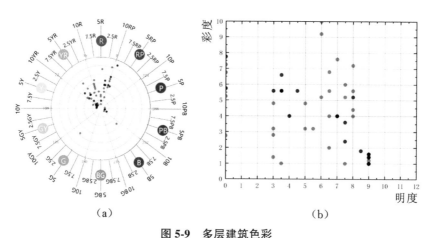

图 5-9　多层建筑色彩

（a）多层建筑色相-彩度分析；（b）多层建筑彩度-明度分布

的关系，同时也是城市广告的主要载体。 城市街区建筑色彩是城市色彩当中的硬性色彩，也是整个城市色彩的主体色，起控制性作用，相对于较为固定的街区背景色，城市广告在这个大背景下点缀着城市街区，同时也反作用于各个街区的外在形象，城市广告色彩可以起到调整或完善作用。 城市中每个街区都有其特色，针对不同的街区可以采用不同的城市广告设置方式来控制其色彩，从而体现不同街区的特色。 城市广告标识也会根据市场、行业形势、季节等不断变化，跟随街区的改造进行自我更新。

城市街区的色彩和谐，首先要保证建筑色彩能够与周围的自然环境、人文环境相统一。 因此城市广告在设计时需要考虑广告周围建筑的整体色彩风貌。 不同的建筑形式、使用功能、面积规模、风格定位等都能够对附着在建筑立面的广告的形

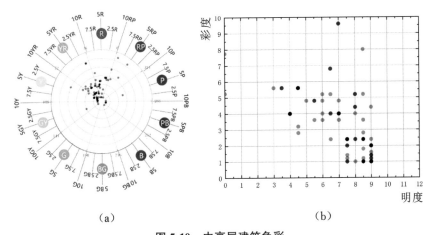

图 5-10　中高层建筑色彩

（a）中高层建筑色相-彩度分析；（b）中高层建筑彩度-明度分布

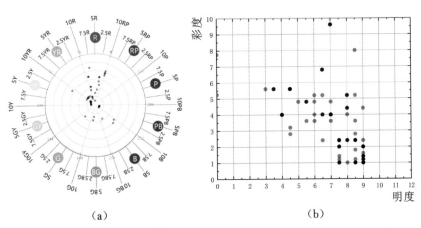

图 5-11　高层建筑色彩

（a）高层建筑色相-彩度分析；（b）高层建筑彩度-明度分布

式、色彩、尺度等产生影响。建筑与广告相互配合，和谐共处，才能达到较为统一的色彩氛围，建筑本身的特点和吸引力才能够更好地发挥，同时又能够加强广告的宣传力度，达到双赢局面，使两者的利益统一。

牡丹江市广告标识色彩目前缺乏统一控制，部分呈现出杂乱无章的状态，在街区整体色彩风貌中，十分跳脱。与整体不符的高彩度、高明度色彩，破坏了整体色彩环境（图 5-12）。

2）景观小品色彩

景观小品是在公共景观空间中起点缀作用的物体。在景观规划设计中乃至整个城市的风貌中，景观小品作为组成要素，既能对空间起到划分作用，也能起到装饰作用，因此它的色彩十分重要。

图 5-12 牡丹江市广告标识色彩采集照片

在城市中，景观小品不同的色彩会给人不同的心理感受。例如红色会给人热情开朗的感觉，绿色会给人清新自然的感觉，蓝色会给人平衡平静的感觉，黑色会给人压抑郁闷的感觉。针对色彩带给人的心理感受，色彩大体可以分为暖色调和冷色调两种。研究证明，暖色调给人的感觉更加正面，但是冷色调给人的感觉并不都是负面的。因此在景观小品的设计中，应当采用合适的外观色彩，让人产生更为积极的感受，从而辅助整体城市色彩体系构建。

牡丹江市目前的景观小品多起到指引、休憩作用，因此对色彩的考虑较少，部分景观小品不能与周边环境较好地融合。针对不同环境内的景观小品，应视其功能进行色彩优化，以实现整体风貌的和谐美观。

3）铺装色彩

铺装色彩作为城市中大面积的底色，对整体色彩环境也有一定影响。在铺装色彩的搭配上，针对大面积的铺地，可以采用低彩度的色彩，从而达到产生空旷感的目的。针对场地面积比较小的幽静小路，可以点缀一些高彩度的色彩，增加空间的生动性。每种色彩都有自己独有的特性，人们可以通过其特性去感知色彩，例如红色在所有的色相中波长最长，感知度最高；黄色在所有的色相中明度最高，能够引起人们的注意，所以经常作为安全色；橙色具有红色和黄色的色性，给人一种活泼、温暖的感觉。

牡丹江市目前的铺装以灰色系的石板为主，部分广场采用形式与色彩更丰富的铺装，结合行人对色彩的感知效应，合理地利用铺装色彩，从而正确地引导和警示行人，也能够给行人带来更舒适的心理感受。

5.1.4 牡丹江市色彩总体特征情况

牡丹江市作为寒地城市，其色彩具有寒地城市特征。首先，城市主体色偏向以红黄色系为主的暖色调，牡丹江市作为雪城，冷色调的白雪与暖色调的建筑呼应，会形成一种较为温馨舒适的景象。同时，根据建筑功能与所处的片区，建筑色彩倾向于不同彩度，但部分片区搭配不够协调。作为一个四季分明的寒地城市，牡丹江市的城市色彩具备彩度偏高、色相偏暖的特点。但随着城市的发展，这种特点不再突出。许多玻璃、金属等新型材料在城市中大面积出现，这种材料在色彩上具有高明度、低彩度的特点，给人偏冷的感受，其很强的反光效果也会与城市整体的暖色调产生强烈对比，从而产生不和谐的景观效果。同时部分历史建筑色彩也受到新建建筑的影响，使部分历史建筑失去了应有的时代意义。

牡丹江市目前的城市色彩未能充分表达城市特性，街道与建筑色彩都缺乏统一控制，缺乏显著风貌，城市许多空间难以被人识别。与此同时，部分街区色彩搭配不协调，产生了色彩污染的问题，难以给人留下带有城市印记的记忆。尽管出现了一些具有特点的新色彩，但与旧色彩难以融合、搭配不协调也是十分严重的问题。这不仅影响了城市整体的景观风貌，也会造成城市居民心理上的困扰，影响其生活品质。

因此，应当结合牡丹江市现状的色彩环境，充分考虑其自然环境色彩、人文环境色彩特点，合理选择牡丹江市城市主体色，进一步确定并完善城市色彩规划体系，才能提升城市风貌，美化城市形象，建设持续发展的城市，为市民提供美观和谐的空间。

5.1.5　横道河子镇色彩风貌分析

横道河子镇位于牡丹江市的海林市，地理坐标为北纬 44°48′47″、东经 129°02′08″，是牡丹江市通往哈尔滨市的咽喉要道（图 5-13）。中东铁路营建时期处于优越的战略位置，至今城镇仍然保留并使用滨绥铁路的附属设施。城镇与重要的交通设施紧密相连：距国际航空港牡丹江机场 54 千米，镇区北部为 G10 绥满高速，南部为 G301 国道，新建的横道河子东高铁站点加强了与哈尔滨、牡丹江等地的交通联系。该镇还处于东北亚经济圈与远东贸易圈相交区域，受经济贸易圈辐射明显。

图 5-13　区位交通现状分析

1. 历史沿革

百年老镇横道河子镇是第三批中国历史文化名镇，拥有着丰富灿烂的历史文化，因城镇内部有条南北向的河流横穿道路（图 5-14），因此被命名为横道河子镇，简称"横道镇"。该镇的城镇化建设早于哈尔滨市，在中东铁路修建时期曾作为当时重点工区，引得许多俄国人生活聚居，成为享誉国内外的花园城镇。1923 年，划归东省特别区管辖后，铁路交涉分局改为横道河子市政分局。 抗战时期隶属宁安县，开始设横道河子堡，后改设横道河子村。 1946 年设为山市区政府驻地，划归新海县管辖。 1948 年，新海与五林两县合并，更名为海林县，仍属山市区。 1956年开始设置横道河子镇。 1958 年又与山市乡合并，改称横道河子人民公社。 1962年划归当时新恢复的海林县管辖。 1964 年又被划分为山市人民公社和横道河子镇人民公社。 1986 年更名为横道河子镇后，名称沿用至今。

（a） （b）

图 5-14 横道河子镇中东时期铁路遗迹现状

（a）铁路现状；（b）铁路机车库

横道河子镇区域生态基础优良，历史人文资源丰富多样，得天独厚的自然地理条件下孕育了丰富的生物资源、文化资源及自然资源，并建设成为著名的观光旅游景点（图 5-15）。 例如以冰雪资源建设的横道河子滑雪场、以异域文化为主题的俄罗斯风情园、以全国最大的东北虎人工繁殖基地建立的东北虎林园和以杨子荣等英雄事迹为文化内核建设的威虎山影视城等。 这些资源已被打造成享誉国内外的城镇名片，吸引大批的国内外游客观光，为城镇形象与文化传播起到了促进作用。 此外横道河子镇还盛产各种名贵中草药材、优质石材与木材。 1903 年，中东铁路建成通车后，交通运输的快速建设与发展，使得该镇大量的石材与木材能够用于周边城镇建设。 横道河子城镇现有五处林场经济区，林业经济的发达也促进了林业聚落的兴起。 作为城镇内部的主要木材供应地之一的七里地村，还是马克思主义思想、党政文化传播的发生地。 现如今在政府的主导下，七里地村凭借着林业自然资源与红色人文资源建成了底蕴深厚的民俗文化游览区。

横道河子镇不仅有北国风情，更具欧陆风光。 城镇内部保留的俄罗斯建筑和中东铁路，是中俄文化融合的产物。 早期中东铁路的修建迅速卷起东北地区城镇化浪潮，在城镇建设进程中，俄国建筑师针对其优越的自然地理环境提出"回归自然、传统民俗和整体规划"的准则，使得小镇呈现依山傍水的良好风貌。

时至今日，历经百年风雨的横道河子镇成为中东铁路工业遗址保存较为完整的小镇之一。 由于城镇规模较小，以混合的功能为主，内部还未形成明显的功能分区。 其中城镇北部的俄式民居集中建造的区域为中东铁路建筑群，其中 104 处为保

（a）　　　　　　　　　　　　　　　　（b）

图 5-15　横道河子镇动植物资源

（a）木材堆场；（b）东北虎

留的历史建筑，如图 5-16 所示，有俄式木屋、圣母进堂教堂、中东铁路机车库等 5 处具有代表性的国家级文物保护单位，圣母进堂教堂建筑保护利用较好，还有专业的牧师定期组织教会活动，其他历史建筑多为挂牌保护，因年久失修已经衰败不堪，大部分建筑都处于无法利用的现状。

图 5-16　横道河子镇环境要素分析

气候环境塑造了横道河子镇典型的东北山地风光，在历史文化的影响下城镇色彩较为统一。但通过实地调研可以发现自然环境色彩作为城镇建筑重要的背景色，却因人工色彩混乱产生了诸多矛盾，主要体现在：城镇内部旧建筑色彩褪色严重、材质破损导致整体环境缺乏生机与活力；高彩度的多层建筑与周围环境不协调，给人带来强烈的视觉不适感；部分低彩度建筑（图 5-17）在冬季寒冷气候环境中会因积雪等背景色彩的影响而消隐，导致低彩度建筑凸显性不足，视觉感知不显著；城镇重要开敞空间人文特质不明显，色彩设计缺乏考量。要解决以上问题，还需要立足于城镇自身环境，运用色彩相关原理进行整体的色彩筛选，进而对城镇色彩环境进行优化与设计。

图 5-17　横道河子镇俯瞰图

（图片来源：截取自 https://720yun.com/t/c7vku9qwOfy? scene_id＝38833171）

2. 城镇色彩数据采集

1）城镇色彩调研工具及内容

本次色彩取样区域主要选择了城镇核心风貌区、风貌过渡区及现代风貌区的新建商住区，其中对历史建筑色彩采取全面调查，现代建筑抽样调查，并标记建筑立面的主体色、辅助色及点缀色。 总计色彩取样约 180 栋建筑，色彩取样点如图 5-18 所示。

本次调研以现场记录为主，线上调研为辅。 实地人工取色使用佳能（EOS M100）照相机记录拍摄，中国建筑色卡比对建筑色彩，两步路户外助手记录行程。而对城镇外部空间环境的色彩调研由于体量大、空间范围广，单纯依靠人力难以对周围山水植被进行色彩实地取色，主要以网络在线工具 720 云 VR 全景发布平台已有的关于横道河子镇的全景作品来对小镇的整体色彩环境进行研究与提取。

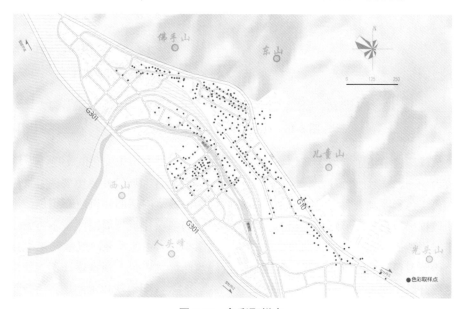

图 5-18　色彩取样点

2）城镇色彩数据转换及归纳

以中国颜色体系为标准完成横道河子镇建筑色彩信息提取与分析工作。中国建筑色卡以标准命名（H/V/C）和色卡代码表示色彩。对收集的数据进行分解、转换并最终生成可视化分析图。依据中国建筑色卡提取的色彩样本，以主体色、辅助色、点缀色三类色彩图谱以及色彩搭配的简化图示对研究对象的现状色彩进行归纳梳理，为后期进一步的研究提供直观参照。基于横道河子镇色彩现状以及国内其他寒地小镇色彩图谱，抽取寒地城镇典型色彩，作为后期模型实验的色彩赋予。

3. 建筑色彩风貌

1）文化发展

城镇色彩是城镇历史文化的反映，辅助城镇空间的形成。中东铁路修建促进了沿线城镇建设与发展，也对沿线城镇地域色彩风貌造成了强烈冲击。横道河子镇在中东铁路建设时期由最初的一个传统农耕村落迅速发展为以工业为主的小镇，吸收了大量俄罗斯民族文化。早期的城镇建设由俄国建筑师指挥完成，至今仍保留着俄罗斯老街成片的居民区以及点状的标志建筑。典型的木构板房、石板房成为当时发展最实用、建造最快捷的建筑，这种就地取材的建造方式在成功延续俄式建筑传统风格的基础上又具备本土的色彩烙印。经过与俄罗斯民族文化、红色文化等多源文化的交流融合，如今该镇形成了中高明度和彩度的以红黄色调为主的色彩环境，在青山绿水或白雪素裹中呈现了良好的视觉效果。

2）历史建筑现状

横道河子镇是国内俄式建筑遗存保留较多、较完整的城镇。历史建筑色彩蕴含着城镇发展过程中的重要文化信息。其中被誉为我国近现代九大工业遗产之一的中东铁路建筑群，集中分布在城镇铁路线北部片区。该建筑群总计保留的历史建筑有104处，有5处为国家级文物保护单位，分布在城镇内部铁路北侧、西南方位，如图 5-19 所示，以米黄色为基调构成了小镇特色基因图谱。镇区内部的俄罗斯老街占地10万平方米，全长约1千米，集中分布着1930—1940年建造的俄式建筑50余栋。

这些历史建筑形式与色彩趋同性明显，均为米黄色系加白色线脚的坡屋顶建筑，缺乏层次感与秩序感。如今小镇历经多次历史修复已经初步实现了保护与发展的动态平衡，但仍存在部分危旧破败的俄式建筑，有的房屋甚至很难认清全貌，只能透过斑驳的立面色彩以及相关的文献记录推断其本来面貌。部分历史建筑周围缺乏有效的色彩管控，建筑色彩细节设计不足，新建筑色彩运用比较随意，并与历史建筑呈现较大的割裂感。

3）建筑色彩构成

建筑色彩风貌受色彩搭配、材质表现以及自然光照条件等众多因素的影响而表现不同。对于单体建筑而言，以色彩所占立面面积比例作为分类依据，可以将建筑色彩分为主体色、辅助色、点缀色三种（图 5-20）。其中主体色是指占据建筑立面

图 5-19　5 处全国文物保护单位现状图

（a）中东铁路机车库；（b）俄式木屋；（c）铁路治安所驻地；（d）圣母进堂教堂；（e）大白楼

面积的 65%～75% 的色彩，是面积最大、视觉感知最强的色彩构成部分。 辅助色在建筑表面规律分布并占总体面积的 20%～30%，通常辅助色所指的是墙面色的配色、坡屋顶颜色、外立柱颜色、勒脚及门窗用色。 点缀色作为建筑起强调作用的颜色，占建筑立面面积 5% 左右，一般主要为建筑檐口、标识、穹顶色彩，起到装饰凸显与醒目的作用。

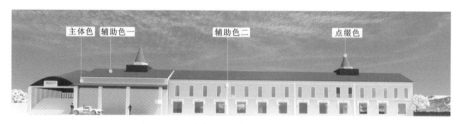

图 5-20　建筑立面色彩分类示意图

城镇总体环境潜移默化地影响着主体色的选择。

铁路北侧至今仍保留着大量中东铁路时期的历史建筑。 这种融合了外来文化的风格建筑在历史的长河中传承、发展，逐渐成为城镇文化的一部分，目前还有部分仍然参与人们的生活。 历史建筑的色彩特征整体以红黄暖色调为主，少量黄绿冷色调（图 5-21）。 横道河子镇色彩特征突出，黄白相间的色彩搭配与周围环境较为和谐。 但过于强调对传统建筑色彩风貌的保护，将导致街道环境单调感增强和层次性缺失，从俯瞰视角出发，城镇缺乏韵律感与灵动性，城镇总体色彩风貌品质还存在优化空间。

铁路南侧以及城镇的东南部为城镇现代风貌区，其居住建筑、中小学建筑、卫

典型历史
建筑色彩

| 8.1YR 8 7.2 | 4.4YR 8.6 | 7.5R 2.5 1.8 | 7.5R 2.5 1.8 |

| 5.6B 6.5/7.8 | 6.9R 4.5 5.6 | 7.5R 2.5 1.8 | 10G 4 3.6 |

典型现代
建筑色彩

| 0.6BP 8.5 1.8 | 1.9BP 6.5 2 | 6.3Y 8.5 6.4 | 4.4Y 8.5/1.2 |

| 3.1YR 8 4 | 7.5R 2.5 1.8 | 8.1R6 11.6 | 5.6R 7 7.6 |

图 5-21　横道河子镇建筑色彩对比分析图

生院以及旅游接待服务建筑等均遵循了历史建筑的用色规律，即以中高明度、彩度的红黄色为主体色（图 5-22）。 例如河对岸的现代住区沿用了饱和度较高的红黄暖色调，中学以及镇区人民政府也采用了红黄暖色调。 高铁站、派出所、银行等人流量大的公共服务类建筑，其建筑色彩选择中高明度的灰蓝色、水蓝色以及米白色等冷色调，与周围的暖色调形成了协调互补的色彩环境。

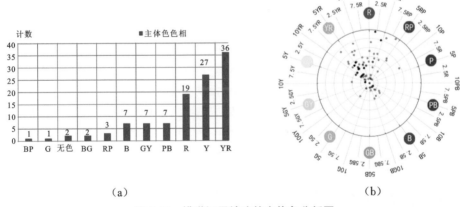

图 5-22　横道河子镇建筑主体色分析图

（a）色相分布图；（b）色相-彩度分布图

横道河子镇建筑在俄式风格的影响下，为了与暖色调的主体色形成视觉均衡，建筑辅助色呈现蓝白色等冷色调的表现规律。 横道河子镇的建筑以坡屋顶为主，屋顶色彩既是城镇俯瞰色彩的主要组成部分，同时也构成了建筑的立面色彩。 对调研的建筑辅助色进行分析发现，整体来说，辅助色以冷色调为主，蓝紫色系、黄绿色系作为主要的辅助色，其中蓝紫色系最多，黄绿色系其次。 蓝紫色系主要源于建筑的玻璃色彩，小镇建筑南北两面均有窗户设计，玻璃材质色彩作为立面占比面积较大的色彩表现为冷色调。黄绿色系主要源于建筑立面的典型装饰，这也是源于俄式风格建筑特色，高彩度的暖色调搭配白色系，既能协调建筑视觉效果，又为建筑增添典雅的氛围。此外还有少量的红色系、紫红色系也在部分建筑立面中作为建筑辅助色（图5-23）。横道河子镇的建筑辅助色冷暖色调相得益彰，互相交织，组成了丰富的色彩空间。

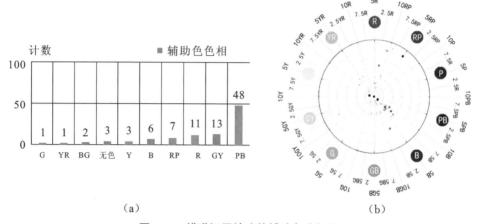

（a）

（b）

图5-23 横道河子镇建筑辅助色分析图

（a）色相分布图；（b）色相-彩度分布图

点缀色是人文历史综合的映射。横道河子镇作为中东铁路时期的重要关卡，出现了剿匪战斗英雄杨子荣、中国民族音乐家王洛宾等名人。中东铁路同时也是俄国十月革命及俄罗斯民族文化精神传播的重要通道之一。在城镇开放的环境下，形成了中外融合的文化体系，其中包含俄罗斯民族文化、红色革命文化、"闯关东"移民文化、铁路工人运动文化等。中共早期革命活动家秘密出席共产国际会议或参加共产国际重要工作多次经由横道河子镇，促进了该地区中共党支部的建立和发展，在城镇下属的七里地村正式成立了牡丹江片区最早的中共党支部。中东铁路是中东铁路工人运动发生的主要阵地，也是中共早期革命家开展活动的交通要道，建筑装饰元素至今仍保留着红星等文化元素（图5-24）。

图5-24 建筑红星装饰元素

区域自然环境是城镇发展的物质基础，多元文化的融合赋予小镇鲜明的色彩特征。 国家级文物保护建筑圣母进堂教堂是研究西方宗教在东北地区传播的重要物质遗存，它见证了小镇的解放与发展，同时也彰显了早期俄式建筑的鲜明风格。 村庄北侧联排的俄式木屋建筑以及复原的中东铁路机车库等，是见证横道河子镇发展的重要物质要素。 这些对小镇历史影响重大的建筑，对横道河子镇的城镇意象影响深远，是小镇文化形象的具象代表，其色彩也构建了小镇总体色彩风貌，组成了小镇的色彩基因图谱。 主要历史建筑的点缀色分析图如图 5-25 所示，建筑细部构建色彩（例如门窗以及装饰等色彩）以 GY 色系为主，其次为黄色系、红色系。 此外，城镇路灯以及道路栏杆色彩以墨绿色为主，这也源于教堂色彩的深刻影响。 这些源于俄式建筑风格特点的装饰颜色与本土文化色彩一起构成了小镇丰富的点缀色图谱。

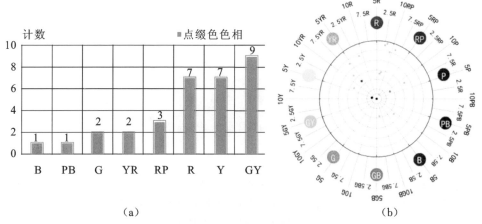

图 5-25　横道河子镇建筑点缀色分析图

（a）色相分布；（b）色相-彩度分布

横道河子镇依山傍水的地理格局给予了许多城镇色彩景观眺望点。 屋顶色彩既可以作为俯瞰的主要色彩，也可以作为街道建筑的立面色彩，在多方面影响人们的视觉感知。 传统建筑多采用坡屋顶，其色彩在建筑立面色彩中占据一定比例。 传统建筑的屋顶色彩以灰黑色的金属色为主，主要是为了建筑的保暖需求以及减少积雪造成的压力。 新建建筑屋顶在广泛使用标准化建筑材料的情况下，其色彩表现也更加通俗化，以蓝色系和白色系居多。 部分还采用了彩度与明度较高的色彩，比较散乱、突兀地分布在城镇集中建设区域，严重影响了城镇整体环境色彩风貌。 对于高彩度以及色相差距较大的屋顶色彩应该有限制性地使用。 从城镇屋顶色彩分布图（图 5-26）可以看出其空间分布特征。 处于城镇中心区域的历史建筑，屋顶色彩以低明度、低彩度的红黄色系为主，现代建筑屋顶色彩色相普遍分布较为广泛，以红蓝色系较多，呈现从俄罗斯老街、火车站区域为中心向外，彩度逐渐升高的特点。此外，由于部分传统建筑在修补的过程中用不同材料简单粗暴地拼接，出现了大量的彩钢楼板与石材的直接拼接，只注重建筑功能需求而忽略了材质色彩与周围环境

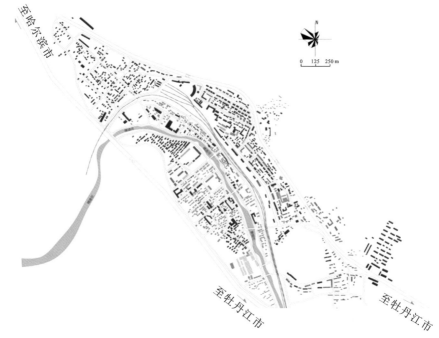

图 5-26　城镇屋顶色彩分布图

的协调性。

　　建筑色彩在不同的地域气候、民族文化的影响下表现多样。 寒地城镇因其地理位置不同、日照气候等自然条件的偏差及历史文化的差异性而产生的,并被当地居民所广泛传承的, 区别于其他区域的, 相对稳定的色彩就是城镇建筑色彩基因图谱。 俄罗斯民族文化的影响造就了小镇特征鲜明的异域风格。 在墙面建筑色彩方面, 历史建筑、城镇居住建筑以及部分公共服务建筑带有相似的色彩特征, 即色相选择主要集中在红黄色系与紫红色系之间 (图 5-27)。 大部分现代公共服务设施如银行、派出所、酒店建筑色相主要分布在蓝绿色系与蓝紫色系之间。 建筑色彩作为城镇色彩环境的主要组成部分, 也是后期进行实验分析的主要研究目标。 建筑色彩图谱的构建以影响最大的主辅色为主。 通过对实地调研数据整理可以看出, 横道河子镇现状色彩空间主导色彩表现明显, 但因色彩管理控制力度不足加之审美偏差, 部分建筑还存在与整体色彩环境不相容的杂色, 需要通过后期的进一步研究进行筛选与优化。

4. 自然环境色彩

　　自然环境色彩是城镇重要的背景色。 一个城镇要形成适宜的色彩形象, 除了文化环境的影响, 也离不开自然环境的作用。 横道河子镇在漫长寒冷气候的影响下, 自然环境常年以积雪白、枯草灰为主导色彩。 在春夏气温回升的季节, 植被开始生长并伴随着丰富的色彩变化, 与相对稳定的人工色彩环境搭配可以起到衬托或强调

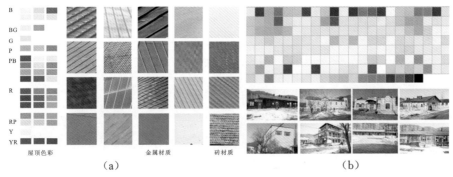

图 5-27　横道河子镇城镇建筑色彩图谱汇总

（a）建筑屋顶色彩图谱；（b）建筑墙面色彩图谱

的作用。 山川水域、林田植被以及地形地貌都是城镇自然色彩展现的重要形式，对这些自然色彩要素的积极营造是提升城镇形象的重要途径。 横道河子镇以其独特的地理优势拥有山水田园的自然风光，城镇色彩设计应借助自然色彩增添城镇魅力。

1）气候影响下的色彩

气候因素深刻影响着寒地城镇的色彩风貌，气温、湿度、光照等都对色彩产生显著的影响。 色彩由光产生，是活的地方语言。 美国地理学者埃尔斯沃思·亨廷顿（Ellsworth Huntington）在《文明与气候》中特别强调了气候对人类文明的决定性作用。 他认为，气候是人类文明的原动力、人口移动的主因、能源的主宰及区别国家特性的重要因素，在人类建设活动发展中起着重要作用。 在不断轮回的昼夜更替和季节交替中，城镇色彩风貌也在不断发生着变化。

（1）气温影响下的色彩。

当建筑建造在一个地域文化浓厚的寒地环境中时，其表现的色彩除具有文化、社会、经济多层面的含义外，还具有地域的自然地理表征。 相关气象网站数据显示，横道河子镇是海林市无霜期最短的地区，一般在 90～115 天。 该镇从 10 月开始直至翌年 4 月都有降雪，平均气温在 0 ℃以下，最低气温可达 -39 ℃。 严峻的气候条件下适合生长的植被较少，城镇自然色彩构成中绿色系和黄红色系的色彩骤减，部分常绿的针叶林在照度不足的冬季色彩彩度与明度降低，整体环境色彩明度与彩度降低，植被色彩以暖灰、暖棕色为主，形成了以积雪白、枯草附着的大地色为主要背景的色彩体系（图 5-28）。

（2）光照影响下的色彩。

日光是决定一个区域内建筑色彩的重要因素之一。 大多数情况下，城镇色彩的观察光源就是自然光，人们已经习惯将自然光照射下的物体颜色称为固有色。 著名的色彩理论家洛伊丝·斯文诺芙（Lois Swirnoff）在其著作《城市色彩——一个国际化视角》一书中对光照与色彩之间的关系做了深入研究，认为建筑色彩的展现受到日光的入射角和光线强弱的影响，而日光又由纬度、海拔等地理因素决定。 横道河

图 5-28 冬季气候色彩特征图

子镇地处中国东北高纬度地区，光照不足。 特别是在冬季时，太阳高度角偏低，城镇整体环境中受光亮区较少，阴影区较多。 当自然光线投射到物体时，受光区的色彩偏向红黄色相的暖色调，而处于阴影区的色彩明度偏低，偏向蓝紫色相的冷色调。 受光区的城镇色彩与阴影区相差较大，对城镇整体空间界面有较大的影响。如果不考虑变化的光环境进行城镇色彩设计，城镇特色自然也就无法凸显。 城镇色彩与自然光线应该相互协调，相互适应，应该充分考量冬季阴影区的色彩，为了协调整体色彩，可通过局部的装饰色、点缀色进行色彩补偿，也可以通过提升阴影区的色彩明度进行光线补偿。

（3）湿度影响下的色彩。

湿度变化与自然色彩有着紧密的联系。 春夏季节湿度较高，植被生长水分充足，其自然色彩表现也更为丰富，彩度、明度偏高。 秋冬季节湿度降低，自然色彩色相变少并由中高彩度转变为低彩度。 横道河子镇春夏多雨，海拔较高，属于冷凉湿润高山气候。 夏季漫长、舒适和潮湿，较潮湿的季节从 5 月至 9 月持续约 5 个月。 横道河子镇每月降雨量有极大的季节性变化。 一年的多雨阶段持续 7 个月，从 4 月到 10 月，降雨单日最多可达 125 毫米，最少为 13 毫米，年降雨量 670 毫米左右。 较干燥的季节持续 5 个月，从 11 月到翌年 3 月，其间自然色彩色相种类减少，并逐渐转变为低彩度与中低明度。

（4）天空色彩变化。

天空色彩是面积较大且位于建筑中上部的自然背景色。 在横道河子镇，一定云量的天空占比在全年呈现较大的季节性变化。 从 8 月到 11 月中旬属于较为晴朗的天气，较多云的天气从 11 月中下旬开始至翌年 8 月。 气候的变化为横道河子镇带来了更加丰富多变的自然色彩。 在气候的影响下，冬季的天空多为无云的纯色面域，较少时间的天空色彩由于云量的变化关系形成了模糊二分及多分关系的色彩关系，如图 5-29 所示。 总的来说，冬季天空多以低彩度、中高明度的纯色为主，其他季节由于降水气温变化多以中高彩度为主，并多伴随二分关系出现。

2）植被色彩

植被的颜色对该地区的形象形成有很大的影响，也是人们对色彩的主要记忆与

图 5-29　横道河子镇天空色彩分析图

印象来源。　富有特点的植被色彩是城镇记忆的重要来源，如武汉樱花漫野与北京香山枫叶是城镇记忆的典型色彩。　植被群体的组成要素包括农田林地、原始森林、景观绿地等，它们既有生态涵养作用，又有景观观赏作用，以特有的色彩变化与形态特征构成城镇色彩。　例如植被生长较多的山体形成了较为立体的色彩景观，也形成了视觉冲击力较强的立体色彩，深刻影响着城镇自然背景色彩基调。　部分平坦地势生长的植被又赋予城镇自然地基底色。　本节主要针对漫长冬季的农田绿地植被色彩进行细化分析，提炼符合寒地特质的自然环境基底色彩，并通过植被在春、夏、秋季色彩展现的总体特征进行归纳梳理，为后期的色彩规划与改造奠定基础。

（1）植被概况。

横道河子镇自然资源丰富，拥有山、林、草等丰富的植被资源。　小镇地处完达山脉张广才岭南麓，城镇总体地貌特征可以用"九山半水半分田"概括。　城镇拥有的原始森林生态系统从属于长白山山脉，林木种植基础良好，种类丰富，有 28 科 100 多种。　据相关资料统计，森林覆盖率为 92%，林地面积约为 7.3 万公顷。　草原面积约为 1500 公顷。　林木与中草药的种植带动了镇区经济发展：山参、党参、五味子等中草药种植；浆果种植（如草莓、蓝莓、青梅等）；薇菜、圆蘑、榛蘑、猴头菇等百余种珍贵的野菜和菌菇。　由本地产物制作而成的干豆腐、大酱、煎饼、蜂蜜、菌菇、山野菜、寒地浆果等特色食品远近闻名。　丰富的植被在给予城镇多样色彩变化的同时，还促进了城镇经济发展，成为传播城镇文化的形象载体之一。

（2）季节特征。

寒地城镇的植物种群随着季节变化表现出丰富的色彩特征。　良好的生态环境下孕育着多样的植被种群，在季节更替中表现出多样变化。　这些植被种群的色彩展现或附着于连绵的山体成为城镇重要的背景色，或生长于平坦大地成为城镇不可或缺的基底色。　气候适宜的春夏季节，气温回升以及湿度变化使得植被生长快速，色彩展现丰富。　横道河子镇的庭院大多会种植丁香、桃花等，明快优雅的淡紫色、浅粉色与浅绿色构成了春季的典型色彩。　夏季植物愈发葱绿，连绵起伏的青山彰显着无限生机，城镇的背景色以墨绿色、深绿色、棕绿色为主。　同时，小镇内部的俄罗斯老街等街道旁边也会种植向日葵等花卉，形成了高明度、高彩度的植被色彩环境。秋季是植被色彩变化最大、最绚烂多彩的季节。　树叶中的叶绿素在秋季开始分解，营养物质开始向树根运输以供应冬季休眠，植被色彩也开始由深绿色系为主转变为低明度、低彩度为主的风貌特征（图5-30）。

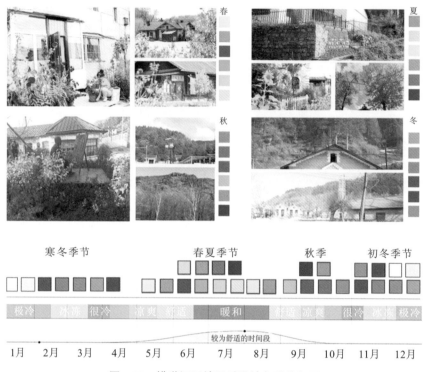

图 5-30　横道河子镇四季植被色彩分析图

3）土壤岩石色彩

大地孕育了地方的自然和人文色彩。 土壤岩石作为大地的物质构成，既能以群山绵延的地貌特征作为城镇背景，又能通过物质转换参与城镇建设发展。 横道河子镇土壤岩石资源丰富，拥有佛手山以及人头峰等奇峰异石的自然景观及丰富的金属和非金属矿产资源。 以石矿储量最为丰富，建筑也因地域材料的使用而具有鲜明的色彩特征。 在中东铁路建设时期，质地优良的花岗岩石材被俄国建筑专家大量用于建造俄式住宅，甚至还将大量石材外运到哈尔滨市供应建设。 镇内土壤类别以黑土、草甸土为主，主要为棕色、黑灰色。

优秀的色彩规划设计应对地形地貌因势利导，寻求与城镇自然背景的积极互动，同时，也应将乡土材料作为积极因素充分融入城镇建设。 土壤岩石作为重要的基础载体，也是城镇建筑、道路等人工色彩的本源。 这些地质要素构成了独特的景观面貌与物质基础，造就的地势也给予城镇视觉重要眺望点，给予城镇色彩更具层次的展示空间，也是色彩规划设计的重要借力点。 总体来说，土壤岩石作为横道河子镇本源的基底色彩，以中低明度、中低彩度的暖棕色、黑灰色为主要的色彩特征，展示着稳重、大气的色彩意象（图5-31）。 同时，在地形与附着植被的影响下，横道河子镇山水相依的地势地貌给予城镇色彩更丰富的展示空间。 为了更全面地营造舒适和谐的色彩环境，山体应该以城镇眺望点与自然背景色的双重身份纳入色彩规划设计的重要考量因素。

图 5-31　横道河子镇土壤岩石色彩分析图

4）水文色彩

水系空间是重要的城镇天际线展示空间与休闲游憩空间，水文色彩是指水环境周围色彩的映射与水体本身色彩两部分。 从色彩的形成来说，水文色彩由反射、漫射、散射太阳光线形成，水量以及光照成为影响水文色彩的重要因素。 横道河作为穿越主城区的唯一流经的水系，其水环境质量情况良好。 紧邻水系北岸集中着城镇的商业贸易活动，南岸为现代生活住区。

横道河的色彩具有显著的季节特征。 在降水充沛的时节，河流水量储存丰富，其色彩在太阳光照等因素的影响下呈现中高明度、低彩度的蓝绿色。 随着寒冷气候来临，水体开始由流动的状态变为长期冰冻状态（图 5-32），水体在低温、大气、光照等的影响下开始呈现以中高明度的灰白色、蓝白色为主的色彩。 在每年较为寒冷的天气时间，在城镇降雪的影响下，水文色彩基本被积雪颜色覆盖，呈现出与周围环境无较大差异的积雪白的色彩环境。 水环境周围高彩度、低明度的人工色彩与水系自然环境形成了强烈的视觉反差，产生较为突兀的色彩感觉。 总的来说，水文色彩受气候因素影响较大，在漫长的冬季环境中呈现中高明度的低彩度冷色调，人工色彩应注重与水文色彩的协调性，才能营造出和谐、舒适的色彩空间。

图 5-32　冬季水文色彩

5）自然环境色彩总结

优秀的文化生长离不开良好的自然环境的作用。 要形成舒适的城镇色彩环境，除了关注人工色彩，还需要关注人工色彩与自然色彩的调和，兼顾人工色彩与自然色彩之间的图底关系。只有文化与自然共同融合生成的色彩体系，才能够完美地表达与展现城镇特质基因。

横道河子镇蕴藏着丰富的自然资源：庞大的植被体系、肥沃的土壤、优良的石材原料等。这些自然资源经过适当的加工改造，为城镇建设提供了充足的建材资源。如图 5-33 所示，横道河子镇冬季较为漫长与寒冷，冬季环境色彩构成了小镇自然背景色的主旋律。从植被的生长规律可以看出冬季气温骤降，植被大多处于枯萎凋零的状态，呈现以灰绿色、暖棕色为主的低明度、低彩度色彩表征。在春、夏季色彩展现较为多样，植被色彩开始出现大量高明度、高彩度的红黄色、黄绿色以及紫红色等。冬季天空云量较少，天空常以中高明度的纯色展现，整体环境呈现高明度、冷色调的冰雪色彩。

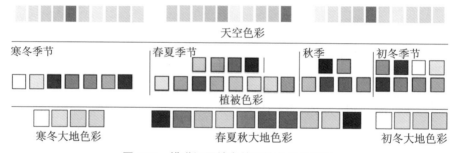

图 5-33 横道河子镇自然环境色彩分析图

5. 文化景观色彩风貌

城镇色彩具有双重性，即在表现出显性的视觉特征的同时，也具有隐性的文化内涵。没有历史文化作为内核，色彩就变得乏味空洞。了解寒地城镇色彩发展历史，研究城镇色彩的影响因素，并筛选出符合城镇精神的色彩图谱，是色彩规划的重要内容。尤其在千城一面、城镇特色文化逐渐消失的今天，城镇色彩作为一种经济有效的风貌整改手段，其承载的文化内涵尤其需要得到关注。

1）传统民俗色彩

传统民俗是主流文化的缩影，其色彩展现也更灵动与活泼。早期的横道河子镇居民以汉族为主，还有少数蒙古族和朝鲜族。清代以前，由于交通闭塞，横道河子镇一直是个落后的传统村落。在历史的发展中，该地区几经整合，文脉发展破碎，不成体系。中东铁路的开发建设在推动城镇快速发展的同时，也带来了强势的俄罗斯民族文化等外来文化。俄国人在进行铁路开发建设的同时，也修建了教堂、民居等建筑，开始了具有俄国特色的工作和生活。在小镇形成的一百多年时间里，俄罗斯民族文化渗入小镇生活的方方面面。

受俄罗斯民族文化的熏陶，小镇有着历史悠久的酿酒文化。从 20 世纪初至 1949 年，国内外企业纷纷来此开设酒厂，主要生产果酒、白酒以及啤酒等。其中由中国自主开设的横道河子果酒厂是当时规模最大的酒厂，还曾获得清末皇帝溥仪的弟弟溥杰的题匾。 至今小镇内部仍然保留着俄货店、百货综合商店、果酒售卖点等，从居民饮食习惯、服饰搭配以及节庆活动还可以看出俄罗斯民族文化的印记（图 5-34）。

图 5-34　传统民俗色彩分析图

2） 绘画小品色彩

绘画小品色彩反映着地区文化审美的价值取向。 横道河子镇内部的绘画小品等以中东铁路时期最为典型，这些富有浓郁俄式风情的雕塑小品，主要分布在铁路北侧的中东铁路博物馆、圣母进堂教堂、铁路治安所驻地等历史建筑外围。 在历经百年岁月洗礼后，其材质呈现斑驳脱落的状态，色彩以黑灰色、暗棕色、水蓝色、深红色为主。 保留在建筑内部的绘画色彩面貌保存较为完整，以金黄色、暗红色、水蓝色等高彩度、低明度色彩展现为主，并运用色彩对比形成强烈的视觉冲击。

近年来，海林市政府积极制定相关规划政策提升城镇文物保护水平，不断修复完善城镇基础环境，也让更多历史韵味深厚的艺术作品纷纷展露光芒。 横道河子镇四季分明的景致为艺术创作者提供了丰富的素材与灵感，自 20 世纪 50 年代至今一直作为美术写生训练基地。 2014 年在该镇举行了"首届中俄国际油画创作大赛"，在城镇东部有以油画为主题设置的艺术长廊、油画村、画家小屋等，吸引了众多中俄画家前来进行艺术创作，为城镇的艺术绘画成果不断注入新鲜的血液（图 5-35）。

图 5-35　绘画小品色彩分析图

3） 道路标识色彩

道路标识作为连续的、判定方位的指引，对色彩风貌的形成具有重要的辅助作用。 横道河子镇的道路标识具有浓郁的俄式风情，其色彩分布具有明显的区域特征。 中东铁建筑群附近以中高彩度的红、黄、蓝绿色系为主，材质为木材、金属、玻璃等，其中路灯色彩普遍为黑灰色、深褐色、墨绿色，标识指引多为浓彩色；其他一般区域以中低彩度的红黄色、暖灰色、蓝白色为主，与周围建筑色彩形成了较为良好的互动（图5-36）。

图 5-36　道路标识色彩分析图

4）文化景观色彩总体特征

横道河子镇文化景观在异域文化的催化衍生下形成了特征鲜明的色彩风貌。 中东铁路线建设是其发展的重要外部驱动因素。 从城镇内部保留的历史建筑来看，这些以当地资源取材建造的异域民族风格的石头房、木刻楞建筑，形成了横道河子镇的独特风格，参与了城镇色彩文化基因的传承与发展。 受俄罗斯民族文化的熏陶，城镇生活各方面都有了俄式印记，最为明显的是雕塑、欧式路灯、绘画器物、道路设施以及节庆等审美色彩，反映了俄罗斯主流文化下的价值取向。 通过对这些文化景观色彩分析研究发现，高彩度、中高明度的红黄色、蓝绿色是其普遍使用的色彩。 其中道路设施色彩以墨绿色、灰黑色、浅灰色为主；座椅、雕塑等休闲景观小品以中低彩度的红黄暖色调、高彩度的蓝绿冷色调为主，表现出较为强烈的俄式风貌特征（图5-37）。

图 5-37　横道河子镇文化景观色彩分析图

6. 城镇色彩风貌总特征

1）明度分析

明度是色彩展现的重要影响因素，其强弱变化能够带来强烈的色彩感知。 依据《建筑采光设计标准》（GB 50033—2013）对光气候分区可知，我国寒地城镇大多位于室外年平均日照度较低区域。 而横道河子镇处于IV类光气候区, 年平均阳光照射处于较低水平。 加上从 1 月份横道河子镇就进入寒冷降雪期, 在常年的低照度、寒地气候的影响下, 为了弥补自然光照的不足, 人工色彩已经形成了以高明度为主的色彩环境, 如图 5-38 所示。 其中通过明度数值化的柱状图分析可以发现, 小镇色彩明度大于 7 的居多, 小于 3.5 的较少, 在 3.5～4.5 分布比较均匀。

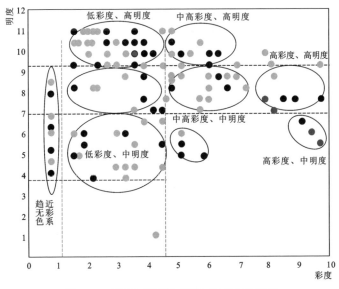

图 5-38　横道河子镇色彩明度-彩度分析图

2）色相分析

光是颜色产生的必备条件之一, 建筑色彩受到日光入射角度以及光线强弱的深刻影响。 例如在室外照度较高时, 建筑颜色偏向于暖色调, 照度较低时, 建筑颜色偏向于低饱和度的冷色调, 日光特性是决定一个区域内建筑色彩的重要因素之一。 在现状实地调研的基础上, 通过对调研的 145 处城镇内部物质要素分析发现, 横道河子镇建筑色彩环境总体上以红黄色、红色、黄色等暖色调展现为主 (图5-39)。 以中东铁路博物馆为中心, 城镇色调表现为由暖色调至冷暖搭配色调层层展开, 行政办公建筑以灰蓝色为主。 在城镇高速站口的建筑立面色彩的商业功能建筑表现为冷色系, 以蓝白色为主、黄红色为辅, 普通居住建筑以砖红色为主, 历史保护类的居住建筑以红黄色调为主。 铁路南侧也表现出以红黄色调为主的色彩环境, 行政类建筑、公共服务类建筑以及居住类建筑均以暖色调为主。 有相关研究指出在寒冷的气候环境以及室外平均照度较低的情况下, 人对色彩的心理倾向表现为暖色调。 色彩本身并没有温度, 但却可以通过视觉影响人的心理感知, 从而使人们产生温暖或冰冷的心理感受, 这也是横道河子镇色彩以暖色调为主展现的根源所在。

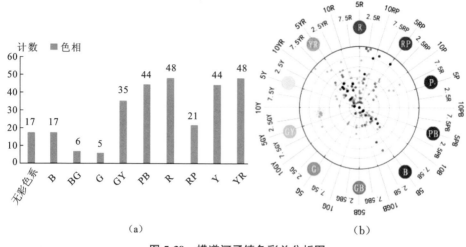

计数 ■ 色相

（a）

（b）

图 5-39　横道河子镇色彩总分析图

（a）色相分布图；（b）色相-彩度分布图

3）彩度分析

横道河子镇现状建筑整体以中高彩度表现为主。 其典型的俄式风格建筑如暗红色木刻楞住宅、红黄色调的办公楼、暖黄色调的俄式居民建筑均展现出中高彩度的特征。 在俄罗斯民族文化的影响下，建筑色彩也在潜移默化地引导着城镇色彩的演变与发展。 现如今城镇内部形成以中高彩度为主、低彩度为辅的色彩环境，如图 5-40 所示，彩度为 2.4～5.6 的较多，由于大面积的玻璃材质的应用，彩度为 0～1 也较多。 中高彩度的建筑色彩与自然环境相互融合、相互协调，也为城镇的光照不足、自然色彩缺乏带来良好的色彩补给。

4）城镇总体色彩风貌

人文景观与自然环境是城镇色彩风貌的总和。 其中，建筑色彩奠定了城镇总体色彩空间的总基调，是表现城镇特色风貌的主要物质载体。 2021 年 3 月中旬，笔者采用实地调研方式收集了横道河子镇现状色彩数据，对其进行整理并做了大量的可视化分析，最终发现横道河子镇在典型气候、文化等综合因素的影响下，形成了以中高明度、中高彩度的暖色调为主的色彩环境。 自然色彩中植被色彩总体呈现出低明度、低彩度的特征，以暖棕色、复合灰色为主。 传统建筑以石材、木材为主，色彩与建筑材料、建造工艺关系密切。 城镇内部保留的传统建筑在气候以及俄罗斯民族文化的影响下，以红黄色与白色搭配为主，以淡粉色、深灰色、褐色、黄绿色为辅（图 5-41）。 另外，城镇色彩在近现代发生了明显的转变，石材开始从基础结构用材改为装饰物，建筑色彩普遍趋于表面化与装饰化。 由于面砖、玻璃、铝板等建筑新材料的出现，也出现了较多不相容的蓝白色系，与原有的城镇主体色形成强烈的对比。 城镇的教堂等历史保护建筑多以金属黄穹顶、白色线脚为建筑点缀，在整体色彩和谐的基础上更具特色。 城镇色彩基因图谱是基于人文历史和自然环境提炼

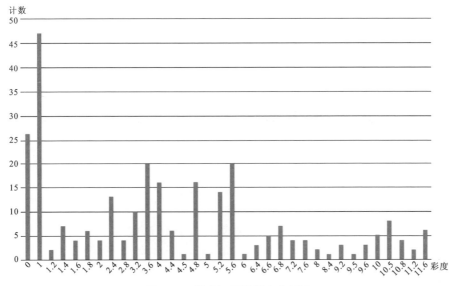

图 5-40 横道河子镇彩度分析图

而来的，对于后期色彩的改造来说，内部受保护的历史建筑出于原真性的保护原则，其色彩改造只做修复，不做更改。建筑屋顶色彩问题突出，主要原因是审美偏差，用色材质选择较为随意，而出现视觉感知的杂乱色彩。就小镇的色彩风貌提升来说，保留大众审美舒适的色彩，剔除干扰色彩和谐的杂色，才能够形成带有浓郁地方特征的色彩环境。

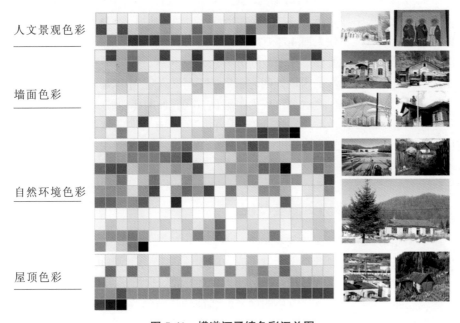

人文景观色彩

墙面色彩

自然环境色彩

屋顶色彩

图 5-41 横道河子镇色彩汇总图

横道河子镇由于城镇规模较小且保留的文化遗存丰富，城镇主体色表现出明显的单一主从性：以中高彩度、中高明度的橙黄色、米黄色、红黄色系为总体基调，冷白色为辅助。屋顶色彩作为城镇俯瞰层面的重要组成，以历史建筑群的红褐色、棕黑色、灰青色为典型，新建建筑屋顶由于采用了较为靓丽的高彩度红蓝彩钢，与暖黄色的墙面形成了强烈视觉冲击，带来了较为突兀的色彩感觉。基于以上内容提炼城镇色彩图谱，作为后期实验色彩赋值选用的基因图库。

5.2 哈尔滨市城市色彩风貌调查

哈尔滨市是中国东北的中心城市，地处黑龙江省的西南向，位于东经 125°42′ ~ 130°10′、北纬 44°04′ ~ 46°40′。北侧紧邻伊春市与佳木斯市，南侧紧邻长春市与吉林市，西侧紧邻绥化市与大庆市，东侧紧邻七台河市与牡丹江市。

在《哈尔滨市城市总体规划（2011—2020）》（2017 年修改稿）中明确表示，哈尔滨市市域用地规模为 5.3 万平方千米；规划区用地规模为 7086 平方千米；主城区包括道里区、道外区、南岗区、香坊区、平房区、松北区、呼兰区、阿城区规划的城市建设区，用地规模 598 平方千米，如图 5-42 所示。总体的空间结构为"一江、两城、十大组团"。从《哈尔滨市主城区历史文化名城保护规划》里可以较为明显地看出，历史城区，历史文化街区或风貌区，国家级、省级、市级文保单位，一至三类历史建筑，均主要在道里区、道外区、南岗区、香坊区、平房区、呼兰区及太阳岛内较为集中地分布。截至 2020 年底，市域的常住人口约为 1150 万，城镇化率为 68%；主城区常住人口 468 万，暂住人口 132 万，合计 600 万人左右。

根据气候和地貌的差异，我国被划分为东部季风区、西北干旱半干旱区、青藏高寒区三大自然区；哈尔滨市地处西北干旱半干旱区。在中国建筑气候区划中，黑龙江省划分为严寒区域，哈尔滨市成为中国具有代表性的寒地城市之一。哈尔滨市冬长夏短，是温带大陆性季风气候，冬天从 11 月至翌年 3 月，持续时间较长（有霜日期可达 197 天），最低月平均温度可达- 15.8 ℃；春秋季是过渡季节，时间短暂；夏季从 6 月至 9 月，相较来说更为炎热，最高月平均温度可达 23.6 ℃。

5.2.1 城市色彩历史演变概况

哈尔滨市的色彩规划史要追溯到 19 世纪末至 20 世纪初，中东铁路的建设吸引部分人口与工商业，哈尔滨市逐渐发展成为国际性商埠，近代城市的雏形形成。与此同时，沙皇俄国和西方列强的侵略导致建筑新材料也被运用到了哈尔滨市，诸如，建筑立面多采用米黄色与白色的面砖、装饰砖和石料等，常在材料表面进行仿石与砂浆技术处理，由此便为后期哈尔滨市主色调奠定了基础。1932—1945 年，日

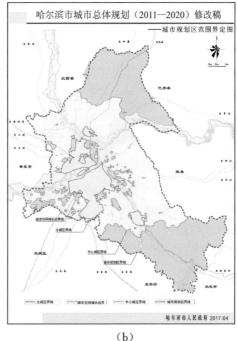

（a）　　　　　　　　　　　（b）

图 5-42　哈尔滨市区位图、规划区与主城区范围图

（a）主城区总体规划图；（b）城市规划区范围界定图

（图片来源：哈尔滨市人民政府网站 https://www.harbin.gov.cn/haerbin/c106500/201906/c01_170365.shtml）

本在哈尔滨市提出了《大哈尔滨都市计画概要》，哈尔滨市由此便又受其影响逐渐呈现新的日式建筑风格，即在简洁的建筑几何造型立面上采用小体量的黄色面砖。1949 年后，哈尔滨市成为全国重点建设的工业现代化城市，较多的历史建筑遭到破坏，新建建筑则较多采用白色面砖，直到改革开放后，哈尔滨市才颁布相关条例将特色建筑列入保护范围之内。

其实，真正现代意义上的城市色彩规划要从 2004 年开始，哈尔滨市首次确定主色调为"米黄加白，辅以朱红色系、红褐色系、复合灰色系、橘黄色系"；2006 年的市容环境整治首次提出"运用街道色彩规划的方式指导城市色彩管理工作"；2012 年出台的《哈尔滨历史文化名城保护规划（2011—2020）》要求道里、道外及南岗老城区内的色调以淡雅明快的乳黄色、浅粉色及无彩色等为主色调，延续早期建筑风格。

在此之后，哈尔滨市较少针对城市色彩风貌作出专项规划或出台相关政策、条例。不过，一些学者提出自己的见解，诸如 2013 年王春萌提出主色调应延伸为"米黄色系、红褐色系与材料本色色系"，辅色调是灰白系、墨绿色系与浅褐色系，同时，可以对色彩属性进行一定程度的改变，变换出与主色调相融合与协调的辅色调、点缀色。2017 年朱凯提出主体色为米黄色与灰白色，辅助色为淡橘色、灰绿色、浅粉色与砖红色，点缀色为金黄色、深绿色与深褐色。 迄今，哈尔滨市色彩实践有一定基础，但依然存在问题：一方面，色彩宏观管控程度较高，整个城市放眼望去全是黄色，很难体现寒地城市的地域特色，可以适当点缀红绿补色等色系；另一方面，色彩相关术语或者控制规划有时过于专业，导致使用者难以理解，故哈尔滨市色彩管控仍须编制针对性与实施性更强、更利于公众理解与认知的色彩导引。

5.2.2　严寒气候条件与哈尔滨城市色彩特征

1. 严寒气候对自然色彩的影响

严寒地区冬季漫长，城市色彩中的自然色彩有明显变化，主要表现为自然色彩的色相分布区域变窄，色彩倾向发生明显变化。 冬季植物群落进入休眠状态，绿色系和黄色系色彩减少，而天空蓝色系、地面红黄色系以及积雪的白色构成了主要背景。 天空的颜色从低彩度的淡蓝色变为较高彩度的蓝色，给人的色彩感受由柔和变为冷峻。

自然色彩中绿色在寒季长时间消失，造成城市色调偏冷，给人一种万物萧疏的感觉，使人长期处于压抑状态。 为了补足人们对城市环境绿色系的需求，寒地城市通过四处可见的、多贯穿街景的绿色系元素来进行点缀。 以滨江公园为例，它利用绿色的构筑物屋顶、碧绿色的休憩长椅以及墨绿色的雕像小品等一套色彩完整的设施体系，结合郁郁葱葱的常青树来缓解冬日整体的肃穆氛围。

2. 严寒气候对建筑立面色彩的影响

严寒气候对哈尔滨市建筑立面色彩的影响主要体现在光照角度和光照时间两方面。

哈尔滨市冬季太阳高度角低，大面积阴影区削弱了建筑立面的显色效果，使建筑色彩更倾向于显色性强的高明度、高彩度。 我国地域广大，南北方纬度差约50°，同一日照标准的正午影长率相差 3～4 倍，冬季影长率相差更大。 冬季哈尔滨市的部分建筑全天大部分时间处于阴影区域。 对同一时间、不同方位的街景分析发现，阴影区对东西向的街道南侧色彩影响相对较小，对北侧影响较大，显色性随着光照方向变化，正午显色性最接近常季；南北向的街道两侧皆受到建筑阴影影响，整体色调相比其他季节显色更为低暗。

光照时间短是寒地城市冬季的又一特征，建筑师在设计建筑时更倾向于选择暖色。 城市夏季白昼时间最长，可达 18～19 小时，冬季仅为 8 个小时左右。 一方面，在傍晚和清晨，阳光入射角度较低，需要穿过较厚的大气层才可到达地面，长波长、强透射力的红光相比短波长、透射力较弱的紫、蓝光更容易透出大气直射至建筑立面，使得淡黄色的高层建筑在傍晚和早晨可显色为橙色和红色。 冬季白昼时间变短，太阳的折射光对建筑立面色彩的影响在冬季上午 10 点前与下午 2 点后便开始显现，冬季傍晚和清晨在白昼中的占比增大，一天中建筑整体色调就偏暖。 另一方面，阳光对人来说具有重要的意义，从心理健康和身体健康上都不可缺少，阳光照射时间短的寒地城市更需要暖色调，多用对光的反射率高的类白色（明度为 8.5～9.5，彩度低于 1）来满足人们的心理需求，驱散了寒冷为居民所带来的消极心理，带来更为健康的心理暗示。

3. 严寒气候对建筑装饰色彩的影响

装饰色彩作为更小尺度的色彩，与人体的感受距离最近，对人的影响更为直接，与大面积的建筑立面主色相调和，起到画龙点睛的作用。严寒气候对更替周期短的装饰色彩也有影响，在冬季大部分时间，沿街建筑低层部分处于阴影区域，建筑立面色彩显现为低明度的冷色调，因此哈尔滨的建筑在屋顶、商业招牌、墙体装饰等处常采用高彩度暖色调的装饰色彩来进行补偿和调节。

在漫长的冬季，建筑低层区域因阴影遮挡而影响显色效果，但屋顶仍然可以接受太阳光直射，所以哈尔滨市的建筑常以高彩度的深蓝色、绿色和赤红色来装饰建筑屋顶。这些色彩易吸收光线和热量，可活跃色彩氛围。同类装饰手法还可见于现代住宅建筑顶部凸出部分的侧立墙等处。

现代商业大厦常在顶部点缀高彩度暖色调的装饰牌或标志，使得整体建筑更加生动，如商业大楼楼顶的金黄色名牌。商业建筑的临街招牌也多采用跳动感强、高彩度的暖色调，如红底白字、深蓝色底红字的招牌等，暖色调的色彩组合还多见于商业建筑前的景观小品和公共设施，如植物上悬挂的装饰物、临时广告牌和街道安全设施的色彩等，共同营造能使顾客愉悦并吸引人群集聚的商业氛围。

4. 严寒气候对城市夜景色的影响

哈尔滨市的冬季漫长单调，下午三点半到四点便进入黑夜，自然光下的城市色彩可见时间更短，亟须利用人工灯光的照明来满足人们对城市色彩的视觉需求和心理需求。哈尔滨市营造了高亮度、色彩丰富的人工照明环境，缤纷的灯光调节了冬季城市整体沉闷的色彩，同时也成为城市色彩景观特色的重要组成部分。

哈尔滨市的夜景色组成丰富，一般建（构）筑物多以黄色、橙色的暖光灯进行照明装饰，金黄色灯光的街灯使用频率极高，且风格统一协调；红色、白色和绿色等灯光作为点缀，在中央大街、果戈里大街等商业地段，街道整体呈现金黄一片的街景图，偶见红绿点缀其中，色彩明度极高，给人温暖和温馨的心理感受，在滨江公园等滨水地区，以绿色、蓝色为主的灯光交相辉映，象征着江水流动，唤醒人们对水的记忆。此外，哈尔滨市冬季利用冰雕和雪雕，结合灯光形成特有的冰雪夜景，在街道上随处可见以红色、蓝色、绿色等各种色调的灯光投影出五彩的冰雕和雪雕作品；在滨江公园，大型冰雕将冰封的江面与公园连成一体，投射出以迷幻的湖蓝色为主的灯光，减弱夜晚长时间黑色对空间的隔离；在夜晚整体橙黄色的街灯下，通过高彩度、色相丰富的冰灯相互映衬，丰富了夜晚城市色彩（图 5-43）。

整体夜景色　　　　　　　　　特殊夜景色　　冰雕夜景色　　雪雕夜景色

图 5-43　城市夜景色分析

5. 地域文化与城市色彩特征

在哈尔滨市的历史上，有许多宗教曾在此传播，不仅有道教和儒教等本土宗教，也有基督教、天主教、东正教、犹太教、伊斯兰教等外来宗教。近代哈尔滨市成为中东铁路附属地和国际通商口岸，移民数量大增，形成了以"俄式风格"为主的多元化城市风貌。

以东正教教堂为代表的俄式建筑风格对哈尔滨的影响最为深远。由于同处严寒地区并与俄罗斯相邻，这种影响更具有自适应性。哈尔滨市留存了大量中东铁路系统的建筑，这些建筑以米黄色为主体色，而非中东铁路系统的建筑多以浅粉、橘黄、淡绿、浅灰等为主体色。圣·索菲亚教堂（透笼街 95 号）和圣母守护教堂（东大直街 268 号）是现存影响较大的东正教教堂。色彩特色鲜明，基调沉稳，搭配类似，代表着以拜占庭式建筑为主的东正教教堂的色彩形式。这类建筑主要构成形式为暗红色墙体、深绿色穹顶和金黄色的顶部点缀。

基督教在 19 世纪就传入我国，受教普遍，其教堂、学校等在国内很多城市都有分布。与其他城市不同，哈尔滨市的基督教建筑用色受东正教影响深刻，甚至更为强调色彩对比，带有非常浓烈的寒地风格。代表建筑为尼埃拉教堂（东大直街 252 号），是色彩搭配与东正教教堂相似的哥特式建筑。基督教教堂的彩度较高，并利用乳白色作为红色的点缀色，色彩更为明快，结合更为明晰的线条结构，表现出基督教教堂更为小巧精致的特色。轻快明亮的红白相间的色彩搭配在哈尔滨市逐渐盛行，也开始出现更多的哥特式绿色塔顶。

19 世纪末，以波兰人为主的天主教徒在哈尔滨市开始了天主教传教，留下的建筑和宗教文化，在一定程度上也影响了哈尔滨市整体城市色彩。耶稣圣心主教座堂（南岗区东大直街 211 号）是目前黑龙江省最大的天主教教堂。其色彩有别于其他宗教建筑，淡淡的米黄色和玻璃材质的绿色更具温暖和端庄感，搭配高耸的深墨绿色屋顶，又有哥特式建筑特有的神圣感。为整体城市色彩引入了以淡雅的暖色调为主导的欧式气息。在城市新建的商业建筑中常学习这类搭配进行设计，使其温和并更具现代感。

本土宗教中的佛教亦影响着城市色彩的发展。如位于东大直街尽头的极乐寺便是中国传统寺院建筑的典范，金瓦红漆传递着中国传统宫殿建筑的色彩。 但与其他历史悠久的拥有皇城的城市相比，大型佛教建筑由于屋顶复杂性等而使其在寒冷地区建设受限，佛教文化传播受限；并且中国传统建筑因严格的等级制度的限定而使得民间色彩多为单调的冷灰色（10G～10PB，C<1）。 佛教建筑的色彩类型和色彩搭配对哈尔滨市城市色彩的贡献并不显著。

多元建筑风格长期融入哈尔滨市的世俗生活中，形成哈尔滨市独特的本土色彩风貌。 例如黑龙江博物馆（哈尔滨莫斯科商场旧址，哈尔滨市红军街46号）、哈尔滨市青少年宫（南岗区红军街33号）等建筑，受到俄式风格的影响形成了深红色屋顶、米黄色墙体和白色边饰构成的形式。 这种色彩搭配形式逐渐用在哈尔滨市的许多建筑中，形成了以米黄色墙体为代表的城市色彩基调（图5-44）。

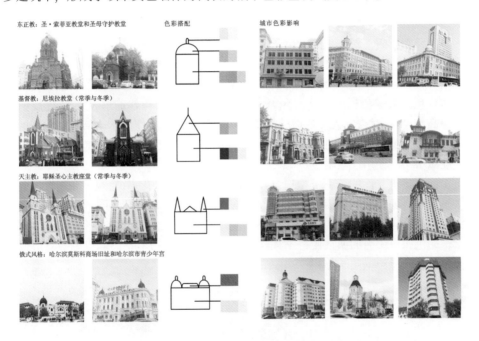

图5-44 各宗教建筑色彩搭配及其影响

5.2.3 快速城镇化与城市色彩特征转型

20世纪90年代以来，哈尔滨市的城市建设活动大量增加，城市色彩风格也出现了较大变化。 快速城镇化后所建建筑占所有研究建筑群的54%。 快速城镇化后，整体城市的建设理念发生转变，城市规划由被动变为主动，寒地城市在传统时代倾向于使用反差较大的色彩搭配，这种倾向逐渐随着现代工业化的成熟而改变，转而倾向于反差较小的、更为统一的色系。 这种转型体现在城市色彩的整体彩度、色相和材料等多方面。

第一，暖灰色系（10RP～10Y，C<1）的使用比例明显提升。 20世纪90年代后的建筑中，灰色系的色彩增多，从30%增至36%。 灰色系作为现代化的同质性的色彩，所用范围广，限制因素少，可通过新材料产生丰富的变化。 对于寒地城市，快速城镇化使得暖灰色规模化运用，逐渐成为可以与传统的低彩度黄色系相抗衡的主导色系。

第二，紫、紫红色系（10PB～10RP）的使用增加，而绿、草绿色系（10Y～10G）减少。 紫色并非哈尔滨的传统色彩，受到传统工艺和技术的限制，在过去使用较少。 而快速城镇化后，紫色运用相对增多，为紫、紫红色系的色彩提供了表现的机会。 在20世纪90年代后的建筑中，绿、草绿色系的色彩占比由10%降低为8%，而紫、紫红色系的色彩由不到3%增加至6%。 但总体来看，由于良好的城市规划的控制，以及寒冷地区气候对建筑工程实用性的考究，城市整体色彩倾向变化不大。

第三，新材质、新技术的运用急速增多。 在20世纪90年代后的建筑中，玻璃和面砖比例升高，其中面砖的比例由10%上升至14%，玻璃在建筑主体色中的占比从0上升至3%。 面砖、金属等材质具有相对较高的明度。 面砖适用于表现彩度较低的朱红色、米黄色和暖灰色，色泽光滑、凹凸有致的特性能够从多角度反射色彩，提高亮度。 过去的大面积玻璃材质会影响建筑的保温性能，玻璃本身呈现的冷色调从心理上遭到人们的排斥。 但随着科技的发展，玻璃建材的使用限制越来越小，在城市中的使用逐渐增多。

第四，建筑立面的色彩类型增多，色彩搭配方案复杂化。 建筑体量增大，色彩表现形式与立面建筑材质的变化也导致了色彩搭配方式复杂化。 同一建筑体的色彩搭配种类增多，传统建筑的1～3种色彩的搭配在快速城镇化发展中变化为4种或5种，辅助色和点缀色的调节使得整体建筑色彩更显明亮和丰富，但也更容易形成杂乱无章的色彩噪声（图5-45）。

图5-45　快速城镇化后建筑立面的色彩变化

本章基于国内对城市色彩研究的定量分析方法的运用和改进，结合对寒地城市的定性分析，认为哈尔滨城市主体色以稳重温和的淡黄色与现代感的暖灰色为主，与中国其他城市相比，建筑立面的彩度和明度都明显更高，色调更倾向于暖色调，建筑涂料的使用比例也更高，具有鲜明的特色。这一色彩倾向的成因可能源于寒地地理环境，哈尔滨市四季分明，冬季漫长寒冷，白昼时间短，城市的背景色更加冷峻、深沉，并缺乏绿色系背景，导致建筑立面色彩更加温暖明亮，以丰富人的心理感受；同时，俄罗斯民族文化和东正教建筑风格的影响也是哈尔滨城市色彩特色形成的重要原因。

哈尔滨市是我国寒地城市的代表，反映了独特的地域环境特征与历史文脉传承，在快速城镇化背景下，为进一步保护城市风貌特色，合理运用新材料、新技术，避免"千城一面"的错误倾向，通过如下措施正确引导色彩风貌发展。

①寒地城市的色调和彩度应适应自然背景色变化，考虑寒冷气候的影响以及色彩对人的心理感受，提炼反映地域特色的城市传统色谱。

②寒地城市在冬季所显现的色彩整体明度将有所降低，在进行整体色彩规划的同时，考虑适当利用相对其他城市较高明度的色彩，并根据不同材质对不同颜色的显色性来确定各色彩的表现形式。

③在寒地城市的自然色彩中，以绿色系为主的植物色彩将长时间空缺，应在城市建设中适当增添绿色系。

④对寒地城市冬季长时间处于阴影地段的建筑色彩或自身明度过低显色较差的地段色彩，可通过装饰色、点缀色根据建筑本身的特色来进行色彩补偿。

⑤寒地城市冬季白天时长短，夜间长，可通过对夜晚城市色彩的特色发展和合理规划，为城市色彩增添活力，满足冬季人们对高明度色系的需求。

⑥在对寒地城市色彩进行规划时，还应考虑对城市色彩的动态性进行规划，对快速城镇化后的城市色彩转型做出评判与预估，来综合确定未来城市的色彩倾向。

5.2.4　哈尔滨市中央大街色彩风貌分析

本次研究范围为中央大街街区，它坐落于哈尔滨市道里区的历史城区内，由经纬街、松花江、滨州铁路线围合而成，共保存有一处历史文化风貌区、两处历史文化街区、多处文保单位与历史建筑，如图 5-46 所示。2020 年出台的《中央大街历史文化街区保护规划》确定其布局以主街为核心，以江畔路—防洪纪念塔、尚志胡同—尚志大街、经纬街—西十六道街、通江街为边界所组成的街区范围，全长 1450米，宽 21.34 米，总用地面积约 89.84 公顷。其中，核心保护范围为 19.60 公顷，即主街两侧的区域，在该范围内除去必要的公共基础设施外不允许新建和扩建，公共基础设施亦被严格控制其强度、高度与体量等指标；建设控制地带为 70.24 公顷，即除去核心保护范围外的其他全部用地，对于规划需新增建筑或改造建筑的形态、立面与屋顶色彩等外在形式均应与街区的整体风貌相融合。

1. 研究区域历史演变概况

从历史发展来看，中央大街的建设最初也是源于列强入侵后大规模地修筑铁路和城市建设时期，于 1898—1900 年为运送铁路器材而逐渐形成。1924 年后，俄国

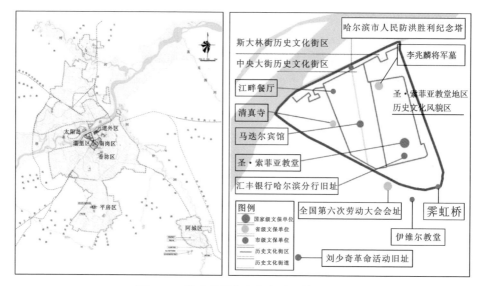

图 5-46　道里区历史文化名城保护规划图

（图片来源：根据《哈尔滨市主城区历史文化名城保护规划》重新绘制）

工程师科姆特拉肖克为其铺设 18 cm×10 cm 的方石，随着外国商人的入驻与发展，4 年后逐渐成为远近闻名的步行街且改称"中央大街"。直至 1986 年哈尔滨市政府遂将其定为保护街路，随后针对建筑高度、城市家具、广告牌匾、立面装饰、基础设施等方面多次出台相关的色彩风貌规划与条例，对其进行较大规模的改造。中央大街现阶段逐渐成为哈尔滨市重要的标志性地理文化旅游名片，集聚约 5800 商户，共 35000 人左右的从业人员。截至 2018 年，其日均客流量达到 30 万人次，最高超过 140 万人次。

目前，对于哈尔滨市历史城区内的色彩控制，总体上主要依照其历史建筑原貌进行更新与改造，不做过多装饰，亦不变换原有色彩，仅对立面进行清洗与粉刷；非历史建筑的色调向历史建筑的色调靠拢，选取米黄色系，在此基础上进行明度、彩度的变换，使其可以既有统一又有差异，辅助色则选取白色系，其通常在诸如门窗、线脚等装饰性构件上使用，点缀色一般依据建筑风格采取洛可可装饰风格等色系。而对于中央大街的色彩控制，前面提到的条例或政策虽从风貌上对其加强控制与规划，但对建筑立面和景观小品的色彩控制却一直停留在与街区整体历史风貌相协调的宏观层面要求，缺乏下沉的、具体的或量化的改造措施，除此之外，中央大街街区的现状色谱总结也相对匮乏，因此，为此次开展色彩现场调研提供了契机。

2. 现状城市色彩数据采集

现状色彩的调研通常从划分区域、确定街道开始，一方面由于城市被街道划分，公众对一个城市产生的视觉、心理、空间印象常常源于街道的景观；另一方面，由于城市色彩景观亦是从人的高度、人的视角出发进行感知与评价的，色彩调研的内容往往是基于人的视角对街道两侧所看到的色彩景观信息进行汇总，涵盖了道路与节点广场、建筑立面、广告牌匾、城市家具、植物与小品设施等内容。一般由于建筑的体量在整个城市空间范围内占比较大,对建筑立面色彩信息的采集更为准确与细致。

在此次研究中,首先将道路及沿街建筑进行划分及编号,按照《哈尔滨市城市道路管理条例》,城市道路分为快速路、主干路、次干路和支路,如图 5-47 所示。中央大街街区被分成商业步行单元、文化休闲区步行单元与居住步行单元三种。其中,尚志大街、经纬街、友谊路、西十六道街为城市主干路,通江街、红霞街—西五道街、霞曼街—西十二道街为城市次干路,剩余街道为城市支路(附录 A)。其次,对研究范围内的动态街景图像进行截取,以平视视角在每处选取 4 个方位,生成全方位的图像数据集,共 1621 张。再次,利用"中国建筑色卡"对获取的图像进行色彩信息的比照。其中,对建筑立面的色彩层次进行判断时选用了"主体色-辅助色-点缀色"的三元分类法,经过多次的目视比对色卡与街景图像,将最为接近的色卡编码(色相 H、明度 V、彩度 C)、建筑名称、材质、功能、层数及历史建筑等备注在册。最后,共获取 389 个无重复的建筑立面的色彩样本。

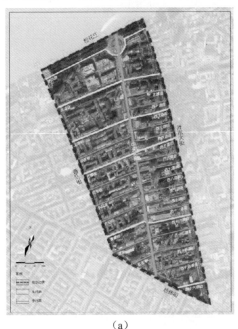

(a)   (b)

图 5-47　车行、步行路分布图

(a)车行、步行路分布图;(b)土地利用图

3. 现状色彩数据筛选与分类

1)数据的分类方法——色调分类法

初步按照道路等级对街道进行分类后获取到全部街道的色彩数据,由于其不能很好地反映不同街道的色彩特征,从而更为准确地提出优化意见,因此,需要对转

换完成的数值进行筛选与分类，以便选取典型街道立面色彩开展问卷工作。

本次对研究范围的分区方法借鉴了日本色彩规划体系中的色彩调和的概念——色调分类法，对色彩中那些难以直接、准确表达的属性，如明度、彩度等依照明暗、强弱、浓淡、深浅等带有色彩性格的语言进行解释，得到色彩性格相近的颜色组团，故而进行有序的分类后开展问卷调查分析。在对各类别进行统计分析时，结合之前的文献研究，彩度按照 0～3（不含）、3～7（不含）、7～12（不含）对应低、中、高的标准，明度按照 0～4（不含）、4～7（不含）、7～10（不含）对应低、中、高的标准。

2）色调分类的结果

根据采集到的 32 条街道立面基础信息（H、V、C），按照色调分类的概念并结合彩度、明度的高、中、低 3 个分类等级分别对其进行归类，即总结出色彩信息特征相似的街道立面信息并生成列表（表 5-1），提炼出具有典型代表意义的街道作为语义分析法中评价内容的基础部分。

表 5-1　中央大街街区街道的色调分类表

类型	街道名称	无彩度					低彩度			中彩度		高彩度
		白	明灰色调	中灰色调	暗灰色调	黑	明稳色调	中稳色调	暗稳色调	明清色调	暗清色调	鲜明色调
边界线+主街	通江街	√					√			√		√
	防汛路						√			√		
	尚志大街	√	√				√	√		√	√	
	经纬街	√					√			√		
	主街	√	√				√	√	√	√	√	√
内部街道	友谊路	√			√		√		√	√		
	上游街	√					√			√		
	中医街	√	√				√			√		√
	红霞街	√					√			√		
	红砖街	√	√				√			√		√
	东风街	√					√			√		
	大安街						√			√		√
	霞曼街						√			√		
	端街	√					√			√		
	红星街	√					√			√		
	花圃街						√			√		
	西一道街	√					√			√	√	
	西二道街						√	√	√	√		
	西三道街						√	√	√	√		
	西四道街						√			√		

类型	街道名称	无彩度					低彩度			中彩度		高彩度
		白	明灰色调	中灰色调	暗灰色调	黑	明稳色调	中稳色调	暗稳色调	明清色调	暗清色调	鲜明色调
内部街道	西五道街	√	√				√			√		√
	西六道街	√	√				√					√
	西七道街	√					√			√		
	西八道街						√		√	√		
	西九道街						√			√	√	
	西十道街						√	√		√	√	√
	西十一道街						√					
	西十二道街	√					√	√		√		
	西十三道街	√					√	√		√	√	√
	西十四道街			√			√			√		
	西十五道街	√					√			√		
	西十六道街	√					√			√		

从表 5-1 可看出该街区全部街道的现状色调范围，并将其分为四大类色调组团。第一类以高彩度为主的鲜明色调组团，主要包括主街、中医街、红砖街等街道，其建筑色彩主要涵盖白-明灰色调组团、明稳-中稳-暗稳色调组团或明清-暗清色调组团，且都存在鲜明色调。 第二类没有高彩度的鲜明色调，但均包含中彩度的暗清色调组团，主要包括尚志大街、友谊路、上游街、西一道街、西九道街等街道。 第三类是以低彩度的中稳色调为主的色调组团，主要包括西二道街、西三道街和西十二道街等。 建筑色彩范围主要处于明稳-中稳-暗稳色调、明清色调组团。 第四类是仅有白色调、明稳色调、明清色调的色彩组团，组成较为简单，典型街道主要包括经纬街、红霞街、端街、红星街、西七道街等。

综上所述，并非全部街道均需进行详细的问卷调查，即提炼出四大类色彩类型中分别具有代表性的街道，选取对应的立面街景图像来作为评价的基础内容（表 5-2）。 由于建筑立面色彩存在个体的感知、认知判断的差异性以及客观变化的不确定性，因此，需要结合定量化技术对采集的色彩数据进行处理，对色彩的影响要素进行客观的描述与表达，进而可减少色彩偏差。

表 5-2 中央大街街区街道的色调分类结果

色调分类	街道色彩特征	典型街道选取
第一类	高彩度鲜明色调组团	主街、中医街、西五道街、通江街、东风街、西十三道街、大安街
第二类	中彩度暗清色调组团	尚志大街、友谊路、上游街
第三类	低彩度中稳色调组团	西二道街、西三道街、西十二道街
第四类	无彩度、明稳与明清色调组团	经纬街、红霞街、霞曼街、端街、西七道街、西十四道街

4. 现状色彩数据的处理

1）色彩数据的整理

将从街景地图上所收集到的建筑色彩样本信息，全部整理到"建筑颜色信息卡"上，其中包括建筑标号、名称、功能、层数、主体色-辅助色-点缀色信息等，以此来作为研究的基础性数据成果，如图 5-48 所示。

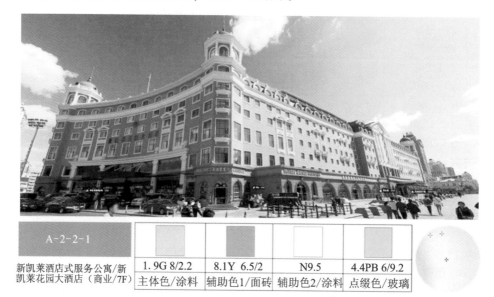

A-2-2-1					
新凯莱酒店式服务公寓/新凯莱花园大酒店（商业/7F）	1.9G 8/2.2	8.1Y 6.5/2	N9.5	4.4PB 6/9.2	
	主体色/涂料	辅助色1/面砖	辅助色2/涂料	点缀色/玻璃	

图 5-48 中央大街街区建筑颜色信息卡

2）色彩数据的转换和存储

将建筑立面中的主体色编码（色相 H、明度 V、彩度 C）单独筛选出来，并对其运用公式 $H = 3.6a+b$ 转换成量化的数值，该步骤在第 4 章进行了详细的讲解，本章不再赘述。 整理完成的主体色-辅助色-点缀色等现状色谱如图 5-49 所示，以色彩信息数据库的形式进行存档以便开展后续研究。

5. 中央大街街区整体色彩风格

1）色彩环境总体评价

在完成全部色彩信息处理后，绘制出中央大街街区现状建筑色彩示意图（图 5-50），将色相、明度与彩度数据两两为一组转入 Origin 软件，分别采用极坐标系和散点图绘制建筑主体色色相-彩度、彩度-明度分布图（图 5-51）等，较为直观地反映色彩倾向与特征。

（1）四大色调组团整体的色彩特征。

①色彩数据主要以 10R～10GY 两个色相半径轴为中心向暖色调方向集中。 黄色系（10Y～10R）、绿色系（10G～10Y）分布的色彩数据较为集中，同时，街区内

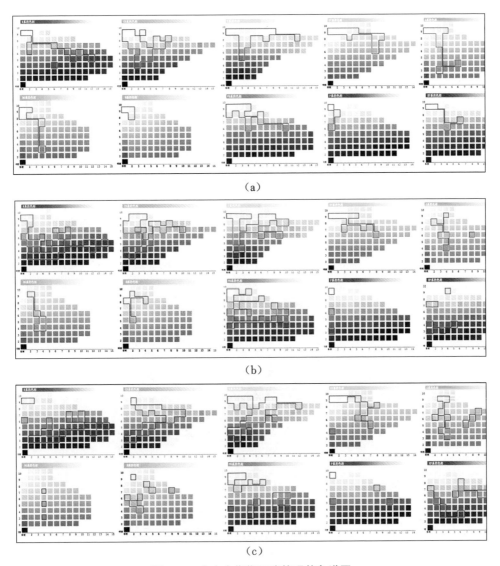

图 5-49 中央大街街区建筑现状色谱图

（a）主体色色谱图；（b）辅助色色谱图；（c）点缀色色谱图

因较为重复地或规律地运用某种色系的色调而较好传承了城市的历史文脉与记忆。相反，红色系（5R～10P）、紫色系（10P～10B）、蓝色系（10B～10G）分布的色彩数据较少、较为分散。因此，从冷暖色调的对比看，色彩总体呈现出以暖色调为主的特征。

②色彩样本数据多趋于中低彩度、中高明度区域。在各彩度阶段中，中低彩度（C<7）数据占比为 95.44%，其中，低彩度数据占比为 58.25%。在各明度阶段

图 5-50　中央大街街区现状建筑色彩示意图

中，中高明度（V≥4）数据占比为 96.49%，其中，高明度数据占比为 86.32%。 因此，从明暗对比来看，街区色彩总体呈现低彩度、高明度的特征。

③灰色调的色彩样本数据占有一定比例。 在无彩色的分类中，色相与彩度均为 0、明度为 10 的色调称为绝对白，研究区的灰色调色彩样本数量占比为 5.61%。

综合以上 3 项色彩特征，可较为明显地看出街区色彩环境整体上较为一致且特色鲜明，暖色调为主的色系贴合寒地城市的自然环境特征，此外，存在的一定比例的冷色调也可起到色彩对比调和的作用，以此来丰富与提升居民和游客的视觉体验度；中低彩度、中高明度也较贴合建筑本身的属性，其较为清淡的色系能更好地与

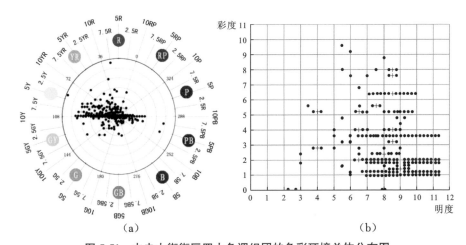

图 5-51　中央大街街区四大色调组团的色彩环境总体分布图

（a）建筑主体色色相-彩度分布图；（b）建筑主体色彩度-明度分布图

自然环境融为一体。

（2）四大色调组团的色彩特征。

为进一步明确各色调组团之间的色彩倾向与对比分析，绘制建筑主体色色相-彩度、彩度-明度对比图（图 5-52）后，共有两种色彩特征。

①各色调组团与街区整体色调一致。　一方面，四个组团的色调主要在暖色调区域集中分布，数量较多且扇形幅度较大（10GY～10RP），比较符合当地寒地城市的自然环境特征。　另一方面，趋向中低彩度、中高明度的街区总体特征在各组团得到了显著的强化。　在各彩度区间中，高彩度鲜明色调组团中的中低彩度（C<7）的色彩数据占比为 90.91%，其中低彩度（C<3）色彩数据占比为 58.74%；中彩度暗清色调组团中全部为中低彩度数据；低彩度（C<3）色彩数据占比为 68.18%。　同样的，低彩度中稳色调组团与无彩度、明稳与明清色调组团亦全部为中低彩度数据。在各明度区间中，高彩度鲜明色调组团中的中高明度（V>4）的色彩数据占比为98.6%，其中，高明度（V>7）色彩数据占比为 88.11%。　中彩度暗清色调组团中的中高明度（V>4）的色彩数据占比为 89.39%，其中，高明度（V>7）色彩数据占比为 75.76%。　低彩度中稳色调组团与无彩度、明稳与明清色调组团中几乎全部为中高明度数据。　其中，前者高明度（V>7）色彩数据占比为 83.33%，后者为96.55%。　因此，从明暗对比来看，各组团色彩均呈现低彩度、高明度的特征，既与基本的建筑色彩相符合，又与街区整体色调一致。

②各色调组团之间又存在一定的差异与离散。　虽然各组团的色调趋近一致，然而在色相、彩度与明度等数据上亦出现一定程度的离散，由此说明各组团在这几方面的优劣势存在差异。

首先，高彩度鲜明色调组团的色系的分布范围整体上最广，色彩数据基本涵盖了冷暖色调的区域，呈现出了较好的色彩调和作用，相比较而言，样本在暖色区域的集中分布程度强于冷色，由此一定比例的冷暖色调起到了对比调和的作用；除此之外，相较其他三个组团来说，仅其存在 9.09% 的高彩度数据，高明度数据也位居四者之最，故而其组团的高彩度、高明度的色彩特征亦得到了进一步强化。

其次，中彩度暗清色调组团与前者不同之处在于其存在一定程度的低明度数据、无高彩度数据，与其组团色彩特征趋于一致。

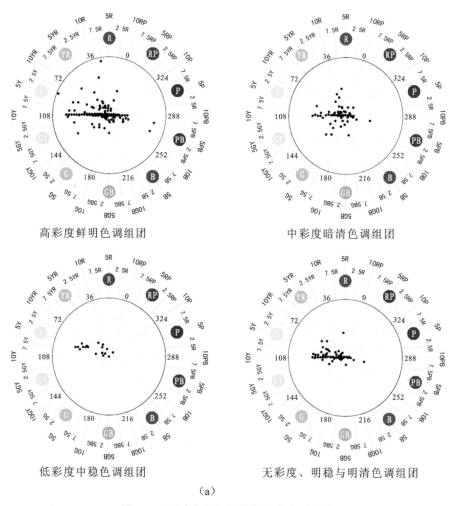

高彩度鲜明色调组团　　　　　　　　　中彩度暗清色调组团

低彩度中稳色调组团　　　　　　　无彩度、明稳与明清色调组团

（a）

图 5-52　四大色调组团的色彩分布对比图

（a）建筑主体色色相-彩度对比图；（b）建筑主体色彩度-明度对比图

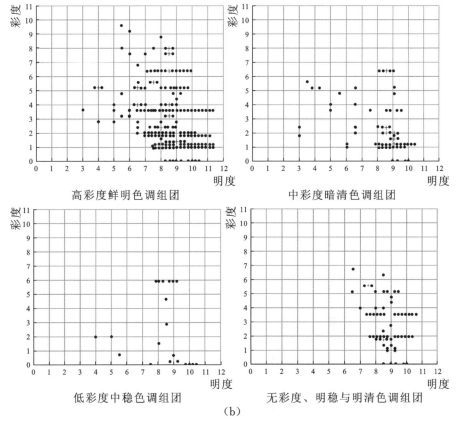

低彩度中稳色调组团

无彩度、明稳与明清色调组团

（b）

续图 5-52

再次，低彩度中稳色调组团与无彩度、明稳与明清色调组团的数据基本全部集中在黄色调（10Y～10YR）区域，无太多冷色调与高彩度数据出现，不过，后者的高明度数据与灰色调数据更为丰富一些，从而也进一步验证了其组团色调的低彩度、高明度特征。

最后，综合来看，各组团的色彩数据在冷暖色调分布、高彩度、低明度三方面存在差异，理应结合材质、功能与层数等元素进行下一步的深入分析。

2）不同建筑材质的色彩影响

（1）高彩度鲜明色调组团的色彩特征。

通过对采集的色彩数据进行材质分类后，其大致由涂料、玻璃、面砖、金属、石材、砖头 6 大类组成。为了更为直观地显示并对比不同材质对建筑立面色彩产生的影响，绘制了色相-彩度、明度-明度分布图（图 5-53）。

从图 5-53 可以看出，该组团的涂料和面砖的样本较多，占比 90% 以上，且分布范围较集中，多倾向于暖色调（10R～10G）、中低彩度、中高明度的色系，尤其是黄色系（10Y）数据最多且彩度跨度较大，因使用频率较高而构成了该组团的主导色彩，同时出现小部分的冷色调数据，可以较好地进行色调调和。 不过，涂料色相区间内的低明度、高彩度区域占比趋近10%。 因此，其更易呈现出浓烈、跳脱、违和的视觉效果。 相反，玻璃、金属、石材和砖头的使用频率相对较低，仅有零星几个样本并且多趋近于中低彩度、中高明度色系区域，但又略有不同，其中，玻璃倾向于冷色调，砖头倾向于暖色调，金属多为高彩度，石材则多为低彩度。

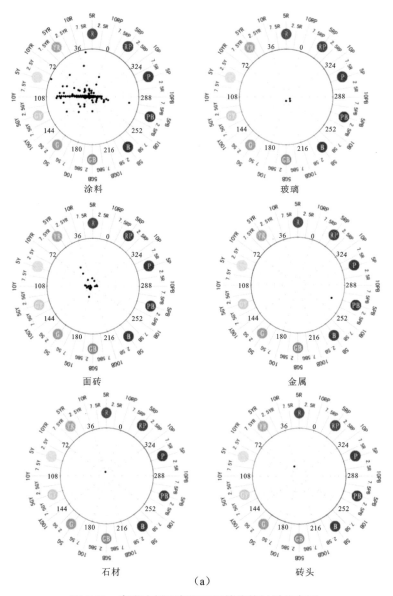

图 5-53　高彩度鲜明色调组团的建筑材质分布图

（a）建筑材质色相-彩度分布图；（b）建筑材质彩度-明度分布图

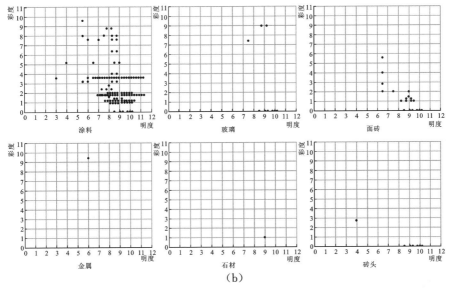

续图 5-53

（2）中彩度暗清色调组团的色彩特征。

通过对采集的色彩数据进行材质分类后，该组团内建筑材质大致可以分成涂料、玻璃、面砖、金属 4 大类。 为了更为直观地显示并对比不同材质对建筑立面色彩产生的影响，绘制了色相-彩度、彩度-明度分布图（图 5-54）。

从图 5-54 可以看出，涂料和面砖的使用频率较高，这两者在该组团的整体色彩环境中占据主导地位。 其中，涂料占比 85% 以上，多倾向于黄绿色调（10G ～ 10R）、中低彩度，故而无较为跳跃等不和谐的色调出现，但存在约 8% 的低明度样本，不太符合寒地城市色彩饱和度浅、色调明亮的环境特征，易形成较为压抑的色彩环境，给使用者带来紧张感、不适感。 此外，玻璃和金属多倾向于冷色调，使用频率相对较低。 其中，寒地城市则因冬季温度极低而较少使用大面积的玻璃幕墙，以此进行室内保暖。

（3）低彩度中稳色调组团的色彩特征。

通过对采集的色彩数据进行材质分类后，该组团内建筑材质大致可以分成涂料、面砖、金属、石材、砖头 5 大类。 为了更为直观地显示并对比不同材质对建筑立面色彩产生的影响，绘制了色相-彩度、彩度-明度分布图（图 5-55）。

从图 5-56 可以看出，涂料和面砖的使用频率最高。 涂料多倾向于黄色调（10R ～ 10GY）、蓝色调（10PB ～ 10GB）的色彩区间内，冷暖色调相结合，可以形成较为舒适的色彩氛围，不易造成审美疲劳，同时，涂料的使用多是中低彩度、中高明度，与街区整体色彩一致；面砖色彩范围分布较广，但多倾向于低彩度、中明度；而石材、砖头、金属等不足 5%，色彩特征不明显。

（4）无彩度、明稳与明清色调组团的色彩特征。

通过对采集的色彩数据进行材质分类后，该组团内建筑材质仅可以分成涂料、面砖、砖头3大类。 为了更为直观地显示并对比不同材质对建筑立面色彩产生的影响，绘制了色相-彩度、彩度-明度分布图（图5-56）。

同样的，涂料和面砖的样本较多。 其中，涂料多集中在黄绿色调（5YR～10GY）、蓝色调（10PB～10GB），尤其黄色系（10Y）内分布数量最多，与哈尔滨市的城市主体色相一致，但在紫色调（10RP～10PB）区间内鲜有分布，而面砖则分布范围较广，同时，两者亦倾向于中低彩度、中高明度区域，但又略有不同，其中，涂料存在部分中彩度的样本，面砖则几乎均为低彩度，两者饱和度稍有差异。而砖头数量较少，色彩特征不明显。

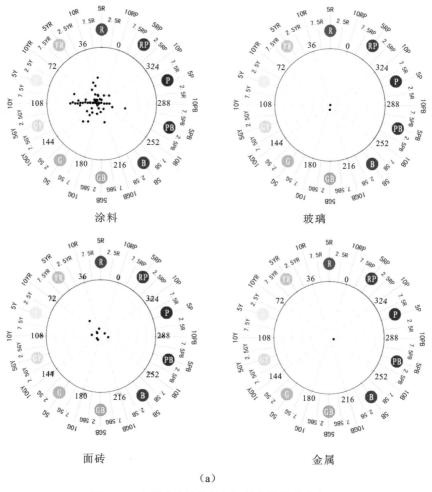

涂料　　　　　　　　　　　玻璃

面砖　　　　　　　　　　　金属

（a）

图5-54　中彩度暗清色调组团的建筑材质分布图

（a）建筑材质色相-彩度分布图；（b）建筑材质彩度-明度分布图

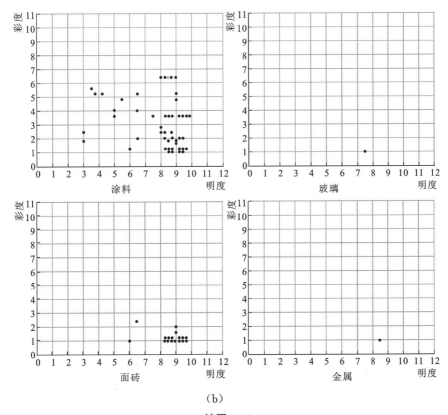

（b）

续图 5-54

综合分析四个组团的色彩特征，涂料与面砖的使用频率最高，多倾向于明亮的浅黄色系，但不同组团间又存在一定比例的诸如蓝色、紫色等冷色调。除此之外，不同材质建筑的彩度、明度分布存在一定的差异，涂料、面砖、玻璃、石材多为低彩度、高明度，金属、砖头则多为高彩度、低明度等，故而存在一部分的鲜艳、跳跃等不一致的色调或者较为深沉、压抑的色调出现，在进行后续设计时应对其进行优化提升。

3）不同建筑功能的色彩影响

（1）高彩度鲜明色调组团的色彩特征。

通过对样本的建筑功能进行筛选之后，该组团内的建筑功能大致可以分成商业、旅游业（含旅馆），居住（含底商），办公，公共服务 4 类，同样绘制不同建筑功能色相-彩度、彩度-明度分布图（图 5-57），共有 3 种色彩倾向特征。

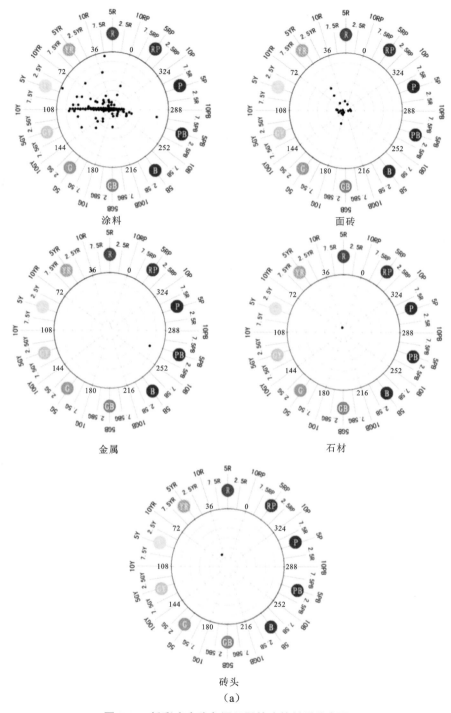

涂料　面砖

金属　石材

砖头

（a）

图 5-55　低彩度中稳色调组团的建筑材质分布图

（a）建筑材质色相-彩度分布图；（b）建筑材质彩度-明度分布图

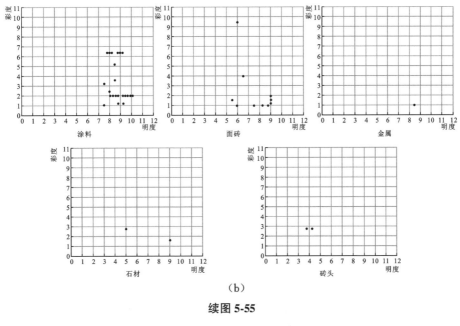

（b）

续图 5-55

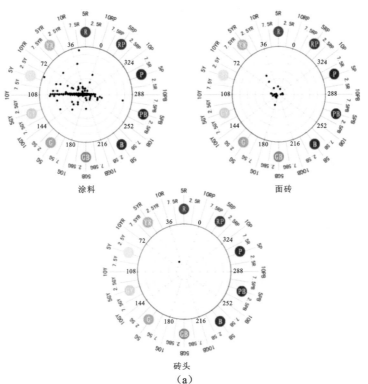

（a）

图 5-56　无彩度、明稳与明清色调组团的建筑材质分布图

（a）建筑材质色相-彩度分布图；（b）建筑材质彩度-明度分布图

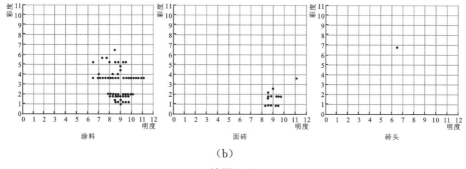

（b）

续图 5-56

①以商业、旅游业（含旅馆）与居住（含底商）为主导向暖色调方向集中。其中，商业、旅游业（含旅馆）建筑的色彩样本数量较多，约占 58.5%，居住（含底商）建筑则约占 35.3%，办公与公共服务建筑不足 10%。其中，商业、旅游业（含旅馆）建筑的色调分布范围较广，除紫色调（10RP～10PB）外均有分布，呈现出鲜明的以暖黄色调为主、冷暖相间分布的特征，总体上与街区的色调趋同，奠定了其色彩环境的总基调。居住（含底商）建筑却倾向于红黄色系（10YR～10P），几乎不存在冷色调样本。而公共服务建筑则明显趋向于偏冷淡的色调。

②不同功能建筑的彩度、明度分布存在一定的差异。居住（含底商）、办公、公共服务建筑更倾向于低彩度、高明度区域；反观商业、旅游业（含旅馆）建筑，中高彩度、中低明度数量占比趋近 20%，因此，其更易呈现出浓烈、跳脱的视觉效果。

③建筑的不同功能与材质间具有较强的联系。两者自身都不是单独存在的影响因素，具有较强的自相关性，居住（含底商）建筑往往运用涂料与面砖等材质，商业、旅游业（含旅馆）与办公建筑则更趋向于运用玻璃、石材等材质，但建筑的功能与材质间的影响也并非决定性的。

（2）中彩度暗清色调组团的色彩特征。

通过对样本的建筑功能进行筛选之后，该组团内的建筑功能大致可以分成商业、旅游业（含旅馆），居住，办公，公共服务 4 类，同样绘制不同建筑功能的色相-彩度、彩度-明度分布图（图 5-58）。

从图 5-58 可以明显看出，商业、旅游业（含旅馆）与居住建筑的色彩样本数据占比为 90% 以上，形成了该组团的色彩环境主基调。其中，商业、旅游业（含旅馆）建筑的色彩扇幅较大、色调分布范围较广，涵盖了黄色系（10R～10GY）、红紫色系（5R～10PB），同时也存在蓝色系（10PB～10G）等小部分冷色系，由此形成了以暖色调为主、冷暖相间分布的特征，起到较好的色彩调和的效果；居住建筑则较明显集中于黄色、橙色系（10Y～10R），整体给人温暖感、亲切感；而办公、公共服务建筑则明显趋向于偏冷淡一点的色调。

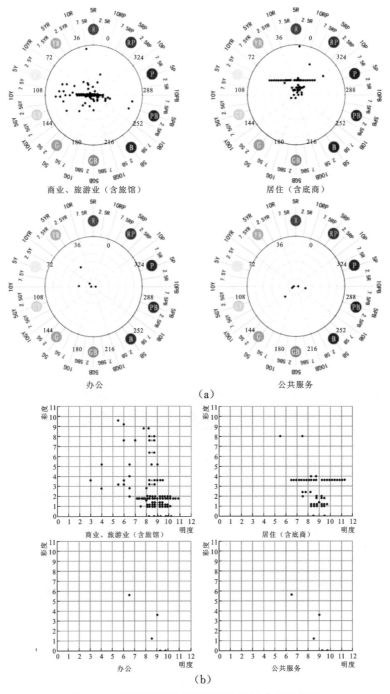

图 5-57　高彩度鲜明色调组团的建筑功能分布图

（a）建筑功能色相-彩度分布图；（b）建筑功能彩度-明度分布图

除此之外，商业、旅游业（含旅馆）与居住建筑多倾向于高明度、低彩度区域，但在其色相区间内存在近20%的中明度区域，由此对该组团的色彩丰富度与层次感起到了较好的强化作用。

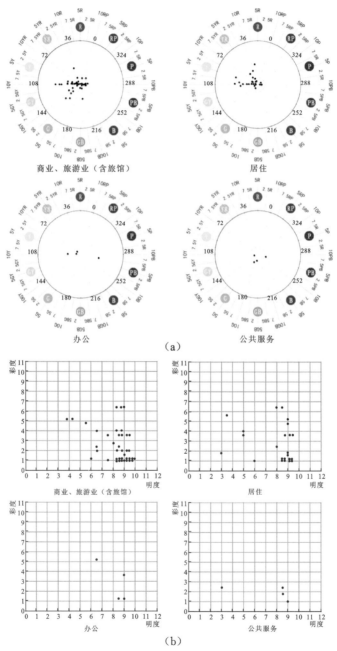

图 5-58　中彩度暗清色调组团的建筑功能分布图

（a）建筑功能色相-彩度分布图；（b）建筑功能彩度-明度分布图

（3）低彩度中稳色调组团的色彩特征。

通过对样本的建筑功能进行筛选之后，该组团内的建筑功能大致可以分成商业、旅游业（含旅馆），居住 2 类，绘制不同建筑功能的色相-彩度、彩度-明度分布图（图 5-59）。

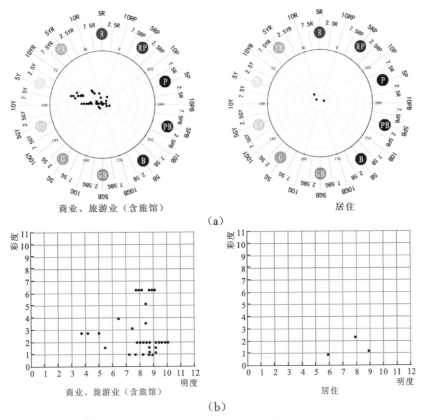

商业、旅游业（含旅馆）　　　　居住
（a）

彩度　　　　　　　　　　　　　彩度

商业、旅游业（含旅馆）　明度　　　居住　　明度
（b）

图 5-59　低彩度中稳色调组团的建筑功能分布图

（a）建筑功能色相-彩度分布图；（b）建筑功能彩度-明度分布图

从图 5-59 可以看出，该组团以商业、旅游业（含旅馆）为主导向暖色调方向集中，其中，商业、旅游业（含旅馆）的色彩样本数量约占 90% 以上，同时，其色调分布范围较小，即色彩扇幅较小（10Y～10RP），呈现出鲜明的以暖色调为主的分布特征；居住建筑同样倾向于暖色调，但由于数量较少，色彩特征不明显。

同样，商业、旅游业（含旅馆）建筑多倾向于高明度、低彩度区域，亦存在 10% 左右的中明度、中彩度的样本数据，整体上较为和谐，无较为跳脱的色彩出现。

（4）无彩度、明稳与明清色调组团的色彩特征。

通过对样本的建筑功能进行筛选之后，该组团内的建筑功能大致可以分成商业、旅游业（含旅馆），居住，办公，公共服务 4 类，绘制不同建筑功能的色相-彩度、彩度-明度分布图（图 5-60）。

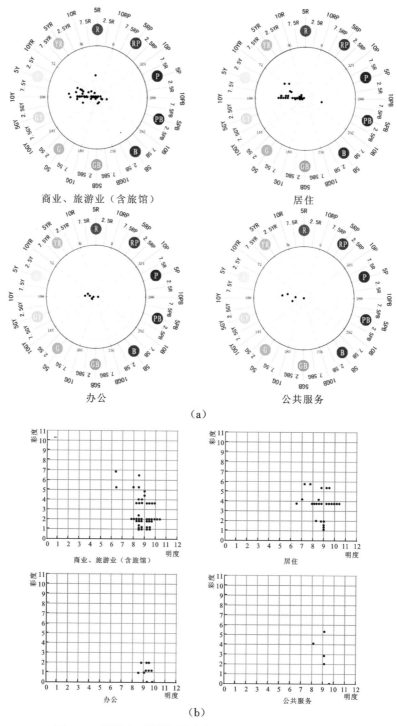

图 5-60 无彩度、明稳与明清色调组团的建筑功能分布图

（a）建筑功能色相-彩度分布图；（b）建筑功能彩度-明度分布图、

从图 5-60 可以看出，4 类建筑的色彩样本均有分布，多倾向于黄绿色系（10GY～10YR）、低彩度、高明度区间。 但各建筑间又存在一定程度的离散，诸如商业、旅游业（含旅馆）建筑的色彩样本数量较多，约占 60%，同时，其色调分布范围较广，包括黄绿色系、蓝紫色系（10PB～10GB）等，呈现出以暖色调为主、冷暖相间分布的特征；而居住、办公与公共服务建筑分布范围相对较小，更明显集中于黄色系（10Y～10YR），色彩的丰富性、特色性稍差一些。

综合 4 个组团来看，一方面以商业、旅游业（含旅馆）与居住为主导向暖色调方向集中。 商业的色调分布范围较广，呈现出鲜明的以暖色调为主、冷色调为辅，冷暖相间分布的特征。 居住建筑则相较集中于黄色系等暖色调区间，而办公、公共服务建筑样本数量较少，多集中分布于冷色调区间。 另一方面，4 类建筑多趋近高明度、低彩度区间，但同样的商业建筑出现部分高彩度、低明度的样本，虽然色彩的丰富度、格调度较高，但其由于浓烈、跳脱的色彩存在导致连续性、与周边建筑的协调性较差容易给使用者造成混乱、杂乱等不安之感，需要进一步进行优化设计。

4）不同建筑层数的色彩影响

《民用建筑设计统一标准》（GB 50352—2019）中说明：建筑高度不大于 27 m 的住宅建筑、建筑高度不大于 24 m 的公共建筑及建筑高度大于 24 m 的单层公共建筑为低层或多层民用建筑；建筑高度大于 27 m 的住宅建筑和建筑高度大于 24 m 的非单层公共建筑，且高度不大于 100 m，为高层民用建筑；建筑高度大于 100 m 的民用建筑为超高层建筑。 研究区内居住建筑以低层或多层为主，4～6 层、7～9 层居多，公共建筑以低层或多层为主，对此进行分类后展开层数的色彩相关分析。

（1）高彩度鲜明色调组团的色彩特征。

绘制居住和公共建筑不同层数的色相-彩度、彩度-明度分布图（图 5-61），共有两种较为显著的色彩倾向特征。

①不同高度的居住和公共建筑向暖色调方向集中。 对居住建筑来说，多层居住建筑在黄色系（10Y～10R）区域呈现较为集中的特征，其中多层居住建筑（7～9层）在黄色系和蓝绿色系（10G～10B）区域内也有一定比例的分布，呈现出较为显著的暖色调为主的分布特征；而对公共建筑来说，低层或多层和高层建筑的色调分布范围与中央大街街区的总体色调趋同，在除紫色系（10RP～10PB）外的色系中均有分布，呈现出以暖色调为主、冷暖相间分布的特征，由此奠定了色彩环境的总基调，对于整个街区来说起到了主导与强化作用。

②不同高度的居住和公共建筑彩度、明度分布具有差异性。 居住建筑以中低彩度、中高明度为主；低层或多层和高层公共建筑中虽以中低彩度、中高明度为主，但中高彩度、中低明度样本数量也趋近 20%，因此，易呈现出与总体色彩环境不和谐的现象，建议加强该组团的色彩规划引导，提升其融合与和谐度。

（2）中彩度暗清色调组团的色彩特征。

绘制居住和公共建筑不同层数的色相-彩度、彩度-明度分布图（图5-62），共有两种较为显著的色彩倾向特征。

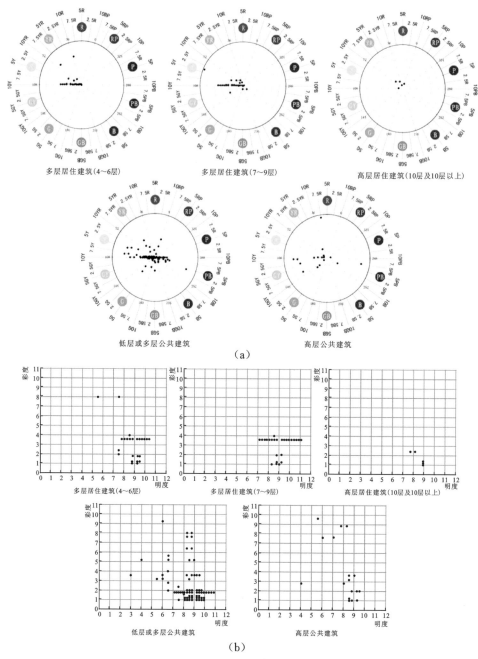

（a）

图 5-61 高彩度鲜明色调组团的建筑层数分布图

（a）居住和公共建筑层数色相-彩度分布图；（b）居住和公共建筑层数彩度-明度分布图

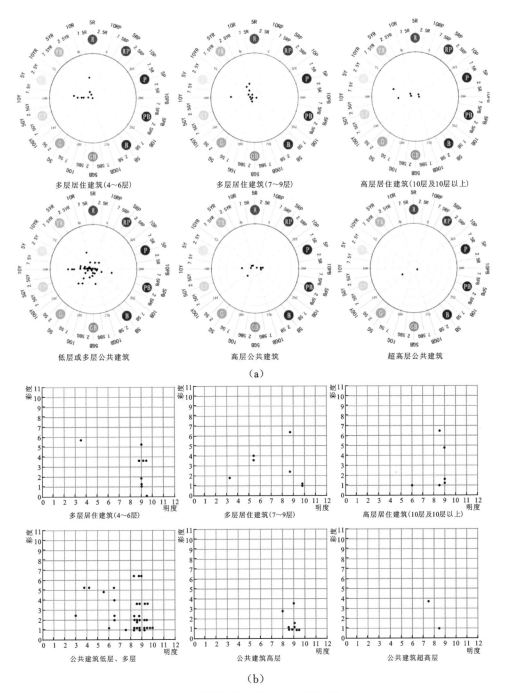

图 5-62　中彩度暗清色调组团的建筑层数分布图

（a）居住和公共建筑层数色相-彩度分布图；（b）居住和公共建筑层数彩度-明度分布图

从图 5-62 可以看出，居住建筑的色彩样本占比为 20% 以上，多层和高层居住建筑在黄色系（10Y～10R）区域中呈现较为集中的特征，同时以中低彩度、中高明度为主。 就公共建筑来说，低层或多层和高层的色彩样本占比为 70% 以上，其色调分布范围较广，涵盖了红黄色系（10Y～10RP）、蓝绿色系（10GB～10GY），呈现出以暖色调为主、冷暖相间分布的特征，同时与街区整体共同呈现出较为显著的高明度、低彩度的特征，但也存在部分中明度、中彩度的样本，在提升街道色彩丰富度的同时也可能带来色彩跳跃、不和谐的问题；而超高层建筑由于数量较少，色调特征不明显。

（3）低彩度中稳色调组团的色彩特征。

绘制居住和公共建筑不同层数的色相-彩度、彩度-明度分布图（图 5-63），共有两种较为显著的色彩倾向特征。

从图 5-63 可较为明显地看出，公共建筑的低层或多层和高层的色彩样本占比为 90% 以上，和上一组团较为不同的是，其色调范围分布较为集中，其中低层或多层趋近黄色系（10Y～10YR），扇幅面积较小，同时虽以中低彩度、中高明度为主，但中彩度、低明度样本数量也趋近 10%，因此，易呈现与总体色彩环境不太和谐的现象；高层则分布较为广泛，出现小部分的紫色系（10P～10PB），由此来看，公共建筑总体呈现出较为显著的以暖色调为主、低彩度、高明度的分布特征。 居住建筑由于数量较少，色调特征不明显。

（4）无彩度、明稳与明清色调组团的色彩特征。

绘制居住和公共建筑不同层数的色相-彩度、彩度-明度分布图（图 5-64）后，共有两种较为显著的色彩倾向特征。

从图 5-64 可以看出，低层或多层公共建筑的色彩样本占据 70% 以上，多集中在黄绿色系（10GY～10YR），蓝紫色系（10PB～10GB）也有，但暖色调的集中程度强于冷色调，由此适当的冷暖搭配可达到色彩对比调和的视觉效果，同时其色相区间内存在约 10% 的中彩度的倾向，起到提升色彩层次感的作用；而高层公共建筑则集中分布在黄色系（10Y～10YR），无较多冷色调出现。 同样的，多层、高层居住建筑集中分布在黄色系（10Y～10YR），呈现鲜明的高明度、低彩度的特征。

综合上述 4 个组团来说，低层或多层公共建筑色彩样本最多，色调总体上分布非常广，几乎包括各种类型的色彩，在冷、暖色相区域中各有一定数量的样本，起到了较好的色彩调和的视觉效果，不过在暖色调（10G～10P）分布的整体数量远多于冷色调，符合寒地城市的自然环境特征，同时倾向低彩度、高明度的整体特征得到了明显的强化，不过也有部分中高彩度、中低明度的样本出现，比较容易产生浓烈、跳跃性强的色彩，给使用者留下较差的视觉与心理感受；高层公共建筑虽数量上较低层或多层公共建筑少，但同样存在适当的冷暖搭配，而超高层公共建筑数量较少，特征不明显。 居住建筑样本数量较公共建筑少一些，且无论层数高低，几乎均在黄色系（10Y～10R）区域中呈现较为集中的特征，以中低彩度、中高明度为主。

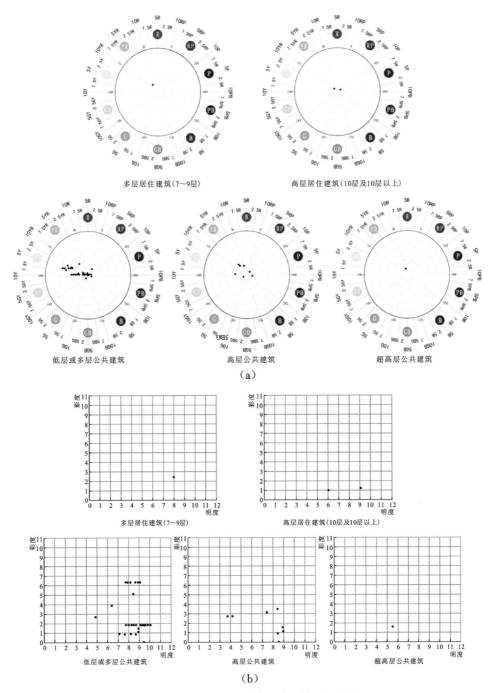

多层居住建筑(7～9层)　　　　高层居住建筑(10层及10层以上)

低层或多层公共建筑　　　　高层公共建筑　　　　超高层公共建筑

（a）

多层居住建筑(7～9层)　　　　高层居住建筑(10层及10层以上)

低层或多层公共建筑　　　　高层公共建筑　　　　超高层公共建筑

（b）

图 5-63　低彩度中稳色调组团的建筑层数分布图

（a）居住和公共建筑层数色相-彩度分布图；（b）居住和公共建筑层数彩度-明度分布图

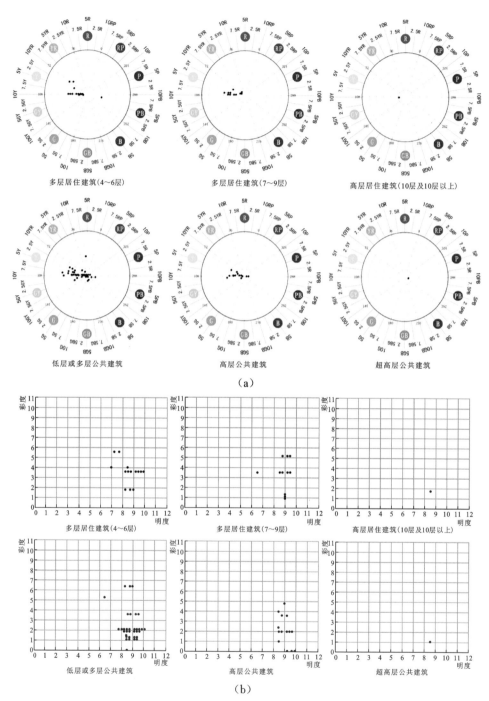

（a）

（b）

图 5-64　无彩度、明稳与明清色调组团组团的建筑层数分布图

（a）居住和公共建筑层数色相-彩度分布图；（b）居住和公共建筑层数彩度-明度分布图

6. 未来的色彩引导与规划建议

通过对中央大街街区的现状建筑立面色彩进行基础、客观的调研与分析，能够较为清楚地看出四大色调组团的色彩环境大多呈现出高明度、低彩度、黄绿色系范围为主的暖色调，但组团之间亦出现诸如低明度、高彩度、蓝紫冷色系等现象各异的情况，给人浓烈、跳脱、违和的视觉效果，除此之外，在材质、功能与层数方面情况亦类似，由此便对其未来的色彩引导与规划提出以下建议。

①从自然环境角度出发，色彩应符合寒地城市的自然特色，继续保持中低彩度、中高明度、暖色调为主的色彩环境，避免出现为迎合潮流而丧失特色、千城一面的问题。

②从人文环境角度出发，应出台强化街区建筑立面色彩管控的专项规划，而不只是作为城市设计中提升城市风貌的非法定导则，以便更有效地传承历史文脉，留住城市记忆。

③从人工环境角度出发，首先，应加强建筑立面中使用率较高的材质引导与控制，对于小部分较为跳脱、浓烈的色系进行规划，达到色相、明度、彩度上的调和，避免出现色彩杂乱或不和谐的"色彩污染"问题；其次，建筑的功能会对色彩倾向与材质选取产生影响，较为分明的分区可以较好地规避色彩混杂的问题，此外，对于不同功能的建筑应运用差异性的色度控制方法；最后，应对重点区段主街较有特色的建筑色彩环境予以保护与修复，加强建筑立面的冷暖、明暗控制，使其更为和谐地融入整个街区的色彩基调。

5.3 沈阳市城市色彩风貌调查

沈阳市位于中国东北地区的南部，位于辽宁省辽河平原的中部，是一座美丽的城市。市区地形平坦，东南方向多山，丘陵林立，位于东经122°25'9″～123°48'24″，北纬41°11'51″～43°2'13″，辽河、浑河、秀水河等河流途经沈阳市，市域最高处位于法库县，海拔为447.2 m，最低点位于辽中县，海拔为5.3 m。沈阳市东与抚顺市相邻，南与辽阳市、本溪市毗邻，西邻台安县与黑山县，北与内蒙古科尔沁左翼后旗毗邻。第七次全国人口普查资料显示，目前沈阳市约有920.4万常住人口，其中城镇人口783.4万，乡村人口137.0万，城镇化率达到85.1%。

根据中国建筑气候区划，沈阳市属严寒地区，年平均温度为6.2～9.7 ℃，冬季寒冷，夏季温暖，降雨量密集，春季和秋季都有短暂的大风。从东南到西北，降水量呈逐渐减少的趋势，市区至东陵浑河沿线是多雨区，新民县以北是少雨区，夏天的降水量约占全年的2/3。沈阳自1951年有全气象纪录，至今最高气温为38.3 ℃，市区最低气温为-32.9 ℃，郊区的最低气温为-35.4 ℃。

5.3.1　历史演变

沈阳市历史悠久，起源可追溯至距今 2000 多年前的"汉置候城"，但现存建筑主要建于清代以后。沈阳城市发展的阶段性特征明显，随着历史朝代更迭与社会变迁，经历了后金国都、清朝陪都、奉系军阀首府、日占区奉天市、中华人民共和国重工业基地等多次角色转变，各时期的建筑外观因而具有鲜明的时代特征。

1. 明清时期的城市色彩

明清时期，沈阳的军事和政治在中国版图中地位日益重要。1625 年起，作为后金国都，1644 年开始随清朝迁都北京而成为陪都，城市规模和形制有了较大发展，城市色彩特征也随之显现。明洪武年间"沈阳中卫城"的建设奠定了城市最初的路网格局。从清太祖努尔哈赤时代到乾隆年间，沈阳城陆续兴建完善，建设了大型宫殿建筑群，并改建城池，最终形成近于《考工记》"王城图"所记述的都城形制。这一时期遗留下来的建筑以宫殿、寺庙和陵墓为主，大量使用朱红色、金色和青绿彩画以烘托厚重高贵的皇城气氛。从建筑立面的主体色看，明清时期的建筑彩度较高，高彩度（C＞4）建筑约占 40%，同时以红黄色系为主，色相几乎全部位于 5R～5Y，城市色彩基调以低彩度和偏暖色相为主。总体来看，明清时期的城市色彩风格虽然在一定程度上受到满族文化的影响，但更是依据皇都形制建设的，超越了本地方的经济、技术条件与文化传统。

2. 民国时期的城市色彩

民国时期，沈阳市是我国最开放的内陆城市之一，城市风貌迅速摆脱了封建传统，大量引入西方建筑技术，涌现众多日式、俄式风格以及"中西合璧"风格的建筑，盛行以石材、面砖、砂浆等材料完成立面装饰。与古代相比，民国时期的沈阳市一方面延续了暖色相为主的城市色彩特点，多数住宅、商业建筑为红色、米黄色或暖灰色；另一方面，建筑彩度大幅度降低，低彩度（C＜3）建筑约占 80%，红墙金瓦被色彩构成相对折中化的西洋建筑风格代替，同时建筑色彩明度整体较高。在高彩度立面的建筑中，红色的使用最为广泛，黄色次之。民国时期的社会形态剧变外化为城市风貌的剧变，沈阳市的城市色彩迎来了第一次深刻转型。

3. 计划经济时期的城市色彩

中华人民共和国成立之后，沈阳市成为国家优先开发的重工业城市基地，城市建设与产业发展快速推进，城市色彩风貌再次迎来较大转变。与之前相比，新时期的建设呈现两大特征：一是新建筑多为工业厂房和单元楼式的工人住宅，不同于民国时期以权贵住所和公共设施为主；二是大量的苏联援建项目产生了鲜明的苏联式建筑设计风格，同时苏联建筑设计理论和思想的涌入也中断了 20 世纪 40 年代以前逐步培育起来的地方建筑创作传统，短期内批量建造了许多样式相近的建筑。 这段时期留存下来的建筑数量较少，工业厂房多为灰白色调，单元式住宅立面多为砖红色和米黄色。 总体看来，这一时期的建筑立面彩度提升，倾向于中等彩度的红黄色系，50% 以上的建筑色相位于 5RP～5R，40% 的建筑色相位于 5R～5Y。 计划经济时期沈阳市的城市建设立足于比较薄弱的经济基础，色彩的丰富度和层次性都大幅度削弱。

4. 改革开放后的城市色彩演变

改革开放后，沈阳市经历了快速的城市发展，现代建筑在城市空间中崛起，在改变城市肌理、拓展城市范围的同时，形成了不同年代建筑混杂分布的格局，加剧了整体色彩环境的矛盾与冲突。 为了在快速城市化背景下更为准确地把握城市色彩演化趋势，本章对改革开放后这一时段进一步细分，分为 2000 年以前、2001—2010 年、2010 年以后三个阶段，得出如下趋势。

首先，城市色彩彩度降低，中高彩度的建筑数量逐渐减少。 2000 年以前建成的建筑彩度较高（C>5）的占 17%，2001—2010 年，比例降低到 10% 左右，而 2010 年以后，只有 1 栋彩度为 5.2 的建筑。 在整个区域中，彩度高于 8 的建筑有 5 栋，其中 3 栋建成于 2000 年以前。 作为一个四季分明的北方城市，沈阳市的色彩风貌到 20 世纪末为止一直延续着彩度偏高、色相偏暖的传统，而这种传统正在呈现被丢弃的趋势。

其次，城市色彩明度显著提升，玻璃、金属等高亮度材料的使用越来越多。 2000 年以前建成的建筑立面多使用涂料，占总数的 2/3，其他则由面砖、石材和清水混凝土构成。 然而在 2000 年以后，玻璃幕墙和金属板等表现力强、价格更高的材料大量涌现。 2010 年以后，已经有 1/3 的新建建筑选择天蓝色的玻璃幕墙作为立面材料。 玻璃、金属等新材料的色彩倾向偏冷而且亮丽，同时又有很强的反光效果，与城市色彩偏暖的传统色调形成强对比，产生喧闹和破碎化的景观效果。

最后，建筑的色彩倾向发生变化，代表城市传统的红色系建筑减少，黄色系逐渐成为主导。 在城市景观中，彩度较高（C>5）的建筑可以起到提示和引导色彩倾向的作用。 在沈阳市金廊片区，2000 年以前建成的高彩度建筑以暖色为主，其中偏黄色（10Y～5YR）与偏红色（5YR～10RP）的建筑数量比为 3∶8，而 2000 年以后建成的所有暖色建筑都在黄色系（Y）和红黄色系（YR）区间，并且越来越趋向黄色，红色系几乎被弃用了。 在当代中国的各个城市中，黄色系在建筑立面上使用范围远比红色系广泛，这种与其他城市更接近的色彩变化趋势可能会造成城市色彩特征的进一步流失。

5.3.2 自然背景影响因素

1. 严寒气候对自然色彩的影响

自然色彩包括天空、水域、草木植被、土壤岩石等自然要素的色彩。在寒冷地带里，城市中的自然色彩会在冷暖季节产生显著的变化，在夏天向冬天过渡中自然色彩分布的范围有所减少，灰色调增多。植被在冬季处于休眠状态，绿色、红色、黄色调锐减，而天空部分的蓝白色调、地面积雪的白色调以及建筑等的色彩构成了主要色彩背景。天空的色调有所加深，由浅蓝变深蓝，色彩柔和度减少；绿色植被色彩在冬季大幅减少，易使城市色彩变得冰冷，让人产生万物凋零、长期压抑之感。所以为了满足城市中人们对色彩的需要，会在城市内部街道装点鲜艳的色彩。沈阳市作为辽宁省的省会城市，地处我国东北地区南部，全年气温主要为 $-35 \sim 36\ ℃$，最高气温与最低气温温差较大，季节性特征明显，因此在这样的地理与气候特征下，各季节景观植被的风貌特征具有明显的差异性。沈阳市植被展叶到落叶时期为 4—10 月，其余时间因天气寒冷干燥，植被处于无叶状态，因此该区域的自然植被色彩基调偏灰暗（图 5-65）。

图 5-65 不同季节的自然色彩的对比分析

2. 严寒气候对建筑立面色彩的影响

沈阳市城市建筑立面色彩在寒冷气候条件下主要受到太阳照射时间和太阳高度角的影响。冬季时太阳高度角比较低。我国幅员辽阔，南北纬度差值约 50°，所以正午的光影长度差距为 3~4 倍，冬天的光影长度差距就更大了。从冬季同一时间的不同方位可以发现，阴影区对东西走向的街道中北侧建筑产生的影响比较大，南侧较小，但环境色彩的显色性也会因为阳光照射方向的不同产生变化，受到阴影影响时显色性降低。建筑立面色彩会因受到较大范围阴影的遮挡而变得暗淡，因此选取偏向于高彩度、高明度的色彩。 日照时间较少作为寒地城市另一特征，决定了寒地城市建筑立面色彩更易选择暖色调。 阳光可以影响人的身心健康，因此就更加需要暖色调弥补太阳照射时间短的问题，以驱散寒冷对人们产生的消极情绪，带来健康的心理暗示（图 5-66）。

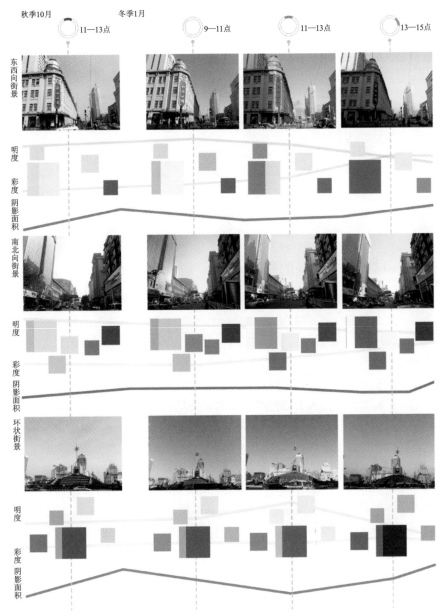

图 5-66　冬季不同时段的建筑阴影区色彩对比分析

3. 严寒气候对装饰色彩的影响

装饰色彩作为城市中占比面积较小的色彩类型，它与人的心理感受更加接近，对人们的影响比较直接，所以它与大体量的建筑立面色彩相互协调会有点睛之笔的作用。 寒冷气候区对于装饰色彩更新周期也有一定影响，由于处于建筑底部的招牌广告、墙体装饰、橱窗门面等在阴影区域的时间变长，色彩会偏向低明度的冷色系，所以这部分会选择高明度、高彩度的暖色调进行调节和互补，使环境色彩更加活跃舒适（图5-67）。

图 5-67　冬季建筑装饰色彩分析

5.3.3　城市色彩演变的影响因素

色彩环境是城市发展过程的一个综合结果，受到多种因素的影响和制约，例如自然条件、地理位置、不同时期的建造技术、审美意识、可使用的建筑材料、城市规划引导等。 通过分阶段的历史过程分析，本章认为沈阳市的城市色彩发展主要受到如下因素影响。

第一，自然地理环境决定了城市色彩具有色相偏暖的地方传统。 沈阳市位于我国东北地区，属温带半湿润大陆性气候，四季分明，冬天漫长，自然景观在一年之中变化显著。 主要植被于4月开始进入展叶期，夏季树木繁茂，呈现出茂盛湿润的自然景观面貌；到了10月树木陆续开始落叶，至翌年3月，大多数植被都处于无叶状态，冬季干燥，植被稀少，加上雾霾与雨雪的共同作用，使得城市的自然色调尤其灰暗。 因此，为适应气候特征并与建筑周边的自然环境协调，沈阳市传统建筑的外立面很少使用大面积冷色，多选择低彩度或中等彩度的暖色调作为主体色。 偏暖的色彩可以在漫长的冬季丰富城市景观，增强色彩层次感，同时能调节人的心理感受，孕育开朗温情的城市性格。

第二，城市职能变化引发了城市色彩风格的多次转型。 自明清时期以来，沈阳市一直拥有全国性或者区域性的中心城市职能，这决定了城市色彩的超地方性特征。 中国自古是礼仪之邦，明确的等级制度同样渗透到城市的建设领域，色彩应用有着尤其严格的规定。 沈阳市在明朝末年成为盛京皇城，清朝又作为陪都，在城市风貌上恪守皇城建设形制。 民国时期，作为奉系军阀的首府和东北地区经济中心城市，大量引进日本和西方国家的建筑风格，红褐色、米黄色与土黄色的面砖成为最常见的建筑装饰材料。计划经济时期，作为全国的重工业基地集中了大量苏联援助力量，城市色彩又受到苏联社会主义理性主义建筑观的影响。如今作为东北地区的经济中心城市，商业服务业快速发展又催生了大量玻璃和金属立面的大体量建筑。上述因素决定我们无法像对待中小城市那样，根据周边地理特征来诠释其城市色彩。作为区域性中心城市，近代以来沈阳市城市色彩的多次转型是国家和区域社会经济形态变化的一个缩影。

第三，建筑材料和技术的更新推动着色彩环境走向复杂化。传统建筑在建造时可选择的立面材料类型少，提取困难，牢固性差，可表现的色彩也非常有限，因此传统城市的建筑立面多呈现水泥、砖石等建筑材料的本色，直到改革开放前，沈阳市都以红砖和抹灰带来的红与灰作为城市主体色，整体风貌十分和谐。而当代建筑材料则与之存在明显的反差，玻璃、金属的高明度倾向易带来光污染，新型涂料可以表达极为广泛的色彩，因此在丰富景观的同时也需要强化对整体风貌的控制。

第四，近年来城市建设速度加快，加剧新建建筑群与传统色彩环境之间的矛盾。在现代高层建筑立面体现传统建筑的地域性特征非常困难。高层建筑立面更适宜采用低彩度、偏冷灰、具有一定反光度的材料。对金廊片区的调查表明，建筑立面色彩与建筑高度明显相关，35% 的高彩度暖色（C＞5）出现在 7～9 层建筑立面。2000 年之前建成的建筑平均层数仅为 8 层，城市色彩主要呈暖色调，但此后 10 层以上建筑明显增多。2010 年以后建成的建筑的平均层数已经达到 21 层，新建建筑以偏冷的蓝色调为主。可以预见的是，随着基础设施投入和土地价值提升，沈阳的城市开发强度必将不断提高，作为商业中心区的金廊片区仍会大量建设高层商业办公建筑，广泛在建筑立面使用玻璃幕墙、金属板等，这些都将显著影响城市色彩的倾向变化。

沈阳市城市色彩的演变研究印证了社会经济背景对城市色彩发展的重要影响。传统的色彩地理学研究强调地方性，希望从周边的地理环境特征中发现城市色彩的发展基础，因此对那些建设历史简单、风貌和谐的中小城镇赞誉颇高，对大都市色彩环境的高彩度、强对比的倾向持批评态度。而沈阳市的实证研究表明，规模巨大、职能等级较高的中心城市色彩环境历经多个时代的新建与改建活动，受到更为复杂的社会经济背景影响，其色彩特征的成因不仅限于本地区先天的自然环境条件和地方文化传统，还取决于城市的政治地位、经济开放度和土地开发强度，甚至来自全球化城市网络的信息交互，这些外部影响不仅难于控制，甚至难以预料。因此城市在经历剧烈的社会变革时色彩特征会呈现明显的阶段性，不同阶段建设成果的叠加最终导致今日大都市"万花筒"式的色彩风貌。为保留城市的传统风貌特征，城市色彩规划应首先尊重周边地理环境特征，同时充分预估城市职能变化对色彩环境的影响，当新旧职能转换可能引起色彩风貌的大幅度变化时，应通过风貌分区来规避新建行为对传统风貌区色彩环境的影响，注意控制传统风貌区的建筑体量与立面建筑材料，在实现色彩环境和谐的同时满足城市的发展需求。

5.3.4 当前沈阳市的色彩管控

在沈阳市规划设计研究院负责编制的《沈阳市城市色彩规划设计》中，明确了"一个总色调，多个风貌色组团"的城市色彩环境，确定了沈阳市以赭色、浅棕色、灰色作为城市的主色调（图5-68）。

①赭色：承载着沈阳市辉煌的历史色彩。红色是当前许多老城区使用最多的色系，能够较好地反映出沈阳古城的传统文化，善用这一色系能够展现沈阳市丰厚的文化底蕴。

②浅棕色：象征着安定与和谐的现代社会。承袭了许多历史文化遗产的古建筑大多采用暖色调，并为人们所认同。运用不同材质的浅棕色等黄色元素，能够呈现出丰富多变的视觉效果，给人一种温馨愉悦的色彩体验。

③灰色：代表着当代国际流行趋势。现代都市，包括沈阳市在内，都出现了大量灰色的建筑物。这一现象说明，新科技、新材质的合理应用，能与城市色彩和谐融合，能更好地诠释沈阳市飞速发展的风貌。这一新的色彩将沈阳市的传统和现代完美连接起来。

图 5-68　沈阳市主色调

5.3.5 沈阳市中街商业街区的色彩风貌分析

1. 沈阳市中街历史发展沿革

沈阳市是一个有着丰富历史文化遗产的城市，素有"一朝发祥地，两代帝王城"的美称。作为中国最早的一条商业步行街——沈阳市内部的中街被誉称"东北第一街"，同时也是历史悠久的中国十大著名商业步行街之一。沈阳市中街的商业几乎是伴随着城市建设而逐步发展起来的，从清朝初期至今这几百年间，几经波折，最终形成了现在这样繁华的大型商业街区，可以分为三个发展时间阶段来进行研究，即明清时期、民国时期以及中华人民共和国成立至今。

在明清以前的历史长河中，沈阳市的城市职能主要为交通枢纽和军事防御。到了明朝，沈阳市设立了以军事为主、形态为十字形路网的方形中卫城［图5-69（a）］。伴随大规模建设，农牧等商业贸易开始发展，直到清朝初期，沈阳市已经是一个集政治经济、军事文化、交通于一体的城市。沈阳市正式成为都城始于1625年，清朝太祖努尔哈赤将首都由辽阳迁到沈阳，改名盛京。他继位后开始对沈阳皇城进行扩建，按照中国传统的建设体系"左祖右社，前朝后市"，将城市原本的十字结构改为井字结构，而井字结构也与如今的中街路、沈阳路、正阳街、朝阳街相对应，中街的商业就是从那时开始发展的［图5-69（b）］。 1644年都城迁至北京后，作为陪都的沈阳政治军事功能逐渐削弱，而经济功能凸显，因此中街的商业得到了快速发展，各类茶庄、药房、丝绸服装等商店开始出现，中街内的道路也改成石子马路，在1903年随着洋人入驻沈阳市并开始经商后，中街的商业也受到了西洋文化的影响。 除商品种类变多以外，建筑风貌也开始呈现"中西并存"的特色样式［图5-69（c）］。

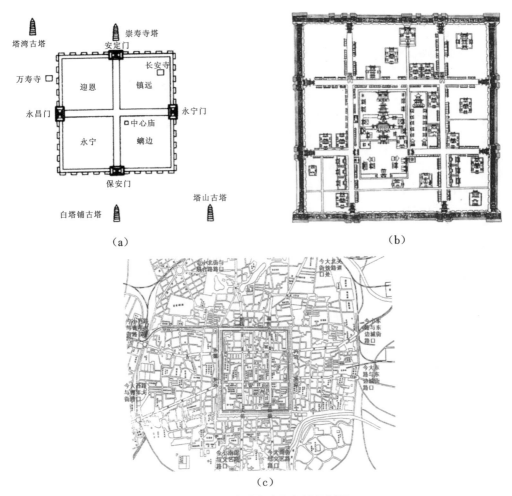

（a）

（b）

（c）

图 5-69 明清时期沈阳都城规划图

（a）明朝沈阳中卫城；（b）皇太极时期城阙图；（c）皇太极时期盛京都城规划图

（图片来源：根据陈伯超《沈阳城市建筑图说》重新绘制）

明清时期，沈阳市的城市形制与规模在漫长的古代历史长河中发展到了高峰，城市色彩特征也开始显现。在这一时期，城市色彩虽然受到满族文化影响，但更多的是依照皇室都城进行建设，以黄红色系为主，色相几乎全部位于 5R～5Y，如位于沈阳故宫内的宫殿和寺庙等皇城建筑主要采用朱红色和金色，青绿彩画为衬托，高彩度的建筑立面占到 40% 以上，城市的色彩基调也多偏暖色调（图 5-70）。

建筑主色色谱：

图 5-70 沈阳故宫现状图

（图片来源：摘自网络）

民国时期是中街商业历史发展的鼎盛时期。起初，基于这一特定的历史时期，整个城市受到多国影响，建筑呈现出日式、俄式以及中西合璧的建筑风格，红墙金瓦被相对折中化的西洋建筑风格代替，立面材料多为砂浆、石材、面砖等，所以建筑彩度也大幅降低，低彩度建筑占到 80% 以上，建筑色彩明度有所提高，但高彩度建筑仍然为黄红色系，整个城市仍然呈现出暖色的色调。

张作霖父子作为民国时期的统治者之一，他们的府邸也设置在中街附近，这大大促进了中街商业的发展。而中街作为整个沈阳市的商业集聚中心，必然同样受到西洋建筑风格的影响。最初各商户只是用西式门脸装点中式建筑作为时尚风格，但后来随着各商户经营越来越好，在 1914 年，以丝绸布匹和日用百货为主的吉顺丝坊在中街建造了第一座二层小楼，此后其他的商号也纷纷效仿盖起多层商业楼房。而吉顺丝坊不甘示弱，拆掉了原有的二层楼房，建造了一栋豪华气派的五层西式大楼。这座仿西方古典建筑的五层大楼为砖混结构，楼房主体为四层，混凝土与面砖建造的立面使楼体呈暖灰色，屋顶上建有八角形大亭，顶部覆有绿色的穹隆，丰富了中街的天际线，也成为当时的地标性建筑，并保留至今（图 5-71）。

繁荣商业的出现必然会带来大量的人流，因此，交通拥堵问题也随之显现。为解决这一难题，市政府对该街道重新做出规划，并拆除了街道东西两侧原有的钟楼和鼓楼，道路拓宽后又由石子路改修成柏油马路，交通线路更加发达。街道重新规划，各商家发现了商机，所以一栋栋"中华巴洛克"风格的商业楼拔地而起，一时间金店、钱庄、杂货铺、饭店、丝房等商号全都汇集于此，各商家也安装了电灯，马路旁还安装了路灯，交相辉映，如图 5-72 所示。

图 5-71　民国时期中街吉顺丝纺旧影

（图片来源：根据《沈阳历史建筑印记》重新处理）

图 5-72　民国时期中街店铺示意图

（图片来源：根据《穿越盛京秘境》重新处理）

　　近代中街的繁华在九一八事变后戛然而止。 日本帝国主义占领沈阳后，沈阳彻底沦陷，再加上后续多年的混战、苛捐杂税、物价暴涨、原料奇缺、购买力下降等多重打击，多数商号倒闭破产，中街的商业发展也因此陷入了萎靡状态。 战争结束后，中华人民共和国成立，百废待兴，改革开放后中街才重现活力。 在这段时间，很多传统的旧式民居被拆除，大量的高楼大厦拔地而起，破坏了城市原有的历史风貌。 但是，随着时代的发展，历史文化相关保护得到高度重视，在中街内老边饺子、萃华金店等老字号已被列入非物质文化遗产，而原有的利民地下商场（现沈阳春天商场）、泰和商店（现天益堂药房）、吉顺丝坊（现何氏眼科）、吉顺隆丝坊（现李宁体育用品商店）等建筑遗迹得到保留，方城内的修复保护工作也使现存的文化遗存更好地保留了下来。 中街见证了沈阳市商业的整个发展历程，并且现已成为沈阳市重要的城市商业标志、全国著名的商业街区之一。 由于历史的发展，现在的中街内部已经形成了不同年代建筑混杂分布的街道景象，这也无疑加剧了街道整体色彩环境的冲突和矛盾，所以协调好整个街道的色彩风貌变得十分重要，如图 5-73 所示。

图 5-73 　中街现状图

2. 沈阳市中街商业街区色彩现状分析

1）调研内容与方法

（1）总体调研区域。

本次色彩研究选取西顺城街—小什字街路段的中街步行街道为核心区。 为进一步分析周边区域对步行街的色彩影响，总体调研区域选取范围为北至北顺城路、南至沈阳路、西到西顺城街、东到小什字街。 首先，结合现状色彩调研可以发现，该调研范围区域内的色彩以暖色和暖灰色调为主，尤其是沈阳故宫以红色调为主。 其次，结合研究范围内的总体情况进行调查可以发现，在这些街道中，西顺城街—东顺城街这部分街道属于历史文化街区保护范围，这部分区域包含已经确定的文物保护单位和传统风貌建筑，同时划定了一类和二类保护街巷；作为历史文物保护区，同时划定了保护区高度控制规划图，主要以文物保护单位为核心，由内而外依次增高，其中故宫维持原有建筑高度不变，东顺城街以东区域限高 50 米；而在功能分区上主要分为三大类功能区域，即故宫历史文物保护区、商业街区以及商住混合区，如图 5-74～图 5-78 所示。

（2）核心调研内容。

本次核心研究范围选取的中街商业街横跨沈河区与大东区两部分（图 5-79），西起于西顺城街，东到小什字街，总长约为 1900 米。 这部分街道均以步行为主，其中主要街道包括中街路和小东路，主街内道路两侧小巷也在本次调研范围之内，包括头条胡同、官局子胡同、三益胡同、孙祖庙胡同、吃货胡同、铜行胡同、汗王宫胡同、长安寺胡同。 本章侧重于研究商业街的色彩风貌搭配，对商业建筑立面、广告标牌、雕塑小品、标识体系的色彩数据进行采集，调查的街道要素具体包括商业类型、街道与建筑的高宽比、建筑正立面与广告位的面积比例关系、广告位的位置、各物体材质、各类城市家具等。

①调研时间选取。 由于不同的时间段阳光的照射会对色彩的明度产生影响，不利于色彩的提取与分析，因此为减小调研误差，本次调研建筑与街道色彩选择能见

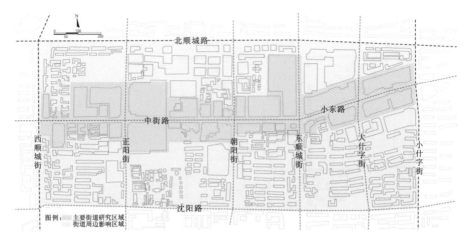

图 5-74 中街现状总体研究区域图

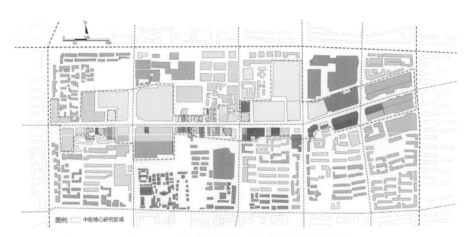

图 5-75 中街现状总体研究区域色彩现状图

度较好的阴天或者多云的天气来减少太阳光照的强烈程度，保证日光相对恒定，且在 10：00—14：00 进行测量，保证色彩的明度最大，测量的色彩最接近原色。

②调查工具与数据整理。 本次调研需要先对研究对象进行现场色彩数据采集，再后期整理。 首先，调研工具有孟塞尔国际标准色卡、数码照相机、测距仪，如图 5-80 所示。 然后，将现场统计的色彩数据按照色相（H）、明度（V）、彩度（C）分类汇总到表中，其中色相以"数值+字母标号"的形式展现，所以需要在绘制可视化分析图之前利用色相转换公式 $H=3.6a+b$ 进行统一表达。

（3）中街商业类型构成。

首先，从商业街总体分类角度来讲，中街因其规模较大、历史悠久、街道影响

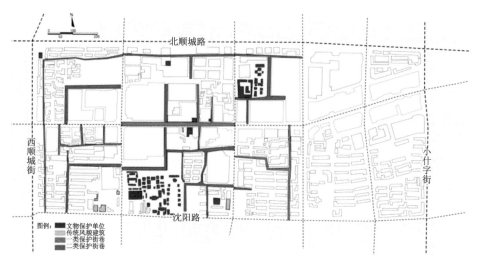

图 5-76　研究区域总体格局保护规划图

（图片来源：根据《沈阳市盛京皇城历史文化街区保护规划方案》重新绘制）

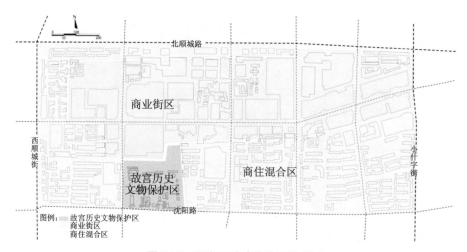

图 5-77　研究区域功能分区规划图

（图片来源：根据《沈阳市盛京皇城历史文化街区保护规划方案》重新绘制）

力较强，按照商业发展规模的角度可归类为中央型商业街。 结合中街的发展史可以发现，中街作为中国第一条商业街，它的发展可追溯到明清时期，且经过复杂的历史演变后，由最初的正阳街—朝阳街路段扩建到如今的西顺城街—小什字街路段，内部的历史文化、民族特色以及部分遗存建筑都保存了下来，所以从历史发展演变与建筑风貌类型的角度来看，中街又属于具有传统地域风貌的改建扩建型商业街。按照现有的路段划分，西顺城街—东顺城街路段属于延续并改建的传统风貌类型的

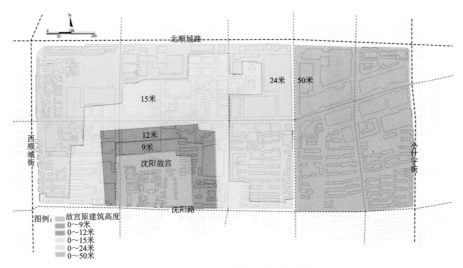

图 5-78　研究区域高度控制规划图

（图片来源：根据《沈阳市盛京皇城历史文化街区保护规划方案》重新绘制）

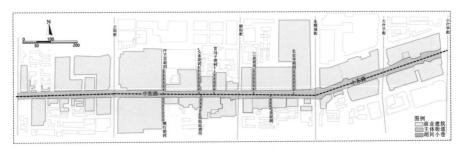

图 5-79　中街核心街道调研范围

（图片来源：摘自网络）

商业街路段、东顺城街—小什字街属于扩建后的现代商业街路段。

其次，从具体的商业类型来讲，小什字街—东顺城街这一路段主要包含大悦城A馆～E馆、金茂大厦和大商新玛特等大型商业综合体建筑；东顺城街—朝阳街这一路段中主要包含流行馆、沈阳商业城、益田假日广场三座商业综合体建筑以及亚朵酒店与丽枫酒店两个大体量高层建筑，除此之外还有一个老字号餐饮建筑和其他服装类型的单体建筑；朝阳街—正阳街这一路段多为服装类型的商业，也包含餐饮、医疗、金银珠宝饰品以及酒店等类型的商业，建筑类型以单体建筑居多，也夹杂着遗存类、综合体类型的建筑，这段道路还间隔分布着几条重要的餐饮类胡同小巷；正阳街—西顺城街这一路段以摄影、金银珠宝和电器类为主，也包含住宿类商业，建筑类型包含单体建筑和综合体建筑，还有部分老字号建筑。

(a)   (b)   (c)

图 5-80　调研工具

（a）孟塞尔国际标准色卡；（b）数码照相机；（c）测距仪

综上所述，在本次调研范围中，从商业街道分类、业态类型、历史发展、遗迹留存、建设现状等角度，可将中街步行商业街分成三部分：西顺城街—东顺城街这段延续传统风貌的古今融合商业街段、东顺城街—小什字街这段以现代商业风貌为主的商业街段、位于正阳街—东顺城街之间的四条胡同小巷，如图 5-81 所示。

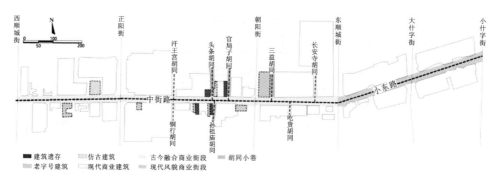

图 5-81　中街街道类型分段图

（4）中街空间结构布局。

商业街具有较好的空间感与地域性，是由商业街道空间的尺度、形态等各种要素之间的交互结合、共同作用而形成的。中街步行街采用比较传统的直线型空间结构布局，不同体量、不同形态的建筑有序排列在东西走向、街道红线宽度为 22～24 米的步行街道两侧，且偶有几条宽度为 4～6 米的胡同小巷呈南北走向穿插在道路两侧，所以该商业街道的总体空间结构布局形式比较简单。由于商业街道的空间类型不尽相同，高度与宽度比例也有所不同。

首先，从中街主路步行街内的街道高宽比来看，中街位于沈阳方城范围内，在历史环境因素的影响下，商业街建筑以多层建筑为主，具体划分又可将中街主街的商业建筑分成 20 米以下、20～50 米和 50 米以上三种高度类型的建筑，其中，正阳街—朝阳街路段均为 20 米以下的建筑，其余两侧也以 20 米以下为主；其次是 20～50 米这类建筑，它们分散在西顺城街—正阳街以及朝阳街—小什字街路段，这类建筑多为 7～10 层，并不会使街道显得过于压抑突兀；只有在朝阳街—小什字街路段的 4 栋点状的高层建筑为 50 米以上，如图 5-82 所示。所以该部分街道的高宽比例为 1.0～2.0，符合传统商业步行街的高宽比，也适应了方城内历史城区的尺度感，游客身在其中而不会感到压抑或空旷。

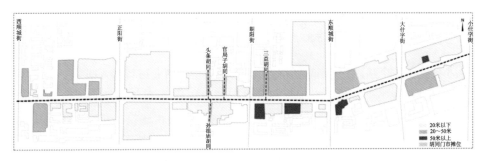

图 5-82　中街内不同建筑高度分析图

　　其次，从穿插其间的街巷胡同高宽比情况来看，这几条胡同的布局形式并不相同，在官局子胡同北侧、头条胡同北侧以及孙祖庙胡同中，以单层或二层的独立式商铺建筑为主，建筑高度约为 6 米，所以这类商铺层高和胡同街道高宽比接近 1。而在官局子胡同南侧、头条胡同南侧以及三益胡同中主要是依托在主体建筑下的小型摊位，而两侧的建筑高度又多为 10～20 米，所以这部分商业摊位所处的空间场所高宽比例小于 1，容易产生压抑感。

　　综合以上情况来看，中街的街巷空间布局大体可以分成两大类：一类是街巷高宽比为 1.0～2.0 的街道，以西顺城街—小什字街路段的主要步行道路为主，这类空间的尺度较为舒适，围合感相对较强，而各个相邻建筑之间体量并不相同，增加了一定的层次性，但从色彩层面上来讲，商业类型的街道在色彩的选取与搭配上较为多样；另一类是街巷高宽比在 1.0 以下的胡同街巷，因比例较小会让人产生压抑与恐惧感，为有效缓解该问题，中街这部分街道选用明度、彩度更高的暖色调色彩，但是以上街道空间结构对应的色彩搭配是否杂乱仍需进一步分析，如图 5-83 所示。

　　(5) 中街现状色彩数据的采集与整理。

　　①中街商业街建筑分类与色彩数据存储。

　　在本次研究中，首先要将商业建筑沿道路依次进行划分与编号，依照现状调研情况，对中街路与小东路两条主街分别进行街段划分，其从西到东依次为西顺城街—正阳街、正阳街—朝阳街、朝阳街—东顺城街、东顺城街—大什字街、大什字

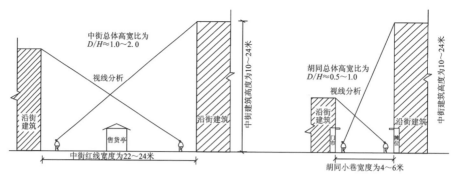

图 5-83　中街空间类型高宽比分析图

街—小什字街 5 个路段。 其次为后续针对不同类型的商业进行深入研究，又将这些街道内部的商业类型、建筑类别与数量进行划分统计。 经调研统计，在研究范围内，商业建筑共有 69 栋，具体包括遗存建筑 3 栋、仿古建筑 2 栋、老字号建筑 5 栋、综合体建筑 18 栋以及单体建筑 41 栋。 其中，西顺城街—东顺城街有 4 类建筑穿插分布，而东顺城街—小什字街路段则主要为综合体类型的建筑；4 条胡同小巷中共有 98 个商业门市摊位，其中门市较少，仅有 32 家，其余均为联排的商业摊位（附录 B）。

为了更精准地统计色彩信息，需要将中街商业街道的建筑按照商业建筑的特点分成建筑立面背景色与广告点缀色两部分数据。 建筑立面背景色按照"主体色、辅助色、点缀色"的色彩层次进行分类，在色彩统计表中标明具体的色相、明度、彩度、商业名称、商业类型、建筑类别、建筑材质这些信息；广告点缀色按照底层广告招牌、墙面广告招牌、侧面广告招牌的形式进行划分，色彩的层次按照"背景色、字体色和图形色"进行分类，并详细标明每栋建筑的广告名称、广告数量以及色相、明度、彩度数值，以便后续分析。

②中街商业街设施分类和色彩数据存储。

设施小品作为商业街道调节环境氛围的重要家具，既包括有使用功能的售货亭等，也包括具有美化功能的雕塑等，还有具有引导功能的各种各样的标识物。 从本次现场调研情况来看，中街步行街的各类设施种类丰富、美观有序，为中街的商业氛围起到了良好的辅助效果。 受到中街街道类型的区别影响，中街步行街与小东路段之间的设施类型与色彩情况也有较大的差别，为后期更好地分析其色彩体系情况，将两段街道的设施分开统计，如表 5-3 所示。

表 5-3　中街商业街道内公共设施分类调查概况

序号	设施	中街步行街设施数量或种类	分布位置	序号	设施	小东路段设施数量或种类	分布位置
1	售货亭	15 座	街道中央	1	售货亭	4 座	街道中央
2	雕塑	3 种	街道中央	2	雕塑	2 种	街道中央及两侧
3	牌坊	3 种	街道与胡同入口处	3	牌坊	0	无
4	导向标识	5 种	街道或胡同入口一侧	4	导向标识	3 种	街道入口一侧
5	入口位置标识	3 种	街道中间或胡同入口	5	入口位置标识	1 种	街道两侧
6	信息标识	4 种	街道两侧	6	信息标识	1 种	街道两侧
7	禁止警告标识	2 种	胡同	7	禁止警告标识	2 种	街道中间或两侧

经统计发现，中街步行街的售货亭主框架样式一致，人工售货亭均以黄色低矮的坡屋顶、红色外框架为主，自动售货亭均以蓝色平屋顶、红色外框架为主；而小东路段的售货亭均以临时搭建的棚子为主，色彩各异。雕塑作为硬质人工点缀物，在两段街道中各不相同。中街步行街上的雕塑主要分布在街道中间，既有单独存在的雕塑，也有与地下入口设施相结合的雕塑。雕塑与街道中间的售货亭穿插分布，占地面积较大，色彩丰富鲜艳。小东路段的雕塑分为两种：一种是在东顺城街与小什字街入口中间处设置的入口雕塑，与中街步行街在东顺城街入口处的牌坊相呼应；另一种主要是分布在小东路段内部的玩偶雕塑，它们的色彩形式各异。中街步行街段的牌坊作为入口形象设施，与该段街道的传统风貌遥相呼应。小东路段属于现代商业街风格，故设置相关设施。各种类型的标识物在两段街道中的情况也与其他设施相类似，除特殊标识物按照国家标识系统形象设置以外，中街步行街路段整体标识物与街道形象相一致，而小东路段的标识体系属于现代风格，如图5-84、图5-85所示。

街道设施的色彩按照需要根据不同设施的色彩特点逐一进行归纳整理，并且同样按照"背景色、字体色和图形色"的色彩层次进行分类，为了更精准地统计色彩信息，所有设施的色彩将通过孟塞尔国际标准色卡采集后录入表中，并详细标明各个具体设施的编号、名称、所处的街道、具体位置、色相、明度、彩度数据等信息，以便后续分析。

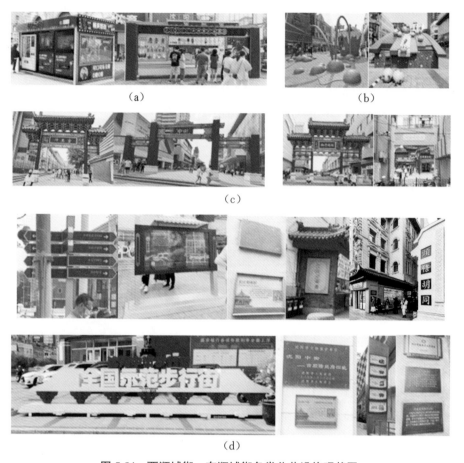

图 5-84　西顺城街—东顺城街各类公共设施现状图

（a）售货亭；（b）雕塑；（c）牌坊；（d）各类标识物

2）中街商业街区现状整体色彩风貌的分析

（1）现状商业街色彩风格。

通过对现状进行调研，整理完成全部色彩相关数据，运用色彩散点图分析法对需要的色彩信息进行详细分析。　首先将相应的色相、明度、彩度数据按照要求转入Origin 制图软件，绘制相应明度-彩度的分布图以及色相-彩度的分布图，描绘出中街商业街总体色彩特征和各组成部分的色彩特征。

①中街商业街总体色彩特征。

通过集中绘制中街商业街所有的色彩数据（图 5-86），发现商业街的整体色彩数据种类分散，规律性较弱，各个色彩要素的变化幅度较大。　在色彩数据数量的占比层面，趋近于高明度，明度变化范围在 7～9.5 的占比为 46.72%，而低明度（2≤V

图 5-85 东顺城街—小什字街各类公共设施现状图

（a）售货亭；（b）雕塑；（c）各类标识物

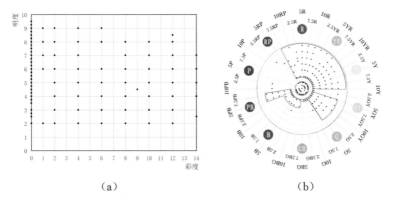

（a）　　　　　　　　　　　　　　（b）

图 5-86 中街总体色彩环境分析图

（a）明度-彩度分布图；（b）色相-彩度分布图

＜4）与中明度（4≤V＜7）的色彩数据在种类与数量上都相对均衡，数据占比分别为 29.79% 与 23.49%，低明度的色彩分布数量要略多于中明度。 总体来看，特征情况较弱。 而彩度变化规律性与明度变化类似，变化范围为 0～14，从明度-彩度分布图来看，彩度为 0 的无彩色系分布最多，数量占比为 46.06%，其次是高彩度（8≤C≤14）范围的分布，数量占比达到 28%，从图上看中低彩度分布较为均匀，但从各范围数据的数量上看，低彩度（1≤C＜4）与中彩度（4≤C＜8）的色彩数量分别占比 13.2% 和 12.61%，因此低彩度范围内的数量略微多于中彩度。 对于色相而言，暖色系主要分布在 7.5RP～10Y，冷色系主要分布在 5GY～7.5PB，且暖色系的色彩范围和数量要多于冷色系。 在暖色系（7.5RP～10Y）中，低彩度（C＜4）的暖色系数量要稍高于中高彩度（C＞4），且中彩度与高彩度的暖色系数量相对均衡，而在冷色系（5GY～7.5PB）中，低彩度（C＜4）的冷色系数量要明显高于中高彩度（C＞4）。

据统计，灰色系的色彩样本占比较高：针对当前研究的商业街道特点，将灰色调范围指定为彩度值为 1 以内的有彩数据以及彩度值为 0、明度值为 0～10（不含 0 和 10）的无彩数据，而在调查范围内的中街色彩样本数据中，灰色调的色彩数量约占总体样本数量的 59.26%。

结合以上信息可以发现，研究街道范围内的色彩种类的丰富度与离散程度进一步验证了商业街色彩突出鲜明的特质，而暖色调色彩属性又符合寒地城市的自然背景与中街历史环境背景特征，同时相对集中地分布在 5GY～7.5PB 的冷色调更加接近暖色色相，具有一定的对比调和作用，能缓和中街整体的色彩环境；中高明度、全彩度的色彩环境更加验证了整个中街轻盈欢快的商业氛围，但还需要进一步分析这种色彩现象如何形成以及是否会产生色彩杂乱。

②中街商业街各体系色彩特征。

为更进一步分析色彩丰富与离散分布特点的原因，结合商业街各组成部分的色彩特点，将商业街按照不同组成部分分别进行分类分析。 根据图 5-87、图 5-88，广告点缀、休闲服务这类色彩是产生离散分布现象的主要原因，而建筑立面与地面铺装这类街道基底色彩以及标识引导色彩分布规律具有一定特点。

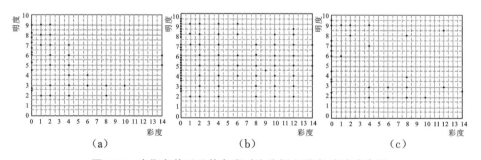

图 5-87　中街各体系总体色彩对比分析之明度-彩度分布图
（a）街道基底色彩；（b）强调点缀色彩；（c）标识引导色彩

街道基底色彩特征明显，当彩度值 C≤2 时，色彩更趋近于高明度的偏灰色系，色彩更加明亮；当彩度值 C≥4 时，明度集中的部分数值也相应降低，以低明度（2≤V≤4）为主；对于色相而言，集中在中高彩度时，色相呈现冷暖两极分布（7.5R～7.5YR、10B～7.5PB），且集中程度较高。 标识引导色彩虽数量较少，但也具有一定的特点，整体色彩以中高彩度的暖色系（5R～10Y）为主，而明度主要

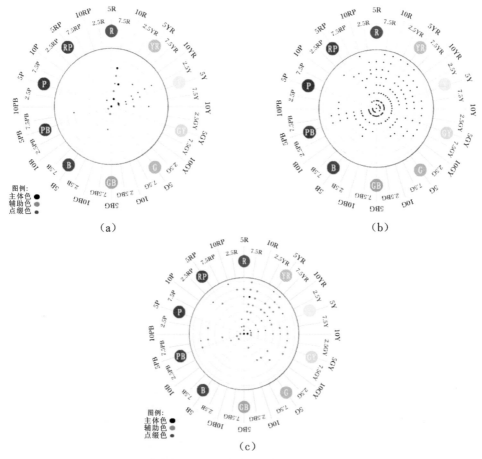

图 5-88　中街各体系总体色彩对比分析之色相-彩度分布图

（a）街道基底色彩；（b）强调点缀色彩；（c）标识引导色彩

集中在 2～4、7～9 两个区间。 强调点缀色彩各要素涉及范围都较大，集中度不高。 所以总体来说，对于不同的组成系统都有其各自的色彩倾向，街道基底色彩面积占比较大，色彩种类较少，呈现一定规律性，而点缀的小面积色彩依附在街道基底色彩之上形成鲜明对比，但无明显规律，需要在后期研究中着重分析原因，不能让其随意发展，扰乱商业街色彩的平衡。

（2）不同商业类型的色彩情况分析。

为了更进一步分析不同类型的商业对商业街的色彩影响情况，通过前期将各条街道的商业分类后，大致可以分为单体类型的商业建筑、古建类型的商业建筑、综合体类型的商业建筑以及胡同摊位门市四大类。 为了更好地了解和分析各种商业建筑类别对商业街环境产生的影响，进行了明度-彩度与色相-彩度对比分析图的绘制，如图 5-89、图 5-90 所示。

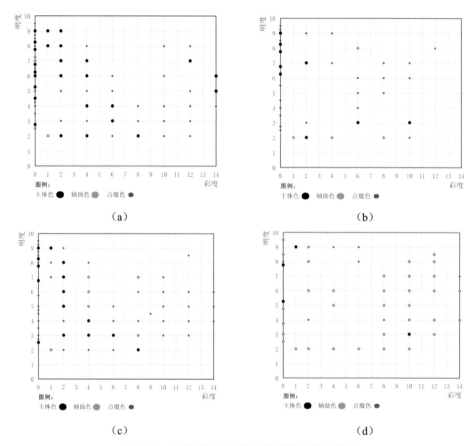

图 5-89　各类型商业建筑明度-彩度对比分析图

（a）单体类型的商业建筑；（b）古建类型的商业建筑；（c）综合体类型的商业建筑；（d）胡同摊位门市

根据以上各类建筑色彩分析可以发现以下几个特点。

首先，四种建筑类型的商业，除胡同摊位门市外，在明度和彩度方面，其余建筑类型主体色与辅助色（以下简称主辅色）的特点要比点缀色更加明显，且点缀色在明度与彩度层面上，其范围和离散程度都要高于主体色和辅助色。 胡同摊位门市色彩以广告背景色作为辅助色，离散程度和其余几类建筑的点缀色相同。 从各色彩层次来看，单体与综合体的主辅色在总色彩中的集中程度较好，古建次之，胡同摊位门市的集中度最弱，所以也可以看出，胡同摊位门市的色彩多由广告强调色彩构成。

其次，通过剖析各个类型的商业建筑主辅色的明度、彩度情况，在制作色彩分析图过程中，除胡同摊位门市外，其他类型的商业主辅色的色彩点大多重合，只有

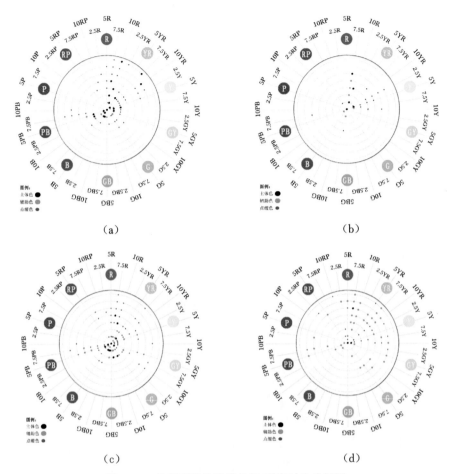

图 5-90　各类型商业建筑色相-彩度对比分析图

（a）单体类型的商业建筑；（b）古建类型的商业建筑；（c）综合体类型的商业建筑；（d）胡同摊位门市

胡同摊位门市的主辅色无重叠色彩点。再具体分析色彩分析图可以发现，单体类型的商业建筑作为整个商业街占比最大的建筑类型，其多以中低彩度（C＜8）、中高明度（V≥4）为主；综合体类型的商业建筑，当主辅色分布在低明度（2≤V≤3）范围时，彩度值主要分布在中低彩度（1≤C≤8），而当主辅色分布在中高明度（5≤V≤9）范围时，彩度值则主要分布在低彩度，所以此类建筑以低明度、中高彩度以及中高明度、低彩度的色彩为主，色彩特点相对鲜明；古建类型的商业建筑，无彩色系主要分布在中高明度（6≤V≤9），而有彩色系则以低明度（2≤V≤3）为主；胡同摊位门市的主体色为中高明度的灰色系，辅助色的彩度范围主要分布在高低彩度两端（C≥8，C≤2），明度数值范围分布无明显特点。

再次，四种建筑类型的商业在主辅色与点缀色层次上，色相数据各有不同。单体类型的商业建筑的色相，主辅色主要集中在 7.5R～10Y 的暖色系范围以及 10B～7.5PB 的冷色系范围，点缀色主要围绕主辅色附近分布，且三类色彩的暖色系种类与数量要多于冷色系。 集中在 7.5BG～5PB 的冷色系，当彩度值 C<2 时，各层次的色彩数据在不同的冷暖色系范围内均有分布。 综合体类型的商业建筑主辅色主要集中于冷色系（7.5G～7.5PB）范围，点缀色主要集中在暖色系（5R～10Y）范围。 古建类型的商业建筑，三类色彩都以暖色系（7.5R～10Y）为主；胡同摊位门市的商业色彩中，主体色为灰色系，辅助色与点缀色主要分布在暖色系区域 5R～10Y，冷色系（5GY～10G、5B～7.5PB）色相数据相对较少，且暖色分布范围要大于冷色分布范围。

最后，综合四种建筑类型的商业色彩特点来看，单体类型的商业建筑与综合体类型的商业建筑的色彩面积在商业街中占比最高，所以主体色与辅助色特征也更加明显，两者的点缀色又相似。 单体类型的商业建筑位于传统街道，色彩更加趋向于中低彩度、中高明度的暖色系，呈现明亮又沉稳的色彩特点；古建类型的商业建筑穿插分布在单体类型的建筑之间，主体色特征也相似，整体协调关系相互融洽；而综合体类型的商业建筑多集中于商业街东部，且属于现代商业风格，所以色彩以中稳的冷色系为主，而其与整体商业街的色彩是否和谐还有待进一步分析；胡同摊位门市穿插在商业街中，虽然暖色系的大量分布延续了商业街的色彩面貌，但分布过于离散，色调特征不明显，易产生过于浓烈、跳跃性强、色彩风貌不和谐的现象。

（3）不同空间类型的色彩情况分析。

不同的空间类型，其色彩特点也有所不同。 由于商业街的色彩繁多复杂，为了更好地观察不同类型商业空间的色彩特征情况，将中街的空间按照调查结果分成主街空间、胡同摊位门市空间这两类，同时分别绘制色相-彩度与明度-彩度分析图，并对这三类色彩要素的数量进行详细统计，如图 5-91～图 5-94、表 5-4～表 5-7 所示。

观察两种空间类型的图表可以发现，不同类型的空间色彩趋向各不相同。 主街作为步行街整体核心区域，色彩的明度与彩度特点鲜明，高明度（7≤V<10）数量占比为 50%，中明度数量（4≤V<7）占比为 27.27%，且中低明度数量接近；彩度值按照从低到高数量依次减少，低彩度区间占比 73.48%，中彩度区间占比为 15.91%；色相主要集中在无彩色系以及蓝紫色系和红色系（N、PB、R）。 胡同摊位门市内部色彩与主街特征不同，明度集中在中明度（4≤V<7）和高明度（7≤V<10），占比分别为 30.30% 和 37.12%，彩度集中在无彩色系（C=0）和高彩度（C≥8）两个范围内，占比分别为 41.67% 和 44.69%，色相方面主要集中在无彩色系以及黄红色系和红色系（N、YR、R）。

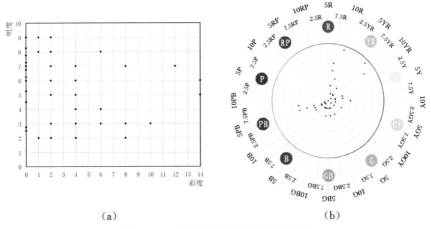

（a） （b）

图 5-91　中街主街主辅色色彩分析图

（a）明度-彩度分布图；（b）色相-彩度分布图

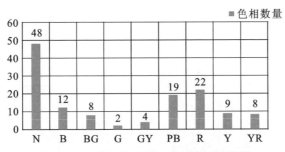

图 5-92　中街主街主辅色色相数据统计图

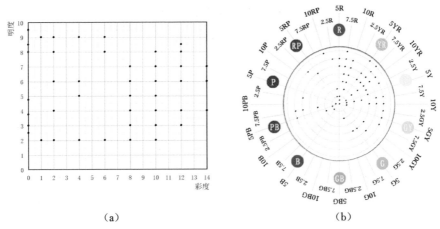

（a） （b）

图 5-93　中街胡同摊位门市主辅色色彩分析图

（a）明度-彩度分布图；（b）色相-彩度分布图

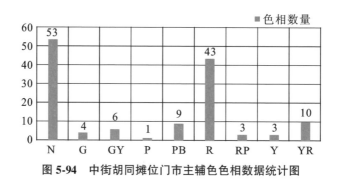

图 5-94　中街胡同摊位门市主辅色色相数据统计图

表 5-4　主街明度数据统计表

项目	区间范围情况							
明度	2～3（不含）	3～4（不含）	4～5（不含）	5～6（不含）	6～7（不含）	7～8（不含）	8～9（不含）	9～10（不含）
数量	17	13	6	11	19	19	21	26
占比/(%)	12.88	9.85	4.55	8.33	14.39	14.39	15.91	19.7

表 5-5　主街彩度数据统计表

项目	区间范围情况							
彩度	0	1	2	4	6	8	10	12	14
数量	48	21	28	14	7	6	5	1	2
占比/(%)	36.36	15.91	21.21	10.61	5.3	4.55	3.79	0.76	1.52

表 5-6　胡同摊位门市明度数据统计表

项目	区间范围情况							
明度	2～3（不含）	3～4（不含）	4～5（不含）	5～6（不含）	6～7（不含）	7～8（不含）	8～9（不含）	9～10（不含）
数量	19	24	18	12	10	8	5	36
占比/(%)	14.39	18.18	13.64	9.09	7.58	6.06	3.79	27.27

表 5-7　胡同摊位门市彩度数据统计表

项目	区间范围情况							
彩度	0	1	2	4	6	8	10	12	14
数量	55	3	5	5	5	11	21	20	7
占比/(%)	41.67	2.27	3.39	3.39	3.39	8.33	15.91	15.15	5.30

综上得知，主街高宽比为1.0～2.0，空间结构比例较好，在色彩上具有简洁有序的色彩特征、高明度低彩度的色彩倾向，而胡同摊位门市作为相对狭小的街道空间，其色彩上也采用了高明度、高彩度的暖色调，以缓解压抑的空间环境。胡同摊位门市虽然空间上相对开阔，但毕竟整体空间高宽尺度以及门市面积较主街有所减小，所以色彩的风貌仍以高彩度的暖色系为主。此外，各个空间的色彩特点虽然根据空间尺度的不同而各有变化，但仍然互相存在关联性，如胡同摊位门市色彩的色相和明度分布延续了主街的色彩特征，这在一定程度上与总体色彩产生协调性，但其他的色彩要素各有不同，且有的差距过大，需要进行有效的管控，以免产生不当的视觉色彩冲击，产生色彩噪声。

3）中街商业街各色彩体系内部要素搭配分析

各色彩体系内部要素搭配分析是在其背景影响因素与现状总体色彩环境分析的基础上，结合色彩调和理论与每类体系各类要素的色彩特征，提出针对各类色彩的体系性与适宜性的色彩分析评价标准。其中，街道基底色彩主要从色彩连续性与协调性的角度进行分析与评价；强调点缀色彩从对比调和的搭配形式去分析评价；标识引导色彩从明度对比、色相和彩度与环境相协调的角度进行分析与评价。结合每类色彩体系的分析，总结出它们之间的总体协调方式，同时提炼出现状中各色彩要素体系可能存在的色彩问题，为后期实验的进一步分析与验证以及中街色彩体系的规划提供数据与理论支撑，如图5-95所示。

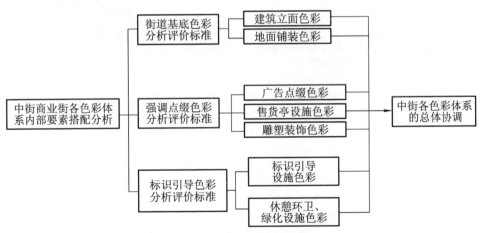

图 5-95　中街商业街各色彩体系内部要素搭配分析图

（1）街道基底色彩。

①街道基底色彩分析评价标准。

街道的连续性是指街道两侧的建筑界面界定了相对连续的空间，而在街道中持续行进时又有新的信息不断出现在人们的视线中，这时再与走过的地方所产生的印象进行对比参考，进而逐步形成完整的视觉感受。由此可见，色彩的连续性也意味着色彩的整体协调感，色彩的整体协调感由统一调和的色彩搭配来形成良好的视觉感受。 街道色彩连续性强调的是街道色彩组成要素之间相互作用而呈现出的总体效果，而不仅是对单一建筑的色彩要素评价。 在线性的商业街道空间中，建筑立面与地面铺装界面是整个商业街道的基底，它们是整个街道色彩协调统一、变化有序的基础，所以商业街道色彩的整体协调方式是由基底色彩构成的要素进行调和，以类似调和为主。

②建筑立面色彩。

a. 主街基底色彩的总体色彩特征。

根据中街主要街道建筑立面色彩平面图可以发现，西顺城街—东顺城街这段传统街道的建筑基底色彩以灰色系（N）为主，内部穿插有彩色系，暖色系主要为红色系（R），其次是黄色系（Y）与红黄色系（YR），冷色系主要为蓝紫色系（PB）；而东顺城街—小什字街这段现代商业街道的基底色彩主要包括红色、绿色至蓝紫色系之间这几类有彩色系（R、G～PB），以及灰色系（N）。 这段街道的建筑主要为综合体类型的商业建筑，其色彩主要为大面积的同一种色彩沿街分布。 而位于正阳街—朝阳街的几条胡同小巷分布在传统街道上，且主要立面背景依托两侧建筑，所以色彩延续了传统主街的色彩，以灰色系和红色系为主，如图 5-96 所示。

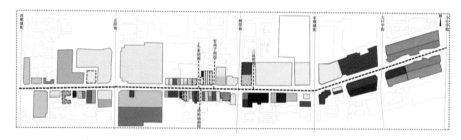

图 5-96　中街现状建筑立面基底色彩平面图

b. 主街基底色彩的色彩差值与连续性特征。

根据街道立面色彩连续性分析图，可以发现以下几个主要特征：色彩以无彩色系和暖色系为主，且无彩色系多为高明度色彩（V＞7），连续性较好，而有彩色系则是色彩明度与彩度产生变化的主要因素，且主要为高明度、低彩度以及中明度、中彩度，如图 5-97～图 5-100 所示。

色彩差值可以反映色彩的总体变化范围是否稳定。 对于传统街道的主体色，无彩色系的明度差值最大为 2.5，且集中在 7～9.5 的高明度区间，少部分有起伏变化的分布在 2.5～5 的中低明度区间，如正阳街—朝阳街南侧的美度瑞士表、匹克专卖店，朝阳街—东顺城街的 01 流行馆、特步专卖店以及居民楼。 有彩色系有如下明显特征。 首先，有彩色系以高明度、低彩度的色彩为主，且多数色彩色相集中在5R～7.5Y 与 10GB～5PB；明度差值最大为 2、集中在 7～9；彩度差值最大为 3、集中在 1～4。 其次是中明度与中彩度色彩，明度差值最大为 4、集中在 3～7；彩度差值最大为 4、集中在 4~8。 还有个别较为跳跃、色彩规律性较弱的色彩，需要结合相邻色彩进行具体分析来判断色彩是否协调。 对于东顺城街—小什字街这段以现代综合体类型的商业建筑为主的商业街道，其有彩色系以冷色为主导色彩，且中明度低彩度、中明度中彩度、无彩色系等都有，色彩差值类型也较多。

从色彩连续性的角度来看呈现以下特点。 在传统街道的主体色中，首先针对较为连续的色彩进行分析，其相邻建筑的明度与彩度差值变化在 3 以内，且大多明度分布在 8~9.5、彩度不大于 2。 其次，当相邻建筑的色彩有较大变化时，其变化特征为明度和彩度有一项色彩要素变化差值超过 3，另一项要素的差值变化在 3 以内。例如西顺城街—正阳街的龙摄影中心，其与西侧的萃华金店建筑立面明度差值为4.5，而彩度差值为 0 和 1.5；与东侧的龙摄影新人世界建筑立面明度差值为6.25，而彩度差值为 2 和 3.25。 爱迪尔珠宝与西侧的周大福建筑立面彩度差值为 10，与东侧

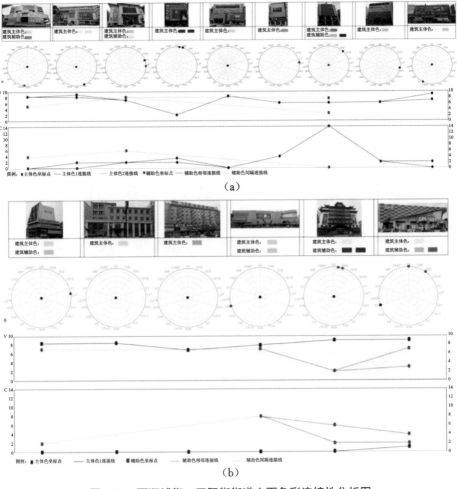

图 5-97　西顺城街—正阳街街道立面色彩连续性分析图

（a）街道南侧；（b）街道北侧

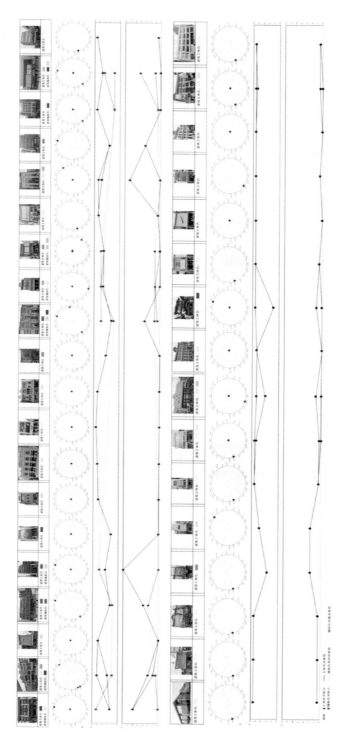

图 5-98　正阳街—朝阳街街道立面色彩连续性分析图

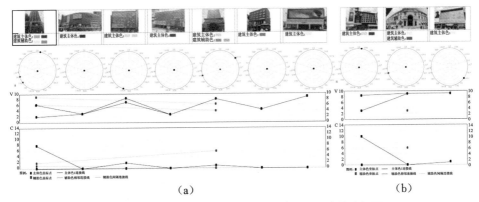

图 5-99　朝阳街—东顺城街街道立面色彩连续性分析图

（a）街道南侧；（b）街道北侧

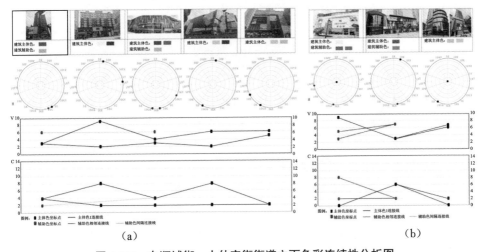

图 5-100　东顺城街—小什字街街道立面色彩连续性分析图

（a）街道南侧；（b）街道北侧

的林大生珠宝建筑立面彩度差值为 12，而其与东西两侧建筑的明度差值为 0；除此之外，还具有此种色彩规律的建筑包括正阳街—朝阳街的萃金楼珠宝、中街冰点、PUMA、荟华楼金店，朝阳街—东顺城街南侧的所有建筑以及北侧的老边饺子。但相邻建筑间两要素的色彩差值变化均超过 3 的，同时具有大面积的高明度、高彩度色彩的这类建筑，则容易产生色彩不协调的现象，需要对相应的要素进行调整，如正阳街—朝阳街的林大生珠宝、乔丹体育等。对于东顺城街—小什字街这部分现代商业街道，其色彩变化特点为相邻建筑的主体色大多由两种色彩组成，且色彩类型包括中高明度/低彩度、低明度/低彩度及低明度/高彩度的有彩色系，明度彩度数值互补的特征使得色彩的变化节奏较为协调，所以在色彩连续性上明度彩度数值变化范围均在 2 以内，但也有个别建筑因无彩色系的选取致使色彩差值变化在 6 以内。

辅助色作为建筑立面上面积占比仅次于主体色的部分，其色彩规律却没有主体色特点鲜明。从总体层面来说，只有一部分建筑包含辅助色，色相主要集中在无彩色系（N）以及有彩色系 5R～10Y 与 5GB～5PB，且呈现对比关系，即当主体色为无彩色系时，辅助色多为有彩色系；当主体色为暖色系时，辅助色则为对比的冷色系。而东顺城街—小什字街这部分现代商业街道的色相有一部分位于 7.5GY～2.5BG；在明度和彩度方面，它们与各自建筑的主体色明度、彩度差值变化范围集中在 0～4。

综合以上色彩分布特征可以看出，建筑界面部分的基底色彩中，传统街道主要为类似调和，现代商业综合体部分主要为对比调和。传统街道因其色彩主要为高明度的无彩色系以及高明度、低彩度的有彩色系，所以变化特征十分明显，尤其是传统街道的北侧协调性更好，但也有少量过于浓烈的、跳跃性强的色彩破坏了协调的秩序感，如爱迪尔珠宝、萃金楼珠宝、乔丹体育等色彩给使用者留下了较差的心理感受。而对于现代商业街，界面的协调并非依靠要素的一致，而是有一定的秩序对比，如现代商业街南侧的建筑是通过对色彩赋予节奏序列来实现协调性的，色彩以低明度、低彩度的绿色系（或蓝绿色系）和低明度、高彩度的红色系间隔出现，且最后以中明度、低彩度的蓝色系（或蓝绿色系）收尾；北侧的建筑通过赋予同质性要素来实现，北侧的建筑色彩为高明度的无彩色系和红色系，其中混入少量的蓝绿色系，最后仍以中明度、低彩度的蓝色系（或蓝绿色系）收尾。总体而言，整条街道协调性较好，但部分商业建筑基调色彩需要做出调整。

③地面铺装色彩。

设计商业步行街道路时会在铺装形式和色彩上作不同程度的变化，并以此来引导人流，丰富道路景观，经过调研发现，中街路面的铺装也是如此。首先，就铺装材质与构成来说，选用灰砖进行大面积铺设，然后在不同街段采用其他颜色的砖石穿插分布或小面积铺装分布其间，且多以长条形状的砖石并沿着道路东西方向进行铺设。其次，各类颜色的砖石色彩比较协调，色彩以中明度的无彩色系为主，中明度、低彩度的暖色系为辅，且色相为 2.5YR～5Y，所有砖石的明度分布范围为 5～8，彩度分布范围为 0～4，各色彩之间的差值变化较小，属于类似调和的色彩形式。结合建筑再看，虽然建筑立面色彩更偏向高明度、低彩度，但地面铺装色彩的明度紧邻且略低于建筑立面色彩的明度范围，所以总的来说，商业步行街的地面铺装色彩特征与建筑立面色彩相呼应，还给人以更加温和沉稳的视觉感受，如表 5-8、图 5-101 所示。

表 5-8　中街步行路铺装色彩分析

色彩层次	铺装位置	色彩图样	H/V/C 值
主体色	大面积铺砖		N7
			N7.75
辅助色	穿插分布或小面积铺砖		N5.25
			7.5YR 6/4
			2.5YR 5/4
			5Y 8/2

图 5-101　中街步行路铺装现状

（2）强调点缀色彩。

①强调点缀色彩分析评价标准。

在商业街中，强调点缀色彩体系是整个街道中最具有诱目性、色彩张力最强的一类体系。属于这类色彩范畴的设施通常包括商业广告、售货亭、雕塑等，而广告是最广泛、占比最大的一类设施。在商业街中，强调点缀色彩既要起到活跃氛围、传达信息的作用，又不能脱离商业街整体环境氛围，因此对比调和成为商业街中强调点缀色彩体系的重要手法与评价方式。强调点缀色彩主体色基调奠定了整体的风格与效果，还决定了其在整体商业街色彩氛围中的表达方式；辅助色基调起到烘托与点缀作用。主体色与辅助色之间如何调节才能做到既避免色彩杂乱，又能平衡整体色彩，就需要以适合的对比调和手段结合各类强调点缀色彩内部特征进行组合搭配，从而进行分析与评判。

②广告强调点缀色彩。

广告的安装部位与面积分布比例会对广告色彩产生很大的影响。为了更进一步分析商业街广告的色彩特征，首先针对不同街段将中街步行街的广告按照面积与位置进行分类统计，再观察其规律以及色彩特征。

结合中街商业街的建筑特点与广告特征，将广告面积占比分为五类，分别为传统建筑广告和广告面积占比小于5%、广告面积占比为5%～10%、广告面积占比为10%～20%、广告面积占比大于20%的商业建筑广告。经统计后发现，在西顺城街—东顺城街路段，广告面积占比小于5%的建筑数量最多，其次是传统建筑以及广告面积占比大于20%的建筑，广告面积占比为5%～10%、10%～20%的建筑数量较少。在东顺城街—小什字街路段的建筑只有广告面积占比小于5%和大于20%两种，且以广告面积占比小于5%的建筑为主。中街步行路建筑广告面积占比分类见表5-9。

表5-9 中街步行路建筑广告面积占比分类

街道起止点	面积占比	建筑数量	广告位置与对应数量			广告总数
西顺城街—正阳街北	传统建筑	1	底面2	—	—	2
	<5%	3	底面1、16	墙面1	—	1、17
	10%～20%	1	底面11	墙面1	侧面2	14
	>20%	1	底面3	墙面1		4
西顺城街—正阳街南	传统建筑	1	底面1	—	—	1
	<5%	6	底面1、5	墙面1、4	侧面1、2	2、3、11
	>20%	2	底面1、4、6	墙面1、3、5	侧面1、2、3	5、8、13
正阳街—朝阳街北	传统建筑	3	底面1、4	墙面1	侧面1	2、3、5
	<5%	8	底面1、5	墙面1	侧面1	1、2、3、6
	5%～10%	2	底面1	墙面1	侧面1	2、3
	>20%	2	底面1、6	墙面1、3	侧面1	4、10
正阳街—朝阳街南	传统建筑	6	底面1、2、6	墙面1	侧面1	1、2、3、4、7
	<5%	10	底面1、2、3、15	墙面1、2	侧面1、2	1、2、3、5、18
	5%～10%	1	底面6	墙面1	侧面1	8
	>20%	3	底面1、3	墙面1	侧面1	2、3
朝阳街—东顺城街北	传统建筑	1	底面4	墙面1	—	5
	<5%	1	底面14	墙面1	—	15
	10%～20%	1	底面2	墙面2	—	4
朝阳街—东顺城街南	<5%	6	底面1、2、3、6、8	墙面1、2	—	1、2、3、4、8、9
	>20%	1	—	墙面1	—	1

街道起止点	面积占比	建筑数量	广告位置与对应数量			广告总数
东顺城街—小什字街北	<5%	2	底面 7、12	—	—	7、8、12
	>20%	1	底面 7	墙面 10	侧面 3	21
东顺城街—小什字街南	<5%	5	底面 4、6、7	—	侧面 1	5、6、7

针对不同占比面积类型的广告，再结合广告分布位置与数量可以发现，传统建筑类型的广告数量较少，且底面广告数量要略多于其他两部分；在广告面积占比小于 5% 的建筑中，对于西顺城街—东顺城街路段，其底面广告的数量要多于墙面广告，但底面广告多以建筑一层小型广告牌的形式存在，数量虽然很多，但建筑立面面积较大，广告面积占比并不大。而对于东顺城街—小什字街路段，虽然墙面和底面的广告数量均较多，但建筑立面非常大，因此广告面积占比随之减小；面积占比大于 20% 的建筑中，除了底面广告数量较多，大面积的墙面广告数量也比较多，因此广告整体占墙面比例有所提升。

a. 传统建筑广告强调色特征。

传统建筑是商业街中主要的一部分，其广告呈现形式与其他建筑有很大区别。为了更好地对广告色彩情况进行分析，首先对已有的传统建筑上的广告呈现形式进行了分类，主要有字号牌匾、楹联、侧面突出招牌和单体字组合等。单体字组合类广告最多，约占 29.03%；其次为字号牌匾和侧面突出招牌类广告，占比分别为 19.35% 和 16.13%；楹联类广告仅出现在荟华楼金店与萃华金店门前的字号牌匾两侧，左右对称，与字号牌匾上下呼应，呈现出浓郁的传统商业文化氛围；遮阳棚、入口广告牌以及其他类的广告占比较少。这些类型的广告属于现代建筑形式的广告，少量的占比可以减轻建筑样貌的突兀感，如图 5-102 所示。

在对这类建筑的广告进行分类后，继续观察色彩特征，如图 5-103 所示。首先从总体层面来看，在传统建筑中，基底色中主体色为中高明度的无彩色系的建筑占比为 83.33%，少数的有彩色系色相也基本为低明度的红色系（R）；而辅助色中除窗户为低彩度的蓝色系与蓝绿色系以外，其余多以低明度的红色系（R）和高明度的黄色系（Y）为主；强调色作为墙面不同于广告类型的另一类重点突出的颜色，相对来说也比较规律，色相都集中在中低明度、高彩度的黄色、红色与黄红色系之间。广告色彩是强调色彩的一种类型，从色彩组成上可分为背景色与字体色。其中的有彩色系与无彩色系的数量占比各约一半，高彩度的色彩占有彩色系色彩的一半。色相方面，除无彩色系占比最多外，有彩色系集中在黄色（Y）、红色（R）与黄红色系（YR）之间。若背景色为有彩色系，则字体色多为无彩色系。若背景色为无彩色系，则字体色多为有彩色系，同时多数广告背景色与字体色明度差值大于 4。

其次，从各个建筑对应的不同类型广告色彩角度去分析，由于建筑基底色多为

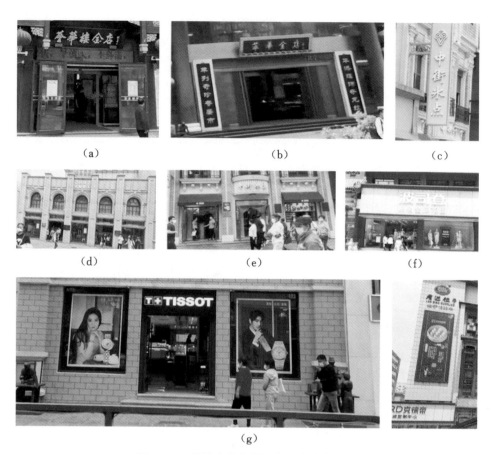

图 5-102　传统建筑广告展现形式分类占比

（a）字号牌匾（19.35%）；（b）楹联（6.45%）；（c）侧面突出招牌（16.13%）；
（d）单体字组合（29.03%）；（e）遮阳棚（9.68%）；（f）入口广告牌（6.45%）；
（g）墙面图形（12.9%）

无彩色系，主要从色相与明度上进行分析。针对侧面突出招牌类的广告，其背景色与基底色的色相一致、明度不同，字体的色彩与墙面单体字组合类广告的色彩一致。而针对广告背景直接为墙面基底色彩类的单体字组合类广告，字体部分无彩色系占主要部分，且色彩明度主要为 2.5、8.25 和 9.5 三个类型，有彩色系无明显特点。遮阳棚类广告的背景色与建筑的基底色或强调色类似（同类色相、明度差值小于 2）、字体均为明度是 9.5 的无彩色系。字号牌匾类广告的背景色与墙面的基底色相匹配，即无彩色系的墙面基底色对应无彩色系的广告背景色、有彩色系的墙面基底色对应有彩色系的广告背景色，但明度彩度值无明显规律。广告字体色多数与背景色相反，即无彩色系的背景色对应有彩色系的字体色，且两者明度差值小于 4。楹联类广告的色彩特征为字体色都为黄色系（Y），且与墙面基底色的明度差值在 2

	立面色彩层次-位置-数值		立面色彩层次-位置-数值
荟华楼金店（总店）	主体色：墙面　　　　　N9 辅助色：屋檐、栏杆　10R　2/2 　　　　墙裙　　　　7.5R 2/4 　　　　　　　　　　　5Y　7/10 辅助色：屋檐、栏杆 强调色：屋面装饰　7.5R 3/10 广告类型-色彩数值 字号牌匾　背景色：10YR 6/10 N2.5 　　　　　字体色：10YR 6/10 N2.5 楹联　　　背景色：7.5PB 3/10 　　　　　字体色：2.5Y 7/10 墙面图形　背景色：5PB 3/6 　　　　　图案色：5PB 8/1	**荟华楼金店**	主体色：墙面　　　　　N9 　　　　屋檐、栏杆　　10R　2/2 强调色：屋面装饰　　2.5Y 6/8 广告类型-色彩数值 字号牌匾　背景色：N2.5 　　　　　字体色：2.5Y 6/8 遮阳棚　　背景色：10R 2/2 　　　　　字体色：N9.5 墙面图形　背景色：7.5B 6/10 　　　　　图案色：7.5GY 6/10
萃华金店	立面色彩层次-位置-数值 主体色：墙面　　　　　5Y 7/2 辅助色：立面装饰　　10Y 8/6 强调色：屋檐　　　　5YR 6/10 　　　　柱子　　　　7.5R 3/8 广告类型-色彩数值 字号牌匾　背景色：7.5BG 2/10 　　　　　字体色：5Y 6/8 楹联　　　背景色：N2.5 　　　　　字体色：10Y 8/6	**利民商场**	立面色彩层次-位置-数值 主体色：墙面　　　　　N8.25 广告类型-色彩数值 单体字组合　背景色：N8.25 　　　　　　字体色：N8.25 N9.5
李宁体育用品商店	立面色彩层次-位置-数值 主体色：墙面　　　　　N9.5 广告类型-色彩数值 单体字组合　背景色：N9.5 　　　　　　字体色：7.5R 3/10 侧面突出招牌　背景色：N9.5 　　　　　　字体色：7.5R 3/10	**何氏眼科**	立面色彩层次-位置-数值 主体色：墙面　　　　　N8.25 强调色：彩色玻璃窗　7.5R 3/2 广告类型-色彩数值 字号牌匾　背景色：N4 　　　　　字体色：5Y 6/6 遮阳棚　　背景色：7.5R 4/6 　　　　　字体色：N9.25 单体字组合　背景色：N8.25 　　　　　　字体色：2.5G 3/4 N2.5 侧面突出招牌　背景色：N9.5 　　　　　　字体色：N2.5
长江照相馆	立面色彩层次-位置-数值 主体色：墙面　　　　　N6.25 辅助色：窗户　　　7.58G 7/2 广告类型-色彩数值 字号牌匾　背景色：N5.5 　　　　　字体色：2.5Y 4/6 单体字组合　背景色：N6.25 　　　　　　字体色：N9.5	**亨得利钟表眼镜**	立面色彩层次-位置-数值 主体色：墙面　　　　　N7.75 广告类型-色彩数值 单体字组合　背景色：N7.75 　　　　　　字体色：2.5Y 5/6 侧面突出招牌　背景色：N2.5 　　　　　　字体色：2.5Y 5/6 墙面图形　背景色：5B 6/2 N2.5 　　　　　　　　　　7.5R 2/10 　　　　　图案色：5B 6/2 N9.5 　　　　　　　　　　5Y 7/2
中街冰点	立面色彩层次-位置-数值 主体色：墙面　　　　　10R 3/6 辅助色：窗户　　　　10B 2/1 　　　　墙面装饰　　7.5Y 7/2 广告类型-色彩数值 单体字组合　背景色：7.5Y 7/2 　　　　　　字体色：N9.5 遮阳棚　　背景色：7.5R 2/4 　　　　　字体色：N9.5 侧面突出招牌　背景色：7.5BG 5/6 　　　　　　字体色：N9.5	**光陆影院**	立面色彩层次-位置-数值 主体色：墙面　　　　　N6.75 　　　　窗户　　　　10B 6/2 　　　　墙面装饰　　7.5R 2/8 广告类型-色彩数值 单体字组合　背景色：N6.75 　　　　　　字体色：N9.5 入口广告牌　背景色：7.5R 2/8 N5 　　　　　　图案色：7.5P 8/2 N9.5
天益堂药房	立面色彩层次-位置-数值 主体色：墙面　　7.5R 3/10 N8.25 强调色：屋檐　　　　5YR 6/10 广告类型-色彩数值 单体字组合　背景色：7.5R 3/10 　　　　　　字体色：2.5Y 4/6 N9.5 侧面突出招牌　背景色：N9.5 　　　　　　字体色：7.5R 3/10	**老边饺子**	立面色彩层次-位置-数值 主体色：墙面　　7.5R 3/10 N8.25 广告类型-色彩数值 单体字组合　背景色：7.5R 3/10 　　　　　　字体色：7.5YR 5/8 字号牌匾　背景色：7.5YR 5/8 　　　　　字体色：N2.5 墙面广告　背景色：7.5R 3/10 　　　　　图案色：N8.25 入口广告牌　背景色：2.5Y 8/12 N8.5 　　　　　　字体色：N4　　N9.5

图 5-103　传统商业建筑立面与广告色彩现状图

以内，与相应的广告背景色明度差值在 4 以上。 其他类型的广告对应的墙面基底色多为无彩色系，而广告背景色多为有彩色系，广告字体色多为中高明度、低彩度色彩和无彩色系。

b. 广告面积占比小于 5% 的商业建筑广告强调色特征。

通过中街步行路建筑广告面积占比分类表可知，广告面积占比小于 5% 的商业建筑可以分为两类。 一类以底部一层入口以及墙面单体字组合类广告占比较大的建筑为主，这类建筑多分布在西顺城街—东顺城街且多是单体类型的商业建筑，同时立面上基本不含图形类广告。 另一类是除底面广告以外还有墙面图形类广告，而含有这类广告的建筑主要分布在东顺城街—小什字街且多是综合体类型的商业建筑。

为更好地了解这部分广告的色彩情况，首先对这些广告展示形式进行分类统计，如图 5-104 所示。 这部分占比面积的建筑共有 41 栋。 在这些建筑中，广告展示形式主要有单体字组合、入口广告牌、侧面突出招牌、墙面图形广告四类。 其中单体字组合类广告的特点是没有单独的广告背景色，直接以文字的形式附着在立面上，具体的分布位置包括墙面、入口处、建筑顶部，且采用这类广告的建筑最多，共有 39 栋，占比为 95.12%。 其次是采用入口广告牌类的建筑，共有 19 栋，占比为 46.34%。 这类广告牌的特点是含有单独的广告背景色，且基本位于建筑的入口处。广告展示形式相对较少的是侧面突出招牌、墙面图形广告这两种类型，占比分别为 26.19% 和 28.57%。 侧面突出招牌类广告多分布于单体类型的商业建筑的某一侧，而墙面图形广告则多分布于建筑体量较大的综合体类型的商业建筑或者高层建筑的底层墙裙部分，具体分布位置根据建筑的形态情况而定，因此无明显的规律性。

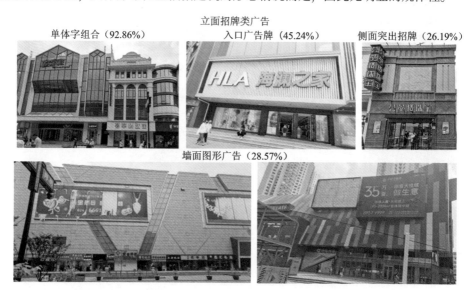

图 5-104 广告面积占比小于 5% 的商业建筑广告展现形式分类

分析广告牌的形式与建筑面积占比情况后，再结合这些分析将建筑按照是否含有图形类广告进行分类。基本不含图形类广告的建筑有 31 栋，不含广告背景色的多达 22 栋，建筑强调色依靠广告的字体色来呈现。根据图 5-105，广告的字体色特征十分明显，主要为高明度无彩色系，其次为高明度、低彩度的暖色系（R、Y），但这些建筑立面多数为中高明度的无彩色系或高明度、低彩度的有彩色系，因此这类广告与建筑墙面呈现出类似调和的色彩倾向；然而少数含有广告背景色的建筑中，它们的强调色由广告背景色来呈现，且通过图 5-105 可以看到广告背景色除低明度的无彩色系外，有彩色系也多以低明度、中高彩度的暖色系（R、Y、YR）为主。

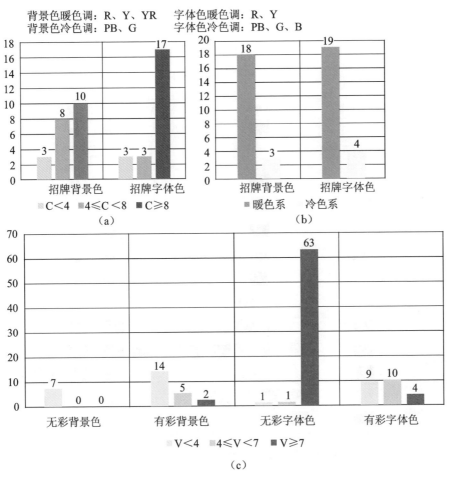

图 5-105 仅含招牌广告色彩统计分析图

（a）彩度计数；（b）色相计数；（c）明度计数

为了更直观清晰地表达含有广告背景色的建筑墙面的色彩关系是否协调，将立面基底色、广告背景色、广告字体色按照原有商业的广告情况进行组合搭配后，可以发现，当基底色为高明度、低彩度时，与字体色相协调；当基底色为低明度、低彩度时，与字体色形成强对比关系，使字体色更加醒目。而背景色作为二者的中间色彩，在两类基底色背景下呈现出不同的效果，当基底色为高明度、低彩度时，背景色起到强调色彩的视觉效果，且这时首先刺激视觉感受的是背景色而非字体色；当基底色的明度不超过 1 时，背景色则产生过渡的视觉效果，但无论是哪种基底色，有规律有秩序的背景色还是格外重要。而在当前这部分广告中，不管是整体的广告牌还是一栋建筑上多个广告牌，都以同一类色彩特征为主，即以低明度、中高彩度的暖色系（R、Y、YR）为主，而此时基底色多为暖灰色或无彩色系，与背景色产生对比强调，又有活泼鲜明、有变化但不乏和谐的美感。但也有少量的建筑存在广告色不符合这一特征的现象，如居民楼 2 上面的绿色背景色，虽然它与对应的绿色字体色相协调、与基底色不违和，但是与建筑上的其他的广告背景色不协调，所以这种广告色彩就需要重新调整，以便给人们更好的审美体验（图 5-106）。

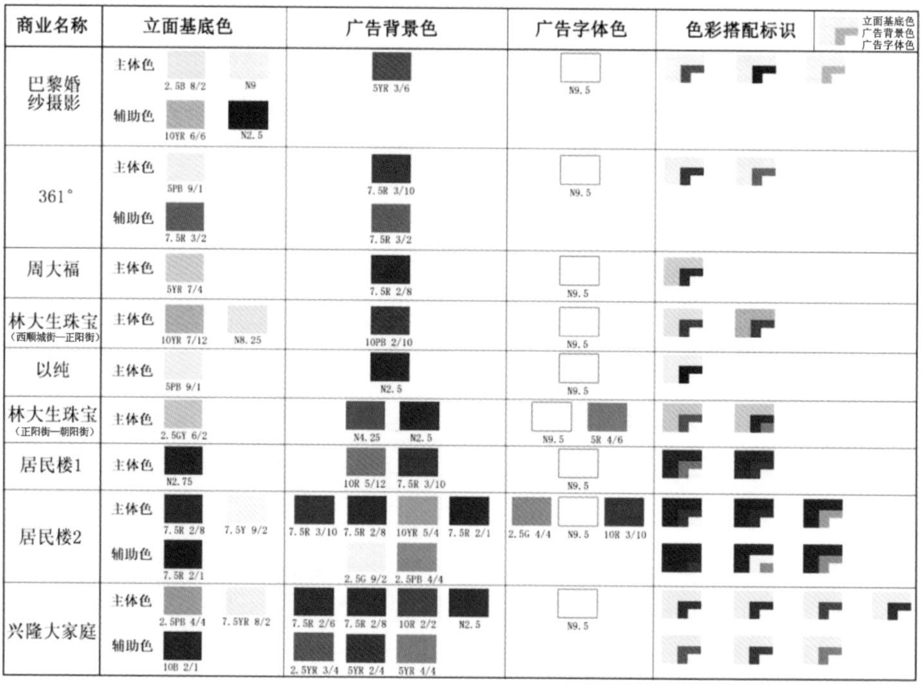

图 5-106 广告面积占比小于 5%的商业建筑立面基底色与广告色彩现状构成分析图

在这部分建筑中，含有图形类广告的建筑共有 10 栋，建筑数量虽然少，但都是大型综合体或者高层建筑，而大型综合体的建筑层高多在 7 层以下，所以图形类广告分布在这些建筑入口上方的墙面部分。对于高层建筑，广告则分布在底层的墙裙立面上，不过所有的招牌类广告仍是位于各建筑商铺的入口处。通过图 5-107 可以看到，这部分建筑与前面的建筑相比，基底色中除无彩色系外，有彩色系多为中低

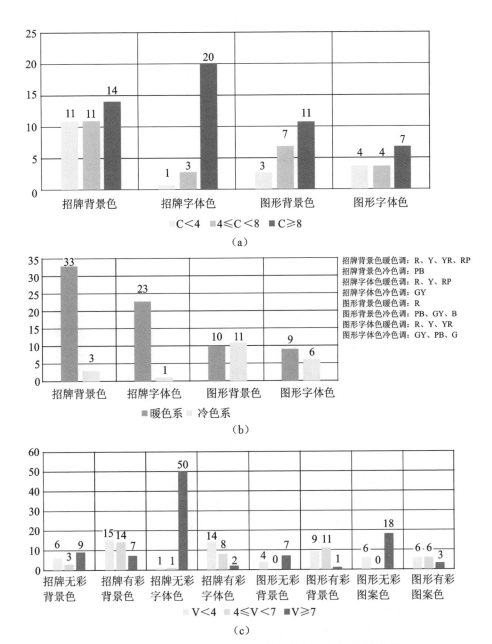

图 5-107 广告面积占比小于 5% 的商业建筑色彩统计分析图

（a）彩度计数；（b）色相计数；（c）明度计数

（图片来源：作者自绘）

明度、低彩度的冷色系，基底色仍然较为统一，但广告色与无图形类广告的建筑相比，色彩种类更多，规律性与协调性较弱。

在这部分建筑中，从总体层面上看广告色彩呈现以下规律：每栋建筑上的招牌类广告比图形类广告要多，所以色彩数量更多，但招牌类广告的色彩规律要优于图形类广告；同时这些建筑上的广告字体色的数量较背景色的数量更多，但色彩种类却更少。 在字体色中，无彩色系数量多于有彩色系，且无彩色系以高明度为主，有彩色系以中低明度、高彩度的暖色系为主。 在背景色中，招牌类广告的无彩色系按数量多少分别是高明度、低明度与中明度，有彩色系的色彩则倾向于中低明度的暖色系，各区段的彩度较为均匀。 图形类广告倾向于中低明度、高彩度的暖色区域。虽然这类建筑的各个广告色彩不同层面都有一定的色彩倾向，但较无图形类的单体类型的商业建筑色彩倾向程度却相差很多，由此可以看出，总体层面上这类建筑的广告色彩还需改进。

从各个单体类型的商业建筑上的广告色彩情况来看，首先可以看到每个建筑基底色特征比较明显，都是单独的无彩色或有彩色冷灰色系、无彩色或有彩色冷灰色系搭配暖色系或者冷色系，而各个建筑的广告色彩倾向各异。 当基底色为无彩色系时，如果广告色彩都为无彩色系和暖色系，广告对建筑的强调突出作用会给人一种和谐的色彩感受，如 01 流行馆。 当基底色为冷色系或冷灰色系搭配广告时，如果广告色彩的字体色或背景色中有一项为无彩色系，则这部分广告不会显得过于杂乱。 若这两部分都为高彩度的冷色系或者都为高彩度的暖色系，则会给人不舒适的视觉感受，如大悦城 C 座的蓝灰基底色下搭配红紫色和红色的招牌广告、大悦城 D 座的蓝灰基底色下搭配高彩度的黄绿色的图形广告、沈阳春天的蓝绿基底色下搭配蓝色与黄绿色的图形广告。 当基底色包含中高彩度的红色系时，如果广告的背景色与字体色都为冷色系，则会感觉色彩杂乱，如大悦城 A 座的中彩度的红色基底色搭配的中彩度的蓝色和蓝紫色的图案广告（图 5-108）。

对侧面突出类招牌进行色彩特征分析，如图 5-109 所示。 经过统计发现，在广告面积占比小于 5% 的建筑上的这部分侧面突出招牌，在背景色上首先较多的是与墙面基底色相近或一致，包括爱迪尔珠宝、萃金楼珠宝、荟萃楼珠宝、大名府钟表眼镜城、奥新全民口腔医院、巴黎婚纱摄影。 其次是背景色与墙面的强调色（或招牌广告）一致或相似，如周大福珠宝、林大生珠宝、PEAK，只有盛世国际眼镜的背景色为低明度的无彩色系。 对于字体色，多数为明度高于 9 的无彩色系，只有少数招牌的字体色同墙面某一色彩相近或一致，如 PEAK 字体色同墙面的强调色一致、奥新全民口腔医院的字体色同墙面的辅助色一致。

c. 广告面积占比为 5%～10% 的商业建筑广告强调色特征。

通过表 5-9 可知广告面积占比为 5%～10% 的商业建筑数量比较少，只有 3 栋，且分布在正阳街—朝阳街。 这些建筑的广告面积占比之所以有所提升是因为这些小体量的单体建筑上除了招牌类广告，还含有数量少、面积占比略大的图形类广告，而广告分布的位置或位于入口处，或位于建筑顶部。 这 3 栋建筑的基底色都为高明度、低彩度和中明度、中彩度的冷色系，同时背景色和字体色也几乎都为无彩色系

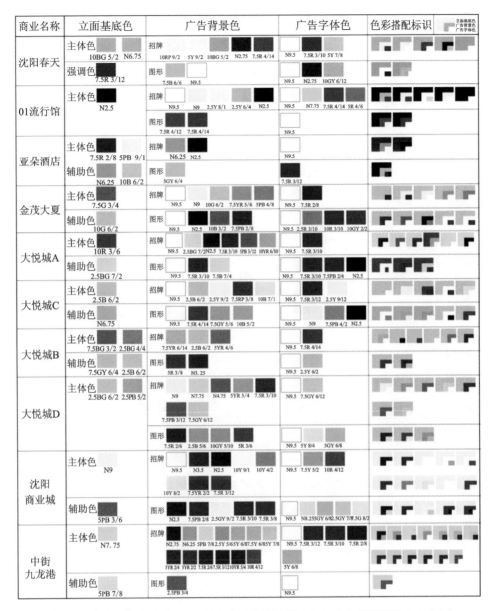

图 5-108　广告面积占比小于 5% 的商业建筑立面基底色与广告色彩现状构成分析图

和冷色系。广告的搭配情况表现为多数无单独的广告背景色，而且只有中明度、高彩度的冷色系或高明度的无彩色系点缀在立面上，或者是无彩色系的广告背景色搭配有彩或无彩色系的字体色，但也有少量的低明度或低彩度暖色系结合无彩色系的背景色作为图形类广告的一部分点缀在墙面上，所以从总体层面上来说，这部分广告在立面上的搭配较为协调，同时又丰富了墙面的色彩，如图 5-110 所示。

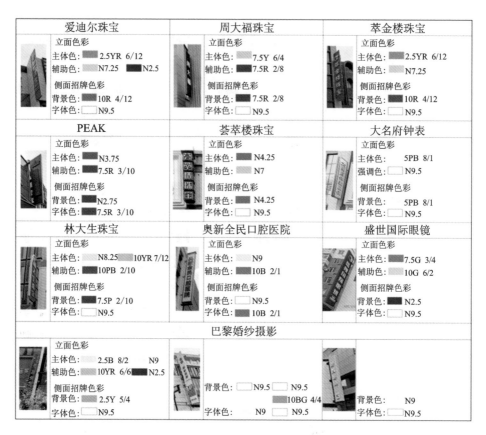

图 5-109　广告面积占比小于 5% 的商业建筑侧面广告色彩现状构成分析图

d. 广告面积占比为 10%～20% 的商业建筑广告强调色特征。

通过表 5-9 可知广告面积占比为 10%～20% 的商业建筑数量同样较少，只有 2 栋建筑，且分布在西顺城街—正阳街与朝阳街—东顺城街。 这些建筑的广告面积占比略高，是因为它们在沿街立面上的面积略大，广告总面积也较大。 这也许是分布在建筑一层入口处、建筑侧面以及顶部的招牌类广告数量过多，或是少量大面积的图形类广告占据较大的墙面导致的。 它们的色彩情况如图 5-111 所示，两个建筑的基底色仍然是无彩色系以及高明度低彩度的冷色系，益田假日世界墙面的广告色彩都是无彩色系与冷色系，搭配较为协调；而 168 连锁酒店的广告色彩虽然都通过招牌色彩来体现，但由于招牌背景色与字体色数量和种类繁多，背景色与字体色在冷暖、明度、彩度搭配上也无规律可言，所以并不美观，需要改进。

e. 广告面积占比大于 20% 的商业建筑广告强调色特征。

结合现场调研以及表 5-9 可知，广告面积占比大于 20% 的商业建筑共有 10 栋，按特点可以分为两类。 一类是立面上的广告总数量较少，但招牌类广告面积较大或

商业名称	立面基底色	广告背景色		广告字体色	色彩搭配标识 立面基底色/广告背景色/广告字体色
Adidas	主体色 2.5G 8/2	墙面招牌	2.5G 8/2	7.5PB 4/12	
		图形	N9.5	7.5PB 4/12	
PUMA	主体色 5PB 4/4	墙面招牌	N2.5 5PB 4/4	N9.5	
		侧面招牌	N2.5	N9.5	
		图形	7.5PB 6/2	N3.75 N9.5	
大名府钟表眼镜城	主体色 10B 7/2	墙面招牌	10B 7/2	N9.5	
		侧面招牌	10B 7/2	N9.5	
		图形	N9.5 N2.5 7.5B 3/4	N9.5 2.5Y 8/2 7.5R 2/6 5GB 6/2	

图 5-110　广告面积占比为 5%～10%的商业建筑立面基底色与广告色彩现状构成分析图

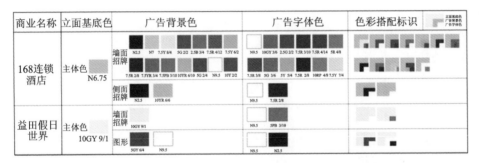

商业名称	立面基底色	广告背景色		广告字体色	色彩搭配标识 立面基底色/广告背景色/广告字体色
168连锁酒店	主体色 N6.75	墙面招牌	N2.5 N7 7.5Y 8/4 5G 2/2 2.5B 3/4 7.5R 4/12 7.5Y 6/2 / 7.5R 2/8 7.5YR 3/4 7.5PB 3/10 10PY 6/10 5G 2/4 N9.5 10Y 2/2	N9.5 10GY 3/6 2.5G 2/2 7.5R 3/10 7.5R 4/14 5R 4/8 / 7.5R 3/8 5G 3/6 5Y 5/4 7.5R 2/8 10RP 4/8 7.5Y 7/4	
		侧面招牌	N2.5 10YR 6/6	N9.5 7.5R 2/8	
益田假日世界	主体色 10GY 9/1	墙面招牌	10GY 9/1	N9.5 5PB 3/10	
		图形	5GY 6/4 N9.5	N9.5 N2.5	

图 5-111　广告面积占比为 10%～20%的商业建筑立面基底色与广告色彩现状构成分析图

者立面上图形类广告面积很大的单体类型的商业建筑，又或者沿中街这部分的立面上有较大图形类广告的综合体类型的商业建筑，这类建筑共有 7 栋；另一类就是招牌类广告与图形类广告数量均较多，同时图形类广告面积也较大的综合体类型的商业建筑，这类建筑共有 4 栋。

　　针对这类建筑的广告色彩特征结合图 5-112 可以看到：这部分建筑中，招牌类广告的色彩数量要多于图形类广告，但两者的规律性均较弱。广告背景色的数量和种类都多于字体色，因此其背景色的规律性也就不如字体色强。对于招牌类广告，从数量上看，其背景色中有彩色系与无彩色系数量相近，而字体色仍然是无彩色系数量高于有彩色系；从色彩趋向角度来看，招牌广告背景色中无彩色系规律并不明显，而有彩色系倾向于中低明度、中高彩度的暖色系，但对于字体色，首先倾向于高明度的无彩色系，其次为中低明度、高彩度的暖色系。对于图形类广告，从色彩数量上看，其背景色中有彩色系要多于无彩色系，字体色情况则相反。从色彩趋向角度来看，图形类广告背景色更趋向于高明度的无彩色系以及低彩度的暖色系；而字体色则首先倾向于高明度的无彩色系，其次是中低明度、高彩度的暖色系。虽然这类建筑的广告色彩有一定的倾向性，但它与建筑基底色的结合情况是否协调还需要进一步分析。

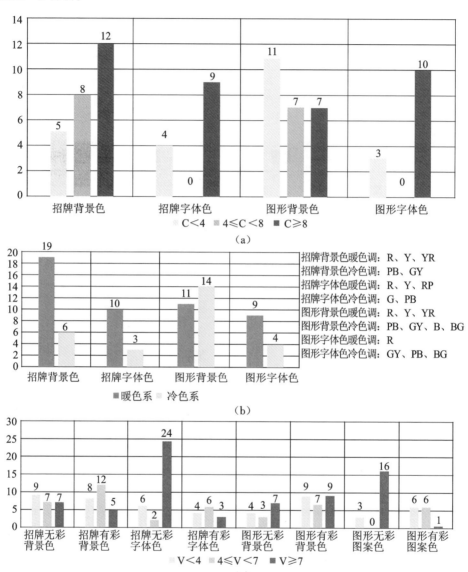

图 5-112　广告面积占比大于 20% 的商业建筑色彩统计分析图

（a）彩度计数；（b）色相计数；（c）明度计数

为了更直观清晰地表达色彩关系协调情况，在图 5-113 中将立面基底色、广告背景色、广告字体色按照原有商业的广告情况进行组合搭配后有如下发现。

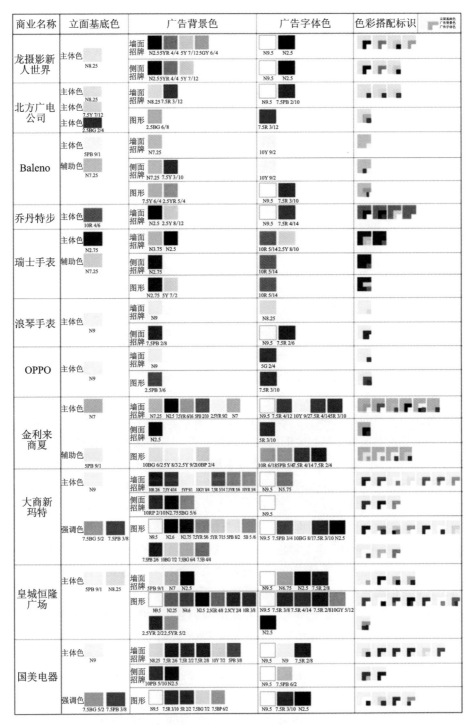

图 5-113 广告面积占比大于 20%的商业建筑立面基底色与广告色彩现状构成分析图

首先，从色彩的组成上来看，建筑基底色为无彩色系和灰色系的数量占到此类建筑的91%，且多为高明度，少部分为 R 类暖色系和 BG 类冷色系；对于广告色而言，总体来说暖色系（R、Y、YR）与高明度的无彩色系偏多，只有图形类广告色彩的有彩色系中冷色系（PB、BG、GY）偏多。

其次，从色彩的搭配上来看，当建筑基底色为高明度的无彩色系时，其广告背景色多为有彩色系或低明度的无彩色系，广告字体色多为高明度的有彩或无彩色系，所以对于单体类型的商业建筑而言，三者的关系为基底色与广告字体色相协调，又通过广告背景色形成对比关系。当一栋单体类型的商业建筑有多个有彩色系的广告时，若同为暖色系的广告，则广告之间多会通过彩度或色相形成弱对比，因此也就多以调和为主。若同时包含冷暖色彩，冷色系多存在于背景色中，且各个色彩在明度与彩度上相接近，并通过色相形成冷暖对比。

总体上，对于这类建筑来说，它们通过色相关系形成一定的协调性，通过明度与彩度形成对比关系；当少数建筑基底色为有彩色系或低明度的无彩色系时，广告字体色或背景色中会有一个为无彩色系，另一个为有彩暖色系，其色彩对比协调关系也与其他建筑相类似，所以建筑立面总体上多通过零度对比的方式进行调和，而广告内部通过色相进行对比，通过明度与彩度进行调和。

f. 胡同小巷商业建筑广告强调色特征。

为了更直观清晰地表达商业街胡同小巷广告色彩关系协调情况，结合图 5-114、图 5-115有如下发现。

首先，对于当前几条胡同小巷基底色来说，其色彩基调较为统一。一类是中明度无彩色系搭配低明度、高彩度的红色系；另一类为中明度无彩色系搭配高明度暖灰色系。这也就是说，在商业色彩种类最丰富的街道类型中，胡同小巷基底色仍然沿用历史传统色彩基调，并与商业街道的整体色彩基调相协调。

其次，从广告色彩组成上来看，对于广告背景色而言，存在部分胡同小巷广告背景色一致的现象，以中高明度、高彩度的有彩暖色系为主，且暖色色彩种类主要集中于 R、YR 色系两种，而无彩色系则主要集中于高明度色彩。对于广告字体色而言，无彩色系数量略多于有彩色系，有彩色系以色彩种类为 R、Y、YR 色系中高明度、高彩度的暖色系为主，而无彩色系仍集中于高明度色彩。

再次，从广告色彩搭配上来看，这几条胡同小巷广告色彩多以零度对比搭配形式为主，即广告背景色或字体色其中一项是明度为 9.5 的无彩色系，少数明度为小于 4 的无彩色系，而另一项则为有彩色系，同时官局子胡同广告背景色中无彩色系多一些，其余胡同小巷广告字体色中无彩色系多一些；当背景色与字体色都为有彩色系时，背景色多为 R 色系，字体色则多为 Y、YR 色系。

从总体上来说，这些胡同小巷广告色彩的色彩调和情况为：在整体色彩基调上，基底色与强调色都是通过固定的暖色色相基调和无彩色系与整条中街形成调和关系，再通过高彩度的有彩暖色系与整条街道形成鲜明对比，从而既增强胡同小巷活跃的色彩氛围，又与中街色彩环境相协调；从其内部色彩组成上来说，主要通过零度对比的搭配方式在明度上形成对比。

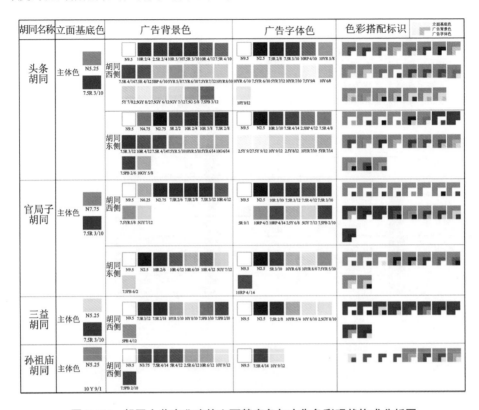

图 5-114　胡同小巷商业建筑立面基底色与广告色彩现状构成分析图

③售货亭设施色彩。

售货亭作为商业街中比较显著的商业装饰类设施，其色彩同样具有一定的诱目性，但即便如此，其色彩的选取与设计也应符合商业街的色彩氛围。通过对中街步行道路上的售货亭进行色彩调查与分析后发现，这部分设施的色彩具有一些明显的规律，结合这些规律将它们分成三个大类，分别是坡屋顶类色彩搭配售卖设施、平屋顶类色彩搭配售卖设施以及其他色系搭配售卖设施，如图 5-116 所示。

坡屋顶类色彩搭配售卖设施从色彩和设施风格上来说属于仿古风格——通过低矮的坡屋顶以及相近的黄红色系来延续沈阳故宫的历史文化特色，这些售货亭多分布于古今融合的中街步行街道上，数量较多，与其他的售货亭穿插分布。通过进一步研究，将色彩组成分成三个部分，即固有色彩组合、辅助搭配色彩、装饰点缀色彩。主体部分的固有色彩组合延续传统风貌，坡屋顶采用红黄色系与屋身外立面的红色系在明度和彩度上接近，均为中明度、高彩度，色相对比也较弱，总体上来说

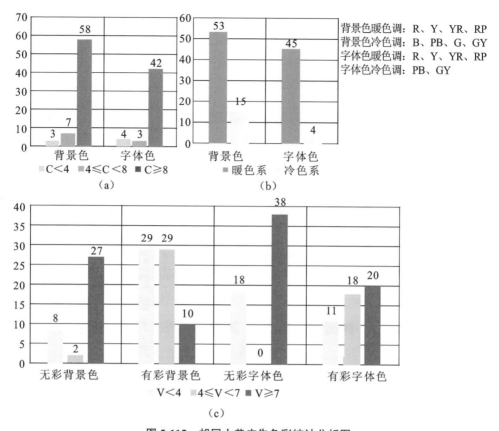

背景色暖色调：R、Y、YR、RP
背景色冷色调：B、PB、G、GY
字体色暖色调：R、Y、YR、RP
字体色冷色调：PB、GY

图 5-115　胡同小巷广告色彩统计分析图

（a）彩度计数；（b）色相计数；（c）明度计数

设施的基底部分属于类似调和的色彩搭配形式。 而对于这类设施而言，起到对比与强调作用的装饰点缀色彩主要为无彩色系与冷色系（PB、B）。 冷色系中的蓝色与蓝紫色色相和沈阳故宫的装饰色相接近，其明度相近，彩度有所不同，而无彩色系则主要通过明度差值形成对比。

平屋顶类色彩搭配售卖设施属于现代商业街的售卖设施形式，数量不多，穿插分布在古今融合商业街段上，在色彩搭配上部分延续了历史文化色彩，其中固有色彩组合中的红色系继续沿用，低明度、中彩度的蓝紫色系同红色系也包括在内。 就辅助搭配色彩而言，均为有彩色系，虽冷暖色皆有，但同样属于历史色系元素范畴，且它们的明度与固有色彩相近。 就装饰点缀色而言，它的组成部分主要通过高明度的无彩色系与主体设施形成对比。

其他色系搭配售卖设施虽然不符合以上两个固定搭配的色彩体系，但也有一定的规律可言。 这部分设施分成两小类，按照分布位置来看，位于正阳街—朝阳街的这部分设施外形风格仍然延续传统，但色彩搭配产生了变化，在 5D 影院和伴手礼专

售卖设施	实景图	色彩提取			
坡屋顶类色彩搭配售卖设施		固有色彩组合	辅助搭配色彩	装饰点缀色彩	色彩搭配类型
		■ 7.5R 4/14	■ N9	□ N9.5	
		■ 7.5YR 6/12	■ N2.5	■ 2.5PB 5/10	
			■ 7.5B 3/4	■ 7.5B 9/2	
			■ 2.5PB 5/6		
		售卖设施分布情况			
平屋顶类色彩搭配售卖设施		固有色彩组合	辅助搭配色彩	装饰点缀色彩	色彩搭配类型
		■ 7.5R 4/14	■ 2.5Y 6/8	■ N9.5	
		■ 7.5PB 2/6	■ 7.5BG 5/4	■ N9	
			■ 7.8PB 2/10		
			■ 5PB 3/6		
		售卖设施分布情况			
其他色系搭配售卖设施	实景图 色彩提取 主体色 ■ 5PB 2/4 辅助色 □ N9.5 ■ 7.5YR 6/12	实景图 色彩提取 主体色 ■ 7.5R 4/14 ■ 10GY 3/8 辅助色 □ N9.5	实景图 色彩提取 主体色 ■ 7.5Y 9/2 辅助色 ■ 10R 2/4 ■ 2.5B 3/4		
	实景图 色彩提取 主体色 ■ 7.5R 4/14 辅助色 □ N9.5	实景图 色彩提取 主体色 ■ 7.5BG 3/4 辅助色 □ N9.5	实景图 色彩提取 主体色 □ N9.5 辅助色 ■ N2.5		
	售卖设施分布情况				

图 5-116　售货亭设施色彩现状构成分析图

营店的色彩中，暖色系直接采用传统色系，冷色系是邻近色系中的黄绿色与蓝紫色，两者明度上相近，彩度对比较明显；时光照相馆这个设施的风格和主体色彩与近代建筑风貌形式相近，主体色采用暖灰色调，辅助色通过低明度、低彩度的红色系与蓝色系形成对比。 位于东顺城街—小什字街这部分现代街道的售卖设施则直接采用临时搭建的现代简易篷风格，色彩上搭配简单，但未完全脱离历史风貌色彩风格。

总体来讲，中街步行街道上的售卖设施色彩属于历史文化色彩的延续，因其主体色彩多采用艳丽的有彩色系，但这些设施的色彩组成具有一定特点和规律，因此这类设施既与周边基底色形成对比，又具有类似调和的色彩特征。

④雕塑装饰色彩。

雕塑是继售货亭外在商业街中具有明显装饰作用的又一大元素。在中街街道内部，雕塑极具诱目性，具有很明显的特征规律。雕塑按照特点分成三大类：组合类、入口类、单体类。这些雕塑的特征规律可以从分布区位、形式特征、色彩规律方面着手分析，如图 5-117 所示。

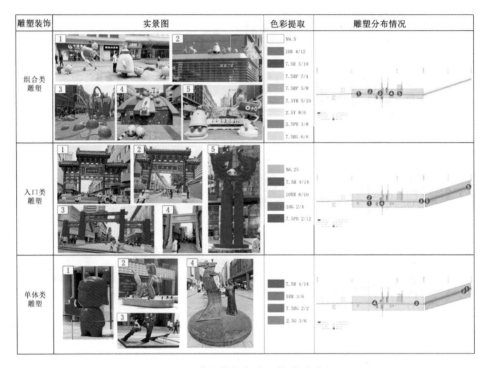

图 5-117　雕塑装饰色彩现状构成分析图

组合类雕塑的特点：统一分布在正阳街—东顺城街路段，由各类玩偶组成，或位于步行街中间，或依附在建（构）筑物上，且占有一定的空间。这些雕塑基本都是统一形式的玩偶，其中冰淇淋屋这个玩偶虽与其他玩偶形式不一样，但整体的色彩组合相同，以有彩色系为主，暖色系与冷色系采用的仍然是 R、YR、Y、RP、PB、BG 历史文化色系，而明度以差值较小的中明度为主，彩度多以高彩度为主。

入口类雕塑的特点：位于某一段街道的入口，起到标志识别的作用。正阳街—东顺城街路段的入口雕塑在色彩组成和形式上完全延续了历史文化的风格特征，即铜行胡同、汗王宫以及中街这三个入口雕塑牌采用的是沈阳故宫的形式风格。而孙祖庙胡同紧邻长江照相馆、何氏眼科等近代建筑，其形式与风格也同样如此，则采用近代风格，色彩以中明度的无彩色系为主。 在东顺城街和小什字街这两个现代街道的入口处设置了现代形式雕塑，色彩仍延续了历史风格的红色和红黄色系（YR、R）组合。

单体类雕塑的特点：由一种单体组成，按照古今风格分成两类。 位于正阳街到东顺城街路段的铜人雕塑风格相似，色彩一致，都由低明度、中低彩度的黄红色系和蓝绿色系（YR、BG）组成；位于小什字街附近的雕塑同样采用的是现代风格的玩偶形式、传统风格的色彩组成。

总体而言，这些雕塑在形式上通过几类明显的特征产生区别，在色彩上延续了文化色彩风貌，以有彩色系为主，与基底色产生对比的同时，自身又具有一定的规律性，符合类似调和的色彩特征，因此也给人以良好的视觉感受。

（3）标识引导色彩。

①标识引导色彩分析评价标准。

色彩不仅可以使标识引导设施在商业环境中凸显，也可以让标识引导设施融入环境，这取决于标识引导设施的色彩体系与商业环境色彩之间的对比是否强烈。 因此，这类体系的色彩选择要结合商业街的整体色彩风貌以及想要达到的视觉效果来进一步设计。 这类体系在环境中很容易出现种类繁多的色彩，所以体系内部的色彩搭配也十分重要，既对美观有影响，也容易影响传达的信息。 一般来说，色彩的色相、明度、彩度都可以产生强烈的对比，其中彩度越高、色相差距越大，越容易与环境形成对比，相反则更容易融入环境；明度要形成对比关系，差值应在 5 以上。所以判断标识引导色彩是否调和，需要结合其内部色彩搭配情况以及与环境的对比和融合关系情况进行分析。 下面重点介绍标识引导设施色彩。

②标识引导设施色彩。

结合现状调研分析后发现，中街的标识引导体系按照分布特点、色彩形式可以分成三大类，分别是历史文化信息类标识、现代公共管理类标识以及地铁交通类标识，如图 5-118 所示。

对于历史文化信息类标识，它们的色彩特征具有很强的规律性。 首先，这类标识设施全部位于西顺城街—东顺城街这段古今融合的商业街道。 其次，它们的色彩由无彩色系（N）与暖色系（R、YR、Y）这两类组成，其色彩的风貌趋向于历史文化的色彩风格。 然而从其体系内部色彩搭配情况来看，其一，当标识背景色为无彩色系，且它的明度值靠近高低两个端点处，则它与基底色形成明度对比关系，而其内部的字体色多由中低明度、中低彩度的黄红色系进行搭配，以此形成明度差值大于 4.5 的中强度的对比关系；若背景色为中明度的无彩色系，主要和基底色彩相融合，而相应搭配也为明度相近的色彩，从而形成明度差值小于 3.5 的弱对比关系。其二，当标识背景色为有彩色系时，其色相以低明度、中彩度的红色系（R）为主，所以它通过类比传统色彩风貌形式与周边基底色彩形成中强度的对比关系，而其内部的字体色由高明度、低彩度的黄色系（Y）或高明度的无彩色系（N）组成，且与

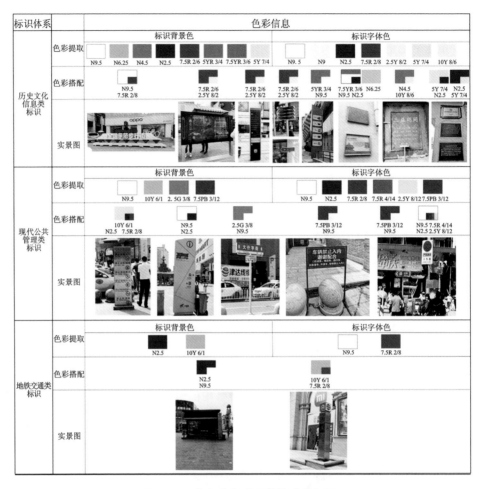

图 5-118　标识物色彩现状构成分析图

背景色在明度上的差值要大于 6，彩度差值大于 4，从而形成中强度的对比关系。但由于一类设施的背景色相近，总的来说，这类设施总体上相互融合，但与周边环境基底色彩形成弱对比关系。

对于现代公共管理类标识，它们的色彩也具有一定的特点。首先，它们都位于东顺城街—小什字街这段现代商业街道中。其次，有彩色系和无彩色系两类都有，总体来看，无彩色系主要为高低明度两种，有彩色系为低明度、高彩度的有彩色系（G、PB、YR、R），而有彩色系也多为公共生活空间中约定俗成的管理类固有色彩。其次，从各设施内部的色彩搭配情况来看，背景色多为低明度、高彩度的有彩冷色系和中高明度的无彩色系与灰色系，所以它们的背景色与周边环境从彩度与色相上都形成高强度的对比关系；而对于字体色而言，当背景色为有彩色系时，字体色为接近白色的无彩色系，形成了明度差值大于 6.5 的高强度的对比关系。当背景色为无彩色系或灰色系时，其字体色则以高彩度的有彩暖色系或接近黑色的无彩色系为主，从而形成明度差值大于 4、彩度差值大于 7 的高强度的对比关系。总体来说，这部分标识设施的色彩与周边环境和总体体系的对比融合情况类似，而它的色彩对比程度要更加显著。

对于地铁交通类标识而言，其内部色彩与其他两类并不相同，这类标识体系因地铁数量较多而形成，色彩构成较为简洁且融合。地铁交通类标识的背景色为黑色系与灰色系，黑色系与基底色形成明度对比，灰色系与基底色相融合；而字体色中，无彩色系通过明度形成强对比，有彩色系通过彩度形成强对比。

综上所述，中街的标识色彩会根据具体的形式而形成相应的搭配方式，而这些搭配方式中，仍然是明度和彩度形成程度不同的强弱对比，对比较弱时则与环境相互融合。但这些有彩色系与灰色系的色相种类仍然延续传统文化的色彩风貌，因此该类标识的色彩设置的视觉效果较为舒适。

4）沈阳市中街色彩存在的问题

通过对沈阳市中街商业街道的现状色彩情况进行调查与分类分析后，可较为明显地观察到各色彩体系总体色彩风貌倾向、不同搭配特征以及存在的问题。从色彩调和理论的角度来说，首先，基底总体色彩风貌以中高明度灰色系充当主体背景图底色彩，辅以中高彩度红色系，且在单体类型的商业建筑搭配上以类似调和的方式采用相似色相搭配为主，通过对比调和的方式分析相邻建筑色彩连续性差值关系，但在该色彩体系中会出现与其他色调不相调和的高明度、高彩度的跳跃性色彩。其次，强调总体色彩风貌以丰富的高明度、高彩度有彩暖色系来充当主体色，诱目性特征明显，在色彩搭配方式上在基底色、背景色与字体色三方面进行对比调和搭配，且胡同小巷色彩的鲜艳和色彩倾向程度高于主街，但在搭配中单体类型的商业建筑出现多个广告色彩中色彩三要素无任何协调方式或者协调过渡的现象。最后，标识引导总体色彩风貌明确，以中高明度无彩灰色系和红色系为主，在明度上形成鲜明对比，但仅限于传统街道，现代街道存在设施不完整、系统性不强的问题。

6

寒地城市色彩心理感知研究

6.1 牡丹江市横道河子镇色彩感知研究

6.1.1 研究背景

色彩是塑造城镇特色、展示文化内涵的重要表现，对新时期寒地小镇在城镇化浪潮中的转型发展具有重要的指导意义和现实意义。横道河子镇作为东北城镇发展的缩影之一，具有典型的历史文化特色与自然特色，其内部的历史建筑、铁路、河流、山体既是城镇空间格局的重要骨架，也是城镇色彩风貌的重要构成。上位规划是城镇发展建设的指引与依据，通过对《海林市横道河子镇总体规划（2010—2030年）》及《黑龙江省海林市横道河子镇历史文化名镇保护规划（2010—2030）》的规划解读可知，横道河子镇的性质为：以生态疗养、旅游服务为主的国家级历史文化名镇，建立"二轴、三区、多点"的景观体系架构。其中"二轴"指的是镇区内部的俄罗斯老街历史文化景观轴线以及横道河滨水休闲景观轴线。《黑龙江省海林市横道河子镇历史文化名镇保护规划（2010—2030）》提出了整体性、分层次保护的框架思路，通过划定核心保护范围、建设控制地带以及环境协调区域进行城镇历史建筑风貌引导与保护，如图6-1所示。

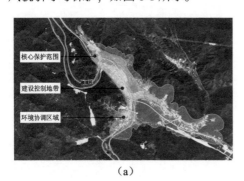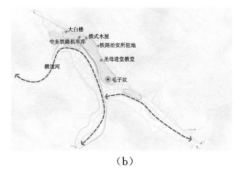

（a） （b）

图 6-1 横道河子城镇分析图

（a）建筑保护规划；（b）城镇发展结构

（图片来源：根据《海林市横道河子镇总体规划（2010—2030年）》重新绘制）

对小镇的色彩风貌而言，应充分结合城镇发展的需求对其予以良好的引导与设计，并对形象定位、风貌特色、空间结构等重要规划内容予以回应。通过梳理与筛选城镇人文与自然色彩，把握关键的影响因素，最终达到提升与优化城镇色彩风貌的目的。

6.1.2 色彩感知评价数据获取

1. 实验研究内容

1）实验区域

综合考量城镇物质要素分布情况，选择典型区域进行色彩整体层面的研究。 城镇拥有秀丽的山川美景与深厚的历史人文底蕴，除了从人文角度尽可能涵盖城镇历史人文景观，还应包含重要的自然要素。 由于历史保护建筑色彩不属于色彩规划的设计范围，应当选取具有色彩可操作空间的且属于城镇重要形象界面的作为区域研究范畴。 经过综合分析，最终选取城镇中心片区的历史风貌集中区、铁路沿线区域及横道河附近三个重要片区，如图6-2所示。 同时，为了保证实验效率，减少实验工作量，只对区域层面的现状色彩进行深入的研究分析，对街道层面进行色彩规划方案的前置研究。

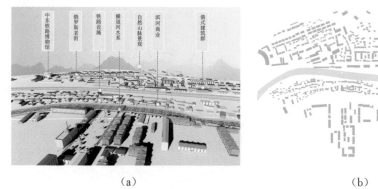

（a）   （b）

图6-2 实验区域模型概况

（a）整体环境效果；（b）实验片区肌理图

2）实验街道

街道作为人们活动交往的主要单元，其色彩品质对于城镇整体色彩风貌的塑造具有关键的作用。 经过实地调研分析并结合上位规划内容，选定城镇中心的三条具有典型性与可操作性的街道作为实验对象，这三条街道分别在风貌类型、物质要素构成方面都具有代表性。 对其街道进行长×宽、D/H值、曲折度（街道总长度/街道起止点的直线长度）、多层建筑线密度（多层建筑总数量/街道总长度）的客观数值在天地图上进行量定，实验街道概况如表6-1、图6-3所示。

表 6-1　实验街道概况

名称	走向	长×宽/米	D/H 值	曲折度	多层建筑线密度 /（幢/100 米）	所在区域	阴影区比例
河堤路广场附近	四周型	140×40	3.33	1.00	2.86	现代风貌区	适中
绥满路东西段	东西向	413×12	4.40	0.86	0.62	过渡风貌区	较高
绥满路南北段	南北向	209×8	2.67	1.01	1.43	核心风貌区	较低

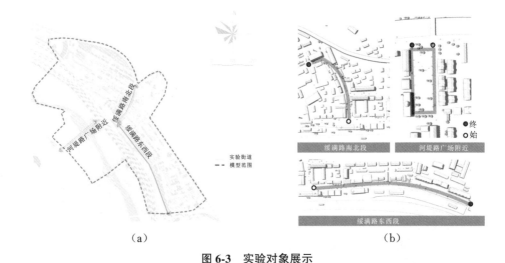

（a）　　　　　　　　　　　（b）

图 6-3　实验对象展示

（a）实验街道分布；（b）街区具体平面

（1）位于铁路与横道河南侧的河堤路广场附近。 片区南部为西山山脉和 G301 高速，具有商业服务、公共教育及居住等功能。

（2）绥满路东西段。 道路宽度为 12 米左右，范围从火车站西侧的附属用房直至东侧教堂附近的小高层居民区。 街道北侧有站前商业、派出所、教堂、俄式风情民居等，街道南侧是不连续的车站附属建筑，并与城镇的铁路线紧密相邻，街道具体特征信息见表 6-1。

（3）位于横道河子镇火车站北侧的绥满路南北段。 道路宽度为 8 米左右，街道东西两侧以商业功能为主，主要有百货商店、旅馆、厂区、俄式民居等。 街区实验范围南至火车站，北至 G10 高速公路附近。

由于街道走向及 D/H 值差异，街道阴影区占比情况也有所不同。 绥满路东西段的南侧建筑常年位于阴影区；绥满路南北段则根据太阳入射角变化，阴影区会在东西两侧呈现交替分布；河堤路广场附近的南侧建筑处于阴影区的时间比例较高，其次为东西两侧建筑，如图 6-4 所示。

图 6-4 实验区域光照分析

3）色彩环境

首先对研究街道的现状色彩环境进行整体分析。 如图 6-5、图 6-6 所示，选取的现状街道色彩总体呈现中明度、高彩度的色彩特征。 暖色调的色相主要分布在 Y～YR 色系，冷色调的色相分布在 GB～B 色系，色彩方案色彩环境在原本的色相分布基础上，扩展了 R～RP 色系的色彩取值范围，并提升了色彩的明度，增加了色彩的中高明度。

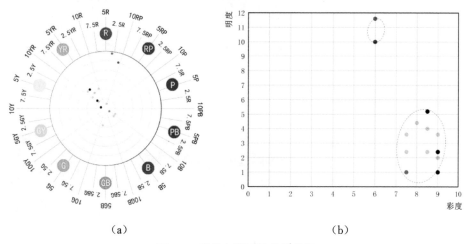

（a）   （b）

图 6-5 现状色彩环境总体分析

（a）色相-彩度分析；（b）明度-彩度分析

（1）河堤路广场附近。

如图 6-7 所示，现状色彩环境色相集中在 10YR～10RP，彩度集中在 7～9，营造了以高彩度、中高明度为主的色彩环境。 色彩方案色彩环境在原先的色彩选择基础上，增加了 RP～PB 的色彩，形成了以中低明度、高彩度为主的色彩环境。

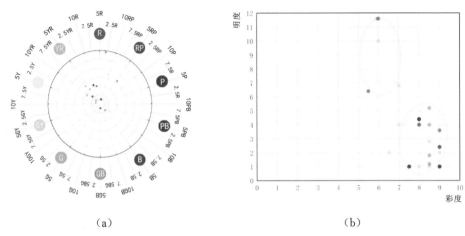

（a）　　　　　　　　　　　　　　　　　　（b）

图 6-6　色彩方案色彩环境总体分析

（a）色相-彩度分析；（b）明度-彩度分析

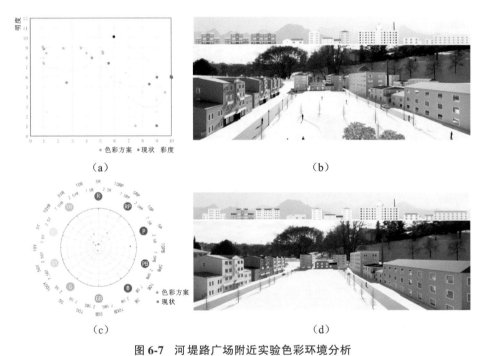

（a）　　　　　　　　　　　　　　　　　　（b）

（c）　　　　　　　　　　　　　　　　　　（d）

图 6-7　河堤路广场附近实验色彩环境分析

（a）明度-彩度分析；（b）现状色彩环境；（c）色相-彩度分析；（d）色彩方案色彩环境

（2）绥满路东西段。

如图 6-8 所示，现状色彩环境色相分布较为广泛，在以暖黄色调 YR 色系为主体色展现的基础上，还广泛分布了暖色调 RP 色系与冷色调的 GY、PB 色系等。 对现状色彩环境进行色相属性分析，从上述散点图中可以看出，绥满路东西段总体为以中明度、高彩度为主的暖色调街区环境。 由于街道南侧为城镇铁路线穿越区域，南侧建筑主要为不连续的商业住宅及交通附属设施建筑，建筑色彩较为统一，北侧的商业、公共服务及教堂建筑功能特色明显，建筑色彩也相对丰富。 色彩方案设计在现状的基础上做了较大调整，主要是相对集中调整了色彩的色相分布范围，增加了部分中低明度、中高彩度的色彩环境，最终形成了以中低明度、高彩度为主的暖色调环境。

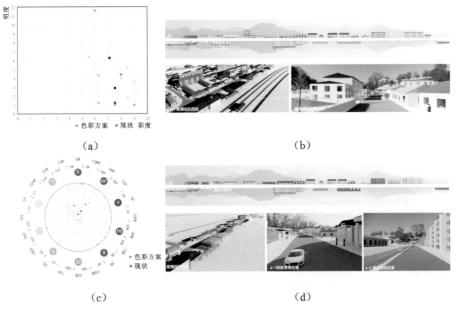

图 6-8　绥满路东西段实验色彩环境分析

（a）明度-彩度分析；（b）现状色彩环境；（c）色相-彩度分析；（d）色彩方案色彩环境

（3）绥满路南北段。

如图 6-9 所示，现状色彩环境以 YR、RP、GB 色系为主，受街道南北走向的

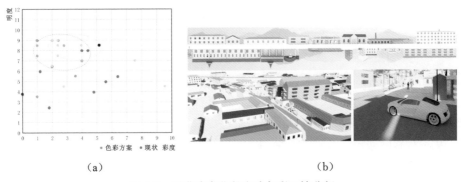

图 6-9　绥满路南北段实验色彩环境分析

（a）明度-彩度分析；（b）现状色彩环境；（c）色相-彩度分析；（d）色彩方案色彩环境

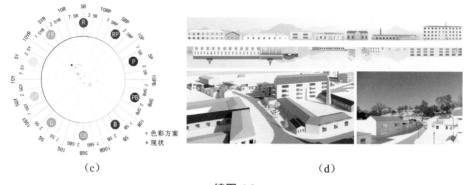

（c） （d）

续图 6-9

影响，街道阴影区占比较高，街道现状色彩环境以高明度、中低彩度的 Y、R 色系为主。 色彩方案实验的街道东侧降低了彩度，并增加了更多中高明度的冷色调色彩，形成了以中低彩度、高明度为主的暖色调环境。

综上所述，得出实验街道色彩风貌特征，如表 6-2 所示，作为后期实验数据研究的基础。

表 6-2   实验街道色彩风貌特征

名称	名称	街道色彩风貌特征
河堤路广场附近	现状	以高彩度、中高明度为主的暖色调
	色彩方案	以中低明度、高彩度为主的暖色调
绥满路东西段	现状	以中明度、高彩度为主的暖色调
	色彩方案	以中低明度、高彩度为主的暖色调
绥满路南北段	现状	以高明度、中低彩度为主的暖色调
	色彩方案	以中低彩度、高明度为主的暖色调

4）实验对象

受场地限制等因素的影响，实验人群主要为沈阳建筑大学在校师生，选取具备一定审美能力与表达能力的学生作为实验志愿者，且受试者视力与色觉均符合实验要求，如表 6-3 所示。 此外，在虚拟实验过程中，实验者瞳孔过小、视觉问题等多种原因会导致眼动轨迹的捕捉失败，因此实验召集了 54 名志愿者进行实验，提升整体结果的真实可靠性，其中建筑类有 45 人，其他专业有 9 人，男性 24 人，女性 30 人。 年龄差异及专业差异在后期实验结果影响分析中不予考虑，重点研究整体结果分析及男女色彩感知的差异。

表 6-3　实验人员情况一览表

实验人员	人数	平均年龄	身份	专业		
				建筑类	景观类	土木类
男生	24	23	在校生	20	3	1
女生	30	24	在校生	25	5	0

5）技术手段

本实验借助虚拟眼动跟踪技术及语义分析问卷，构建色彩感知的主客观评价体系。　其中语义分析问卷得到的数据指向性明确、问题点突出，充分尊重并体现了个体意识。　基于虚拟眼动跟踪技术获得了客观的眼动反馈数据，其特点是数据形式表现丰富、数据量庞大，更加关注受试者无意识的表达，两类数据可以互为检验，形成完整的城镇色彩评价。

2. 实验流程操作

研究使用的实验方法是虚拟眼动跟踪分析法和语义分析法。　虚拟眼动跟踪分析法通过眼动状态数据信息表达实验者对空间环境色彩的喜好偏向，得出不同色彩环境中人的差异化感知。　语义分析法主要针对受试者在实验过程中的主观感知进行信息收集。　眼动状态数据的局限在于生成的可视化数据没有针对性，无法精准判定人们在色彩环境中的具体心理变化，所以与语义分析法的结合非常有意义。

研究经过基础性研究工作，针对空间层面、街道层面、建筑层面的语义调查，初步筛选出整体层面、街道层面及具体建筑层面的语义评价因子，详细表格见附录C。　通过 Rhino 三维建模软件建立所研究区域内的城镇物质空间环境，作为虚拟现实语义问卷的评价基础。　受试者在实验过程中需要全程佩戴 VR（virtual reality，虚拟现实）头显设备，为了准确收集在虚拟环境中的感知数据，由设计人员实时询问完成语义问卷调查，如图 6-10 所示。

（a）
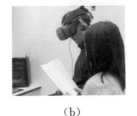
（b）

图 6-10　虚拟实验

（a）虚拟显示体验；（b）问卷询问场景

1）注意事项

为了提升后期数据分析的科学性及逻辑关联性，眼动跟踪与语义问卷需要同步进行数据采集。 应选择隔音与避光性良好的房间，关闭全部门窗，从而将外界噪声降至最低分贝，尽可能不分散受试者的注意力。 人的心理状态对实验结果有直接影响，设计人员需要时刻关注受试者的情绪反应，缓解受试者出现的紧张、不适的心理，创造舒适、放松的实验环境。

2）实验流程

正式实验过程主要分为以下几步。 首先，打开 Rhino 所建模型，在 Enspace 渲染插件中调节所需的寒地环境；其次，调整信号器后运行 VIVE Wireless、Steam VR 相关虚拟现实支持软件，穿戴头盔并手持智能手柄后进入 VR 等待空间；接着运行 ErgoLAB 3.0 软件，点击同步采集并同时选择 Tobii 与 Vive 虚拟现实眼动仪，在出现的记录属性对话框中标记被实验个体信息；在瞳孔位置找到最佳视点后开启虚拟现实眼动跟踪录屏；通过 Rhino 软件内部嵌入的 Enspace 渲染模块直接进入所建模型的虚拟环境中进行色彩体验，在色彩环境刺激中记录受试者的眼动状态；为了保证反馈信息的真实有效性，同步完成语义问卷调研。

3）设计初步实验

在正式实验开始前，为确定实验逻辑的可行性而设置初步实验（图 6-11）。 在同样的实验流程下选取具有较高色彩素养的 3~5 人进行初步检验。 实验地点主要是沈阳建筑大学天作 VR 虚拟实验室。 该房间隔音良好，外界干扰程度低。 初步实验也需要同步进行语义问卷调查与眼动跟踪记录，保证实验结果的完整性与科学性。

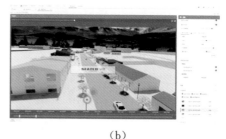

（a）   （b）

图 6-11　初步实验过程

（a）问卷同步调查；（b）眼动跟踪开启场景

初步实验得出以下结论。

①在 VR 实验与语义问卷调查同步进行，现状模型与对比模型是两个切换的场景的情况下，对于眼动跟踪仪器而言，需要每个受试者熟知实验流程，其中眼动校准、渲染等待调试是必不可少的步骤，导致前期准备实验的时间过长。 此外，虽然语义评价词汇是经过广泛调研提炼得出的，但在实践中的适应性还有待提升。 由于虚拟环境中人需要不断改变视角进行语义问卷的评价调查，每个层面的评价因子累积平均耗费 50 分钟左右，这对头部需要佩戴头盔的受试者而言极易产生身体疲劳与

视觉不适，对数据的真实有效性产生客观的影响。

②评价词对还需进一步优化。 由于在具体的实验中受试者很难在短时间内对大量细微区分的评价词语做出判断，例如对街道层面的有序的-无序的、连续的-跳跃的两个词对没有太大区别。 建筑层面的语义表达上也存在着诸多问题。 例如判断一栋建筑色彩是协调的还是杂乱的，当人身处于较为单纯的虚拟环境中时，在缺乏与周围建筑对比的情况下容易产生色彩感知迟钝，从而导致无法快速得出评价因子的程度数值。 此外，脱离周围环境而单独审视某一栋的建筑色彩，其评价数据的意义不大。 同时，如果详尽到实验中的每条街道的每栋建筑，工作量极大且对实验相关人员的身体素质要求极高，最终建筑层面数据采集到的数据也不太理想。 空间语义评价词汇使用方面，受试者在观看整体层面的城镇色彩时，普遍表示色彩空间感知难以做出准确的判断。 例如对空间层面的疏远的-亲切的、连续的-跳跃的等城镇空间词汇表达较迟钝，对于疏远感以及连续性普遍感知不足，在后续实验中需要进一步调整。

③从眼动可视化结果可以看出，视野中人物、汽车、座椅以及景观雕塑虽然起到尺度对比作用，但很容易被过多关注，以至于设计人员要主动进行干预，引导受试者进一步前进。 所以应筛掉除建筑外其他的过于跳跃的色彩，缩减物体数量并保持在合理视线范围内。 尤其对于道路上停留的汽车而言，应预留足够的行走空间，降低对受试者的视觉干扰。

4）实验问题调整

对初步实验出现的问题进行处理。 首要原则是保证语义分析问卷内容的精简性与实验过程的顺畅性，对虚拟眼动模块进行熟练操作，并准备实验告知书。 将色彩方案与现状放置于同一模型场景中进行实验，并将时间尽量缩短至 20 分钟。 调整的主要部分是语义分析问卷，将无法被快速理解的词汇转为其他词汇表达，并再次进行因子问卷调查，总计回收 35 份有效问卷，其中男性 18 人，女性 17 人，统计方法与初次筛选相同，最终筛选结果如表 6-4～表 6-6 所示。

在整体层面色彩评价因子中，男女普遍对安全的-危险的、美丽的-丑陋的、愉快的-厌恶的词汇存在较大感知差异，而在初步实验中普遍反映整体层面的空间感知不明显，难以对一个区域进行开阔的-狭窄的、连续的-跳跃的等进行详细的评价，最终经过问卷筛选，保留了空间层面的视觉感知与心理感知两个评价维度的 8 组色彩评价词汇，如表 6-5 所示。

表 6-4　整体层面的评价因子筛选结果

编号	勾选次数		平均勾选率		总勾选次数	总平均勾选频率
	男性	女性	男性	女性		
A12	10	10	55.56%	58.82%	20	57.14%
A13	12	13	66.67%	76.47%	25	71.43%

编号	勾选次数		平均勾选率		总勾选次数	总平均勾选频率
	男性	女性	男性	女性		
A15	8	10	44.44%	58.82%	18	51.43%
A17	4	6	22.22%	35.29%	10	28.57%
A22	4	6	22.22%	35.29%	10	28.57%
A23	11	12	61.11%	70.59%	23	65.71%
A24	3	5	16.67%	29.41%	8	22.86%
A25	2	5	11.11%	29.41%	7	20.00%
A28	8	6	44.44%	35.29%	14	40.00%
A29	11	13	61.11%	76.47%	24	68.57%
A30	11	11	61.11%	64.71%	22	62.86%
A31	10	9	55.56%	52.94%	19	54.29%
A36	4	4	22.22%	23.53%	8	22.86%
A37	10	10	55.56%	58.82%	20	57.14%
A39	3	6	16.67%	35.29%	9	25.71%

表 6-5 整体层面色彩评价的语义差别量表

类型	评价因子	正面形容词	非常好/强	比较好/强	一般好/强	既不好/强，也不差/弱	一般差/弱	比较差/弱	非常差/弱	负面形容词
			3	2	1	0	-1	-2	-3	
色彩视觉感知	温暖感	温暖的	☐	☐	☐	☐	☐	☐	☐	冰冷的
	明亮度	明亮的	☐	☐	☐	☐	☐	☐	☐	昏暗的
	鲜艳度	鲜艳的	☐	☐	☐	☐	☐	☐	☐	平淡的
色彩心理感知	柔和感	柔和的	☐	☐	☐	☐	☐	☐	☐	生硬的
	轻松感	轻松的	☐	☐	☐	☐	☐	☐	☐	压抑的
	传统感	传统的	☐	☐	☐	☐	☐	☐	☐	现代的
	优雅感	优雅的	☐	☐	☐	☐	☐	☐	☐	粗俗的
	丰富度	丰富的	☐	☐	☐	☐	☐	☐	☐	单调的

　　街道层面的评价因子筛选（表 6-6），在初步实验中，受试者普遍对开阔性的词对难以理解与表达，并普遍认为连续性与协调性存在极大的相似性，与问卷二次调研的结果相似。在心理感知层面，男女对安全度的理解存在较大争议，而且认为愉悦感与轻松度、活力性存在一定的相似性。通过进一步优化与筛选，在色彩视觉感知、色彩空间感知及色彩心理感知三个层面共选取了 8 个评价因子，如表 6-7 所示。

表 6-6　街道层面的评价因子筛选结果

编号	勾选次数		平均勾选率		总勾选次数	总平均勾选频率
	男性	女性	男性	女性		
A09	11	8	61.11%	47.06%	19	54.29%
A10	4	6	22.22%	35.29%	10	28.57%
A12	12	12	66.67%	70.59%	24	68.57%
A13	13	13	72.22%	76.47%	26	74.29%
A15	12	10	66.67%	58.82%	22	62.86%
A16	10	10	55.56%	58.82%	20	57.14%
A22	5	8	27.78%	47.06%	13	37.14%
A23	11	10	61.11%	58.82%	21	60.00%
A24	6	7	33.33%	41.18%	13	37.14%
A25	6	10	33.33%	58.82%	16	45.71%
A26	3	7	16.67%	41.18%	10	28.57%
A28	11	8	61.11%	47.06%	19	54.29%
A29	12	11	66.67%	64.71%	23	65.71%
A30	13	12	72.22%	70.59%	25	71.43%
A31	11	10	61.11%	58.82%	21	60.00%
A34	7	6	38.89%	35.29%	13	37.14%

表 6-7　街道层面色彩评价的语义差别量表

类型	评价因子	正面形容词	非常好/强	比较好/强	一般好/强	既不好/强，也不差/弱	一般差/弱	比较差/弱	非常差/弱	负面形容词
			3	2	1	0	−1	−2	−3	
色彩视觉感知	温暖感	温暖的	☐	☐	☐	☐	☐	☐	☐	冰冷的
	明亮度	明亮的	☐	☐	☐	☐	☐	☐	☐	昏暗的
	鲜艳度	鲜艳的	☐	☐	☐	☐	☐	☐	☐	平淡的
色彩空间感知	协调性	调和的	☐	☐	☐	☐	☐	☐	☐	突兀的
色彩心理感知	丰富度	丰富的	☐	☐	☐	☐	☐	☐	☐	单调的
	柔和感	柔和的	☐	☐	☐	☐	☐	☐	☐	生硬的
	轻松感	轻松的	☐	☐	☐	☐	☐	☐	☐	压抑的
	传统感	传统的	☐	☐	☐	☐	☐	☐	☐	现代的

　　具体建筑层面改变了语义问卷设置方式，转为在特定指向评价词下的建筑选取。针对初步实验过程中表现出建筑语义问卷的相关问题，这种细致化的表达能够

使得建筑评价精准到每栋建筑，增强评价的指向性与可信度。通过相关的词汇如最吸引的建筑和最温暖的建筑等描述，从整体的色彩环境中选取词汇相对应的建筑，借鉴城市色彩评价因子的分层结构模型，最终选取出 7 个评价因素，如表 6-8 所示。

表 6-8 具体建筑层面的评价因子筛选结果

评价因素	勾选次数		平均勾选率		总勾选次数	总平均勾选频率	建筑色彩评价词汇
	男性	女性	男性	女性			
色相（P1）	17	13	94.44%	76.47%	30	85.71%	温暖的还是冰冷的
明度（P2）	12	16	66.67%	94.12%	28	80.00%	明亮的还是昏暗的
彩度（P3）	13	13	72.22%	76.47%	26	74.29%	最鲜艳的建筑
注目性（P3）	14	15	77.78%	88.24%	29	82.86%	最注目的、吸引的
协调性（P5）	11	16	61.11%	94.12%	27	77.14%	最突兀的建筑
连续性（P6）	10	10	55.56%	58.82%	20	57.14%	
开阔性（P7）	5	5	27.78%	29.41%	10	28.57%	
传统感（P8）	12	12	66.67%	70.59%	24	68.57%	传统的、现代的还是沉稳的
丰富度（P9）	10	10	55.56%	58.82%	20	57.14%	
活力性（P10）	10	10	55.56%	58.82%	20	57.14%	
愉悦感（P11）	10	9	55.56%	52.94%	19	54.29%	
新旧感（P12）	14	11	77.78%	64.71%	25	71.43%	崭新的还是破旧的
柔和感（P13）	7	10	38.89%	58.82%	17	48.57%	
轻松感（P14）	7	6	38.89%	35.29%	13	37.14%	
安全度（P15）	5	6	27.78%	35.29%	11	31.43%	
格调度（P16）	6	6	33.33%	35.29%	12	34.29%	
简洁性（P17）	3	13	16.67%	76.47%	16	45.71%	
亲近感（P18）	4	6	22.22%	35.29%	10	28.57%	
美感（P19）	4	4	22.22%	23.53%	8	22.86%	
舒适性（P20）	4	4	22.22%	23.53%	8	22.86%	

总的来说，在实验前期准备中对设备仪器的熟练操作以及眼动视点调整是比较关键的两部分。在具体的实验过程中，如何更加合理引导人们轻松地感知色彩空间并能准确地对语义问卷做出评价还需要思考更多细节。

6.1.3 色彩感知评价数据分析

1. 虚拟眼动可视化分析

1）有效数据筛选分析

首先基于实验个体的平均瞳孔直径对虚拟眼动收集的数据进行筛选。眼动实验总计收集到41份眼动数据（图6-12），剔除3份小于1.5毫米的瞳孔异常的数据，最终得到38份眼动状态有效数据，但有的数据还存在记录不完整现象，存在有效、无效记录并存的样本，具体有效数量以后续各实验内容统计分析为准。

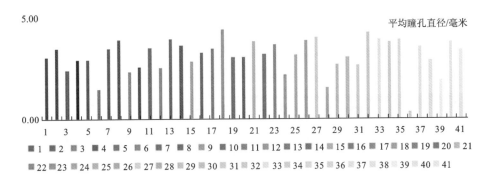

图 6-12　受试者平均瞳孔直径数据

在有效的眼动跟踪记录时间内获取眼动可视化数据（图6-13）。由于人在三维空间中所处位置以及视点都在不断发生变化，最终呈现的结果是立体的、环绕的，而不是平面的、可叠加的。色彩方案实验与现状实验均放置在同一实验环境中，因此最终获取的总的数据信息包含了色彩方案与现状两个实验结果，呈现的热点图或轨迹图等虚拟数据指向性不明确。由于受试者的实验时间长短不一，如时间记录分布图，大部分实验时间为20～30分钟。综合上述因素，需要人工进行数据可视化的选取。

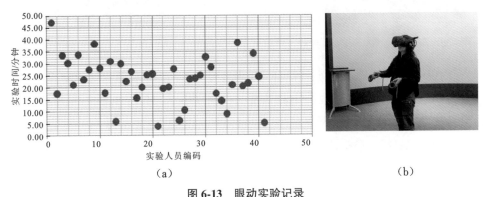

图 6-13　眼动实验记录

（a）记录时间分布；（b）受试者体验

2）宏观视角

设置宏观俯瞰视角给受试者一个初步的整体色彩印象。借助 ErgoLAB 人机环境同步平台的 I-VT 注视点提取算法（第4章中有详细介绍），将庞大的眼动状态数据转变为直观的热点图及轨迹图。

（1）眼动热点图。

其中红色区域表示注视点较多，是人们注视最多的区域，黄色区域次之，绿色区域表示最少注视的区域。 这种色彩区分的可视化图示可以明显看出人们认知活动规律，具体分析如下。

①如图 6-14 所示，建筑造型能吸引更多的关注度，鲜艳色彩主要占据首要注视点，在自然要素附近，人们对山水自然环境的关注更多。

图 6-14　整体层面热点图

②如图 6-15 所示，城镇内部的高彩度、中高明度区域，注视点分布较多。 对于城镇色彩秩序性与等级性不明显的区域，注视点分布较为混乱。 色彩饱和度较高的建筑热点图呈现出点状不连续分布的形式，而中低彩度区域的热点图呈现较为连续的分布形式。 这是因为高彩度容易导致视线跳脱，引发大量的眼跳以及平滑尾随行为。

图 6-15　街道层面俯瞰视角热点图

③如图 6-16 所示，眼动的注视行为更容易发生在相似的建筑形体之间，对于具有历史特色建筑的注视行为，随着建筑位置而呈现出不同分布规律。 图 6-16（a）说明历史建筑分布比较分散的区域呈现点状分布的热点图；图 6-16（b）说明了当环境要素中存在自然水系和建筑及开敞空间时，人眼被高彩度的建筑吸引较多，其次为水系和开敞空间；图 6-16（c）说明历史建筑分布集中的区域呈现面状的热点图；图 6-16（d）说明区域出现了色彩对比强烈的建筑时，受试者会格外关注色彩反差较大的建筑，其次为城镇铁路、公路等其他构筑物。

（2）眼动轨迹图。

眼动轨迹图可以直观地反映受试者在色彩环境中的注视点位置、注视时间等信息。 其中圆圈半径大小表示的是注视时间长短，直线轨迹是注视点变动过程，从轨迹数据中可以快速得出受试者的眼动状态特征并进行深入的行为研究与分析。

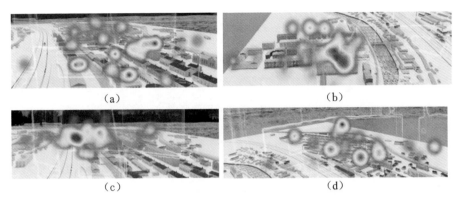

图 6-16　具体建筑层面俯瞰视角热点图

①如图 6-17 所示，当视线中存在水体、山体等体量庞大且特征突出的自然要素时，会吸引较多的视线较长时间停留。从眼动轨迹图也可以看出，目光的首次注视点也出现在水体环境附近，人的视线也是围绕着山水环境附近进行认知搜索的，表现出受试者对于自然要素的关注与好奇。

图 6-17　水体环境眼动轨迹图

②对于色相较多的区域，眼动轨迹多呈现交织复杂状态，如图 6-18（a）所示，对于色彩相似度及调和度良好的区域，眼动轨迹则多为面状呈现，无明显的跳跃点，如图 6-18（b）所示。此外，在眼动注视过程中，趋于寻找相似的色彩作为下一次停留的眼动注视点［图 6-18(b)］。

图 6-18　色相较多的区域俯瞰眼动轨迹图

③如图 6-19 所示，高彩度建筑、山体背景、铁路构筑物等容易引发更多的眼跳行为，说明人们在城镇色彩的感知过程中不仅关注城镇建筑主体，还对周围的物质构成要素，如山体背景、自然水系及大型铁路交通等设施的关注度较高。

图 6-19　俯瞰眼动轨迹图

3）微观视角

色彩在人们日常活动中占据了主要的视野范围，微观视角主要从街道色彩感知以及建筑对比中进一步细微感知色彩环境。实验中研究了三条街道的色彩现状，并通过调整建筑色彩形成了三组色彩方案。

（1）河堤路广场附近。

①河堤路广场附近现状。

如图 6-20 所示，由于人眼在广场区域内观察建筑的距离相对较远，对广场西侧的注视区域主要集中在建筑穹顶、烟囱、屋顶等，对建筑立面的关注度较少。

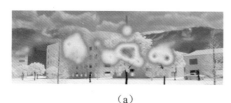

（a）　　　　　　　　　　　　　　　　（b）

图 6-20　河堤路广场西侧现状眼动可视化

（a）眼动热点图；（b）眼动轨迹图

如图 6-21 所示，广场南侧的注视区域集中在红色屋顶、蓝色屋顶、多层米黄色建筑及旁边的红色居民楼建筑，注视的范围较为集中，同时对建筑的背景色彩也有所关注。

（a）　　　　　　　　　　　　　　　　（b）

图 6-21　河堤路广场南侧现状眼动可视化

（a）眼动热点图；（b）眼动轨迹图

如图 6-22 所示，广场东侧为建筑风格一致的居民楼，受试者在居住街道行走时重点关注的是二层左右的建筑色彩，由于色彩风貌一致，眼动热点图与眼动轨迹图均呈现面状分布的形式。

（a）　　　　　　　　　　　　（b）

图 6-22　河堤路广场东侧现状眼动可视化

（a）眼动热点图；（b）眼动轨迹图

②河堤路广场附近色彩方案。

如图 6-23 所示，在色彩方案的广场西侧，人眼视觉关注的要素与现状基本无差别，还是建筑穹顶、烟囱及屋顶等，但是关注时长分布较为均匀，建筑的等级秩序性稍有不足。

（a）　　　　　　　　　　　　（b）

图 6-23　河堤路广场西侧色彩方案眼动可视化

（a）眼动热点图；（b）眼动轨迹图

如图 6-24 所示，色彩方案实验组南侧的关注点相对于现状实验组更为密集，且受旁边建筑影响，关注点的轨迹发生了跳跃的变化，主要关注米黄色多层建筑及底层橙黄建筑。

（a）　　　　　　　　　　　　（b）

图 6-24　河堤路广场南侧色彩方案眼动可视化

（a）眼动热点图；（b）眼动轨迹图

如图 6-25 所示，色彩方案实验组对东侧建筑关注最多的是中间的红色系建筑，关注的区域以建筑屋顶附近为主，并对建筑整体的色彩也有一定的认知与关注。

（a）　　　　　　　　　　　（b）

图 6-25　河堤路广场东侧色彩方案眼动可视化

（a）眼动热点图；（b）眼动轨迹图

（2）绥满路东西段。

①绥满路东西段现状。

从人在街道界面的感知高度上来分析。 街道层面俯瞰视角现状眼动轨迹图如图 6-26 所示，人在虚拟的实验环境中，主要详细观察建筑二层以下区域，虽然也会涉及建筑坡屋顶及三层以上的区域，但都被大概略过，没有进入更为细致的、长时间的探索。

图 6-26　街道层面俯瞰视角现状眼动轨迹图

如图 6-27 所示，根据绥满路东西段现状的眼动数据分析得出在火车站站前视角最关注的建筑，首先被感知的就是色彩艳丽的建筑及街道尽头的多层民居建筑。 街道中彩度及色相反差较大的建筑周围会得到更多的关注。 烟囱、招牌等得到了一定程度关注，随着体量感知增强，注视停留的时间变长。

绥满路东西段现状街道以米黄为主体色、白色为辅助色构成了较协调的色彩风貌，如图 6-27 所示，当建筑区域的色彩环境协调一致时，会产生更均匀的视线分布。 如果出现其他反差较大的色彩，如图 6-28 所示，会有跳跃的关注视点出现。同时，从上述两种情况的注视点热点图分布情况来看，街道中建筑秩序性及标示建筑的凸显性存在不足。

②绥满路东西段色彩方案。

该色彩方案在原先的色彩基础上提升了色彩的彩度，增加了其他相似及互补的色彩。 除去与现状相似的眼动可视化反馈数据，其数据结果的差异性具体分析如下。

（a）　　　　　　　　　　　　　　　　　　（b）

图 6-27　绥满路东西段现状眼动可视化

（a）眼动热点图；（b）眼动轨迹图

（a）　　　　　　　　　　　　　　　　　　（b）

图 6-28　具体建筑层面俯瞰视角现状眼动可视化

（a）眼动热点图；（b）眼动轨迹图

如图 6-29 所示，街道以中高彩度、低明度的暖色系为主时，虽然首要注视点是暖色系的历史建筑，但从视觉关注的时间上来说，视觉停留较多的是数量不多的冷色调建筑，这是因为视觉会自然寻找与其对应的补色进行色彩平衡，从而提高视觉的舒适性。

（a）　　　　　　　　　　　　　　　　（b）

图 6-29　冷、暖色系建筑的眼动可视化分析

（a）眼动热点图；（b）眼动轨迹图

如图 6-30 所示，街道中明度、高彩度的低层建筑比中明度、中彩度的多层建筑更容易被关注到，彩度仍是影响人们关注度的第一要素。但多层建筑的关注时间长。此外，人们在色彩环境注视中对邻近色与相似色会顺序注视。

（a）　　　　　　　　　　　　　　　　（b）

图 6-30　中、高彩度建筑的眼动可视化分析

（a）眼动热点图；（b）眼动轨迹图

（3）绥满路南北段。

①绥满路南北段现状。

根据图 6-31 可初步分析得出：现状街道关注度最高的是艳红色多层建筑，其次为老街山货等红黄色系的历史建筑，火车站历史建筑在此环境中的凸显性与标示性不足（热点图与轨迹图）。此外，小尺度规模的街道界面中，受试者对店招牌、屋顶、门窗等建筑细部构成要素也产生了一定的认知与关注。

②绥满路南北段色彩方案。

如图 6-32 所示，色彩方案通过降低原本高彩度的建筑，提升了火车站标志性建筑的关注度。建筑的首要关注要素以暖色调建筑为主。

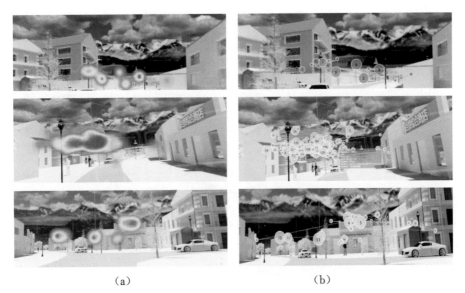

（a）　　　　　　　　　　　　　（b）

图 6-31　绥满路南北段现状眼动可视化分析

（a）眼动热点图；（b）眼动轨迹图

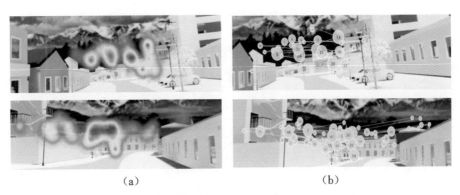

（a）　　　　　　　　　　　　　（b）

图 6-32　绥满路南北段色彩方案眼动可视化分析

（a）眼动热点图；（b）眼动轨迹图

　　如图 6-33 所示，高彩度的屋顶色彩能够产生长时间的视觉停留，人们对屋顶、建筑标识、建筑背景环境等出现了一定的关注。

　　综合分析可知，当城镇色彩过于跳脱、突兀时，眼动行为也会随之发生改变，且与整个环节的联系性减弱；当整个色彩风貌较为协调时，自然与人工色彩的联系增强。

2. 眼动数据方差分析

　　为了进一步明确实验内容中的数据，还需要主动进行筛选和提取。首先为了排

图 6-33　绥满路南北段色彩方案区域中部俯瞰视角热点图

（a）眼动热点图；（b）眼动轨迹图

除虚拟实验结果中性别因素对眼动指标的影响，在对不同色彩环境展开更进一步的分析前需要研究性别对眼动状态的影响。通过单因素 ANOVA 分析，得到以下结论。

1）河堤路广场附近

现状实验组总计收到 36 份有效眼动记录，其中女性群体 21 份，男性群体 15 份。通过方差分析（表 6-9）可以看出各眼动指标数据 Sig. 数值均大于 0.05，因此在河堤路广场现状环境中性别因素对眼动指标数据的结果影响不大。

表 6-9　河堤路广场各眼动分析 (现状)

项目	总平方和 （ sum of squares ）	自由值 （ df ）	自由平方和 （ mean square ）	检验的值 （ F ）	显著性水平 （ Sig. ）
注视频率	0.632	1	0.632	2.312	0.138
注视时间比重	0.013	1	0.013	1.147	0.292
注视时间	1398.047	1	1398.047	0.176	0.677
眼跳时间	2.362	1	2.362	0.001	0.978
眼跳时间比重	0.005	1	0.005	0.987	0.328
眼跳频率	19.071	1	19.071	3.904	0.056

色彩方案实验组总计收到 31 份有效眼动记录，其中女性群体 18 份，男性群体 13 份。通过方差分析（表 6-10）可以看出各眼动指标数据的 Sig. 数值均大于 0.05，因此在河堤路广场附近色彩方案环境中的眼动指标数据结果分析上也排除性别因素影响。

表 6-10　河堤路广场各眼动分析（色彩方案）

项目	总平方和 （sum of squares）	自由值 （df）	自由平方和 （mean square）	检验的值 （F）	显著性水平 （Sig.）
注视频率	0.945	1	0.945	4.453	0.054
注视时间比重	0.006	1	0.006	0.502	0.484
注视时间	6711.212	1	6711.212	2.383	0.134
眼跳时间	1115.472	1	1115.472	1.041	0.316
眼跳时间比重	0.000	1	0.000	0.010	0.921
眼跳频率	16.529	1	16.529	3.221	0.083

2）绥满路东西段

现状实验组总计收到 28 份有效眼动记录，其中男性群体 12 份，女性群体 16 份。通过方差分析（表 6-11）可以看出现状实验组的各眼动指标数据 Sig. 数值除注视时间比重外均大于 0.05，因此在绥满路东西段的现状环境中性别因素对于眼动指标数据的结果影响不大。

表 6-11　绥满路东西段各眼动分析（现状）

项目	总平方和 （sum of squares）	自由值 （df）	自由平方和 （mean square）	检验的值 （F）	显著性水平 （Sig.）
注视频率	0.007	1	0.007	0.020	0.887
注视时间比重	0.067	1	0.067	4.816	0.037
注视时间	339.188	1	339.188	0.106	0.747
眼跳时间	2381.660	1	2381.660	1.391	0.249
眼跳时间比重	0.021	1	0.021	3.732	0.064
眼跳频率	9.855	1	9.855	2.554	0.122

色彩方案实验组与现状实验组一致，均有男性群体 12 份，女性群体 16 份。通过方差分析（表 6-12）可以看出各眼动指标数据的 Sig. 数值均大于 0.05，因此在色彩方案环境中的眼动指标数据结果分析上也排除性别因素影响。

表 6-12　绥满路东西段各眼动分析（色彩方案）

项目	总平方和 （sum of squares）	自由值 （df）	自由平方和 （mean square）	检验的值 （F）	显著性水平 （Sig.）
注视频率	0.045	1	0.045	0.134	0.718
注视时间比重	0.049	1	0.049	2.766	0.109
注视时间	17468.986	1	17468.986	1.191	0.286

项目	总平方和 （sum of squares）	自由值 （df）	自由平方和 （mean square）	检验的值 （F）	显著性水平 （Sig.）
眼跳时间	297.809	1	297.809	0.146	0.706
眼跳时间比重	0.014	1	0.014	1.720	0.202
眼跳频率	6.090	1	6.090	1.070	0.311

3）绥满路南北段

现状实验组总计收到问卷 32 份，其中男性群体 14 份、女性群体 18 份。 表 6-13 可以看各眼动指标数据的 Sig. 数值除注视时间比重外均大于 0.05，因此在后期数据分析上可以排除性别因素影响。

表 6-13　绥满路南北段各眼动分析（现状）

项目	总平方和 （sum of squares）	自由值 （df）	自由平方和 （mean square）	检验的值 （F）	显著性水平 （Sig.）
注视频率	0.013	1	0.013	0.038	0.846
注视时间比重	0.063	1	0.063	4.812	0.036
注视时间	457.581	1	457.581	0.171	0.682
眼跳时间	4198.888	1	4198.888	3.327	0.078
眼跳时间比重	0.022	1	0.022	3.739	0.063
眼跳频率	10.914	1	10.914	2.796	0.105

色彩方案实验组总计收到 31 份有效记录，其中男性群体 14 份、女性群体 17 份。 表 6-14 可以看出各眼动指标数据的 Sig. 数值均大于 0.05，因此后续数据分析上可以排除性别因素影响。

表 6-14　绥满路南北段各眼动分析（色彩方案）

项目	总平方和 （sum of squares）	自由值 （df）	自由平方和 （mean square）	检验的值 （F）	显著性水平 （Sig.）
注视频率	0.000	1	0.000	0.000	0.989
注视时间比重	0.028	1	0.028	1.875	0.181
注视时间	1346.568	1	1346.568	0.393	0.536
眼跳时间	2177.325	1	2177.325	0.612	0.440
眼跳时间比重	0.011	1	0.011	1.747	0.197
眼跳频率	5.146	1	5.146	1.077	0.308

综合上述各实验内容的方差分析，可以发现性别因素对眼动指标数据的记录无显著的影响，在后期数据的整理分析中可以进行整体的分析。

4）眼动指标数据分析

在明确无性别因素影响的情况下，对上述有效数据展开总体统计与分析（表6-15）。通过对眼动实验数据进行注视与眼跳指标的分类统计分析，得出三条街道的现状与色彩方案的眼动状态数据平均值，并对导出的注视及眼跳两种关键的行为因素利用 SPSS 等统计软件进行详细的层次性分析与解读，从而展开人类行为活动的研究。

表 6-15　眼动数据指标表

名称		总时间/秒	注视次数	注视频率/（次/秒）	注视时间/秒	注视时间比重	眼跳次数	眼跳频率/（次/秒）	眼跳时间/秒	眼跳时间比重
河堤路广场附近	色彩方案	240.37	334.94	1.49	97.93	39.22%	1226.68	5.65	85.54	36.57%
	现状	302.83	425.22	1.46	122.69	38.60%	1517.94	5.59	109.70	37.86%
绥满路南北段	色彩方案	271.01	364.13	1.49	108.85	41.06%	1339.68	5.57	99.23	36.18%
	现状	240.44	374.06	1.61	95.61	39.87%	1319.09	5.79	88.79	37.08%
绥满路东西段	色彩方案	282.43	402.11	1.55	135.03	45.16%	1263.63	5.18	86.49	31.93%
	现状	250.33	402.18	1.70	113.07	45.26%	1291.86	5.53	83.59	33.13%

注视频率：从表6-15可以看出，河堤路广场附近色彩方案实验的平均注视频率是1.49，现状实验中平均注视频率为1.46，色彩方案实验环境要比现状实验环境更吸引目光停留；绥满路南北段色彩方案实验平均注视频率为1.49，现状实验平均注视频率为1.61，绥满路东西段色彩方案实验平均注视频率为1.55，现状实验平均注视频率为1.70。

注视时间比重：从表6-15可以看出，河堤路广场附近现状实验注视时间比重低于色彩方案实验，差值为0.62%；绥满路南北段现状实验注视时间比重也低于色彩方案实验，差值为1.19%；绥满路东西段现状实验注视时间比重要略高于色彩方案实验，差值为0.1%。

眼跳频率：从表6-15可以看出，河堤路广场附近色彩方案实验眼跳频率高于现状实验，差值为0.06；绥满路南北段现状实验眼跳频率高于色彩方案实验，差值为0.22；绥满路东西段现状实验眼跳频率高于色彩方案实验，差值为0.35。

眼跳时间比重：从表6-15可以看出，河堤路广场附近现状实验眼跳时间比重高于色彩方案实验，差值为1.29%；绥满路南北段现状实验眼跳时间比重高于色彩方案实验，差值为0.9%；绥满路东西段现状实验眼跳时间比重高于色彩方案实验，差值为1.2%。

各色彩环境眼跳频率与注视频率对比、各色彩环境眼跳时间与注视时间对比、各色彩环境眼跳时间比重与注视时间比重对比分别如图6-34～图6-36所示。

由上述分析总体可知,在暖色调的城镇环境中,街道的整体的彩度感知对注视频率影响较小,明度感知的变化对注视频率及眼跳频率的影响较大。

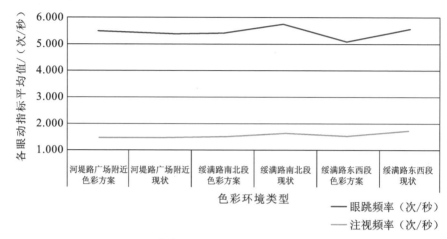

图6-34 各色彩环境眼跳频率与注视频率对比

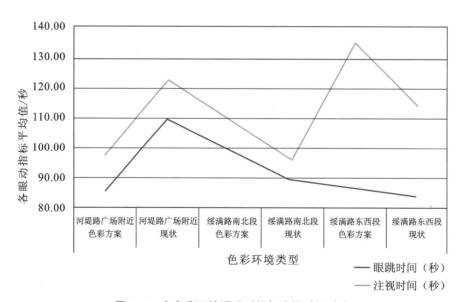

图6-35 各色彩环境眼跳时间与注视时间对比

3. SD评价结果分析

1)数据修正

在具体的实验过程中,受试者可能会因个人因素导致主观评价结果有所偏颇,

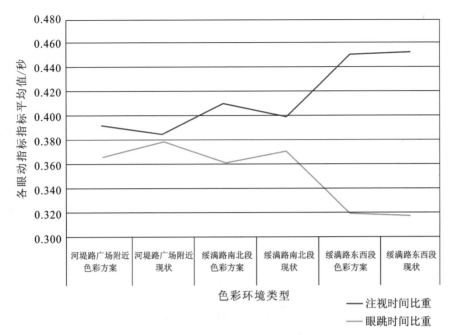

图 6-36　各色彩环境眼跳时间比重与注视时间比重对比

这时便可以借助眼动跟踪的客观数据对语义评价指标进行个体差异性修正，修正数值上下浮动±1。 例如在受试者给出中等评价，但眼动状态数据显示对色彩关注度以及关注频率较高时，可以适当提升评价因子的程度数值。 相反，如果受试者的关注度与语义尺度存在误差，可以适当降低受试者给出的评价数值。

2）性别因素分析

再次对男女性别与语义评价因子进行因素 ANOVA 分析，得到以下结论：从表 6-16 中可以看出，轻松感、明度等 8 项评价因子与性别因素之间的显著性 Sig.值均大于 0.05，可以得知性别因素在语义主观问卷评价的结果中影响不明显，在后续的数据分析中可以剔除性别因素影响。

表 6-16　ANOVA 分析结果

项目	总平方和 （sum of squares）	自由值 （df）	自由平方和 （mean square）	检验的值 （F）	显著性水平 （Sig.）
轻松感	1.241	1	1.241	0.906	0.342
明度	0.397	1	0.397	0.392	0.532
柔和感	5.016	1	5.016	2.676	0.104
彩度	0.325	1	0.325	0.194	0.66
丰富度	0.892	1	0.892	0.516	0.474

项目	总平方和 （sum of squares）	自由值 （df）	自由平方和 （mean square）	检验的值 （F）	显著性水平 （Sig.）
传统感	0.485	1	0.485	0.173	0.678
协调性	6.094	1	6.094	3.166	0.077
色相	0.024	1	0.024	0.039	0.844

3）整体层面色彩评价

整体色彩空间是重要的色彩印象来源，也是城镇色彩评价的重要基础。 实验中由于时间、人力等因素限制，只对现状整体层面的城镇色彩展开实验研究。 如表6-17所示，现状整体层面的 SD 评价结果的平均总分为 6.15。 将色彩心理感知与色彩视觉感知相比，可以明显看出城镇总体环境在色彩心理感知方面营造不足，缺乏传统感、轻松感以及优雅感，没有体现出良好的氛围；色彩视觉感知整体较为强烈，色彩鲜艳度数值较高，明亮度其次，温暖感缺乏。

表 6-17　整体层面 8 个评价因子 SD 得分表

色彩心理感知					色彩视觉感知		
轻松感	优雅感	传统感	柔和感	丰富度	鲜艳度	温暖感	明亮度
0.25	0.38	0.36	0.56	1.65	1.2	0.82	0.93
综合平均分：0.39					综合平均分：1.15		

此外，如图 6-37 所示，整体层面的丰富度得分最高（1.65），其次为鲜艳度（1.2），轻松感得分最低（0.25），温暖感与明亮度相似，优雅感与传统感相似。

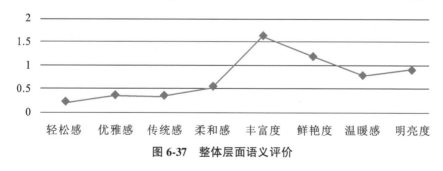

图 6-37　整体层面语义评价

4）街道层面色彩评价

汇总各街道的语义感知评价结果。 取各评价因子的平均值，汇总如表 6-18 所示。 从中可以看出，绥满路南北段方案色彩与河堤路广场附近现状色彩得分较高，绥满路东西段现状色彩与绥满路南北段现状色彩得分较低。

表 6-18　街道层面 8 个评价因子 SD 得分表

名称	类别	色彩心理感知			色彩空间感知	色彩视觉感知				平均总分
		轻松感	传统感	柔和感	协调性	丰富度	鲜艳度	温暖感	明亮度	
河堤路广场附近	现状	0.7	0.22	0.22	0.1	1.28	1.52	1.4	1.52	6.96
	色彩方案	1.18	0.08	1.14	0.47	0.57	0.55	1.04	1.53	6.55
绥满路东西段	现状	1.06	−0.04	1.3	1.26	−0.66	−0.68	0.8	1.3	4.34
	色彩方案	0.61	0.04	−0.31	−0.53	2.14	2.04	1.59	0.98	6.55
绥满路南北段	现状	0.85	−0.3	−0.48	−0.61	1.5	1.85	1.35	1.72	5.89
	色彩方案	1.52	−0.07	1.61	1.43	0.57	0.65	1.56	1.67	8.93

将上述表格的结果用折线图表示。除了河堤路广场附近色彩方案，其他两组的色彩方案平均总分均有明显上升。从图 6-38 中可以看出，绥满路东西段现状鲜艳度较低，色彩方案的鲜艳度升高、明亮度降低；绥满路南北段现状丰富度与鲜艳度、明亮度都得分较高，色彩方案鲜艳度降低，丰富度降低至适宜水平，整体色彩环境的协调性与柔和感均有显著提升；河堤路广场附近现状鲜艳度与明亮度都得分较高，色彩方案明亮度略高于现状水平。高彩度建筑以及自然要素影响了城镇内部的传统感表达，特别是内部的高层建筑对暖色调的强调更是直接影响建筑的标志性与显著性。

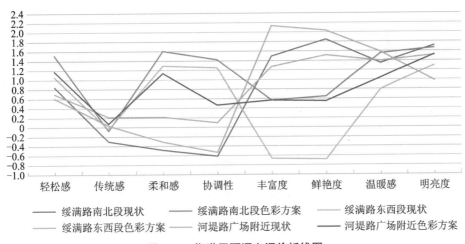

图 6-38　街道层面语义评价折线图

5）建筑色彩评价

本次实验中选用比较评价的语义问卷方式，在街道环境色彩的对比中得出与评判形容词相近的建筑。 通过对实验街道的建筑色彩进行评价分析，可以较为明晰地得出建筑色彩环境中的色彩风貌等级，也为城镇色彩风貌的改进优化提供重要思路。

（1）河堤路街道广场附近。

如图6-39～图6-41所示，现状建筑中最明亮、最突兀、最新的是51号建筑，最受注目的是51、59号建筑，最具传统感的也是59号建筑，最鲜艳的是63号建筑；色彩方案建筑中最突兀、最鲜艳的、最温暖的是51号建筑，63号建筑最为昏暗和冰冷。

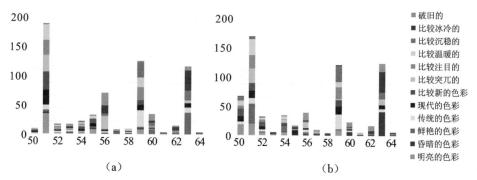

图6-39　河堤路广场附近建筑累计评价分析

（a）现状；（b）色彩方案

图6-40　河堤路广场附近现状建筑编号图

图6-41　河堤路广场附近色彩方案建筑编号图

（2）绥满路东西段。

如图6-42～图6-45所示，通过对收集到的建筑色彩数据进行整理发现，现状建筑中，16、20、32、4、8号建筑受到的注目较多，最为突兀的同时也是最为鲜艳的是16号建筑，最为沉稳的是4号建筑与32号建筑。 色彩方案建筑中，4、15、16、25、32号建筑受到最多关注，4号火车站附属建筑被认为最具传统氛围的建筑，32

号建筑最新、最现代，也是冰冷感最强的建筑，16 号建筑最昏暗，25 号最鲜艳，也是温暖感最强的。

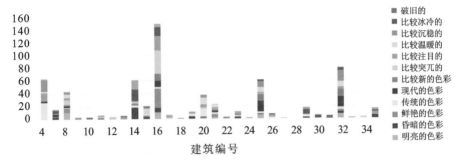

图 6-42　绥满路东西段现状建筑累计评价图

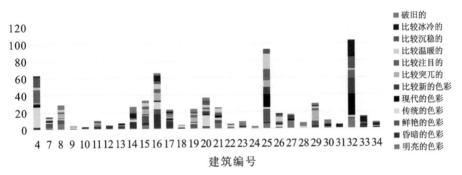

图 6-43　绥满路东西段色彩方案组建筑累计评价图

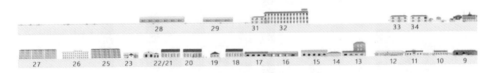

图 6-44　绥满路东西段现状建筑编号图

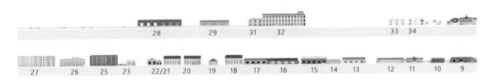

图 6-45　绥满路东西段色彩方案建筑编号图

（3）绥满路南北段。

如图 6-46～图 6-49 所示，现状建筑的关注度明显不均衡，49 号建筑受到关注最多，也是最鲜艳的、最明亮的、最新的、最为突兀的建筑。色彩方案建筑关注度比较均衡，其中 38、39、45 号建筑令人最为温暖，42 号建筑最为突兀，最新的建筑是 47、49 号，最为昏暗的是 35 号建筑。

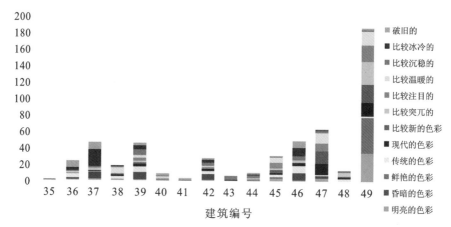

图 6-46　绥满路南北段现状建筑累计评价图

图 6-47　绥满路南北段现状建筑编号图

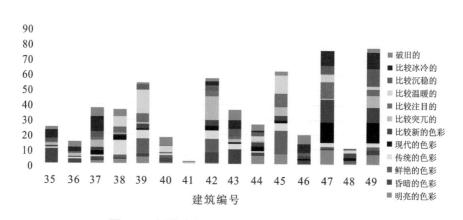

图 6-48　绥满路南北段色彩方案建筑累计评价图

图 6-49　绥满路南北段色彩方案建筑编号图

通过上述结果还可以得出，部分建筑由于体量、材质、造型等因素影响，其色彩也会产生不同的心理感知。 例如主体色相近的火车站建筑与居民区建筑，火车站有更多传统感与稳重感，而居民区建筑则给人更多现代、新的心理感知。 还有部分居住建筑过于追求暖色相来营造温暖感，但却忽视建筑与整体环境的协调，往往会适得其反，更添环境杂乱感与突兀感。

4. 眼动指标与主观评价关系

对各街道眼动指标与语义问卷评价总分进行相关性研究分析。借助 Pearson 相关系数，通过 SPSS 统计如表 6-19 所示，可以明显看出语义评价总得分与注视频率相关性最强，相关系数为 0.685，其次为眼跳频率，相关系数为 0.539；与注视时间、眼跳时间、眼跳时间比重均呈现负相关，相关系数分别为 −0.210、−0.313、−0.011。其中与注视时间呈现负相关，可能是由于色彩突兀与不协调也会引起更多好奇与关注，具体还需要进一步的研究分析。但总体上可以得知语义主观评价结果与眼动跟踪技术的记录结果具有非常大的一致性，证明了眼动跟踪技术用于城镇色彩的研究具有一定的可行性。

表 6-19　语义问卷与眼动跟踪结果相关性分析

	总得分	注视频率	注视时间	注视时间比重	眼跳频率	眼跳时间	眼跳时间比重
总得分	1						
注视频率	0.685**	1					
注视时间	−0.210**	−0.168*	1				
注视时间比重	0.079	0.232**	0.530**	1			
眼跳频率	0.539**	0.656**	−0.550**	−0.479**	1		
眼跳时间	−0.313**	−0.399**	0.559**	−0.249**	−0.267**	1	
眼跳时间比重	−0.011	−0.134	−0.479**	−0.860**	0.495**	0.296**	1

注：**表示在 0.01 级别（双尾），相关性显著；*表示在 0.05 级别（双尾），相关性显著。

1）因子分析

通过对眼动状态与语义分析问卷的指标进行因子分析研究，构建色彩风貌环境的主客观评价模型，提升色彩规划中的研究效率。

通过 KMO 检验和 Bartlett 球形检验分析数据是否适合展开因子分析。对各街道眼动状态指标数据与语义问卷结果进行检验，最终 KMO 取样适切性量数为 0.651（表 6-20）。依据 Kaiser 标准，KMO 数值小于 0.7，不适合进行因子分析。但因 Bartlett 球形检验的数值为 0 且小于 0.01，故拒绝零假设，认为眼动状态与语义问卷的样本数据的系数之间存在相关性，其相关系数矩阵并非单位矩阵，综合分析可知实验所得的眼动状态与语义问卷数据具备因子分析的可行性。

表 6-20　Bartlett 球形检验表

KMO 取样适切性量数		0.651
Bartlett 球形检验	近似卡方值	1071.803
	df(自由值)	66
	Sig.(显著性水平)	0.000

2）相关性分析

对于收集到的三个层面的评价因子展开可信度分析（表 6-21），结果显示其 Cronbach α 系数均在 0.76 以上，具备良好的可信度，可展开下一步相关性因子分析。

表 6-21　可信度分析

名称		有效样本数	Cronbach α 系数
整体层面	现状	50	0.807
河堤路广场附近	现状	54	0.76
	色彩方案	54	0.793
绥满路南北段	现状	50	0.778
	色彩方案	51	0.782
绥满路东西段	现状	50	0.775
	色彩方案	51	0.778

（1）整体层面。

使用 Pearson 相关系数研究轻松感、优雅感、柔和感、丰富度、传统感分别与温暖感、明亮度、鲜艳度之间的相关关系的强弱情况（表 6-22）。具体分析可知：轻松感与温暖感、明亮度均呈现显著的关联性，相关系数值分别是 0.438、0.347，全部大于 0，意味着轻松感与温暖感、明亮度存在正相关关系。同时，轻松感与鲜艳度之间并不会呈现显著相关，相关系数值接近 0，说明轻松感与鲜艳度之间并没有相关关系。优雅感与温暖感、明亮度、鲜艳度均呈现显著相关性，系数值分别是 0.358、0.301、0.323，均大于 0，意味着优雅感与温暖感（色相）、鲜艳度（彩度）、明亮度（明度）正相关。柔和感与温暖感（色相）之间的相关系数值是 0.574，意味着二者之间有着显著的正相关关系。而柔和感与鲜艳度、明亮度的相关系数趋于 0，并没有显著的相关性。色彩表现的丰富度也与温暖感、明亮度、鲜艳度之间存在显著的关联性，相关系数值分别是 0.703、0.642、0.588，意味着丰富度与温暖感、明亮度、鲜艳度正相关。传统感与温暖感、明亮度、鲜艳度均没有呈现显著相关性，相关系数值分别是 0.272、0.206、0.223，全部接近于 0，并且 p 值均大于 0.05，意味着传统感与温暖感、明亮度、鲜艳度均没有相关关系。

表 6-22　整体层面相关性分析

	轻松感	优雅感	柔和感	丰富度	传统感
温暖感	0.438 **	0.358 *	0.574 **	0.703 **	0.272
明亮度	0.347 *	0.301 *	0.087	0.642 **	0.206
鲜艳度	0.256	0.323 *	0.170	0.588 **	0.223

注：*表示 $p < 0.05$；* *表示 $p < 0.01$。

（2）河堤路广场附近。

①现状。

对河堤路广场附近的现状色彩评价进行因子分析，从表 6-23 分析可知：心理感知层面的轻松感与明度、色相二者之间的相关系数值分别是 0.450 和 0.393，数值均高于 0，且相关性显著，说明了轻松感与明度、色相存在正相关关系。 同时，轻松感与彩度的相关系数值接近 0，且并没有呈现显著关联，意味着轻松感与彩度没有相关关系。 柔和感与明度的相关系数值为 0.319，数值大于 0，且相关性显著，说明了柔和感与明度存在正相关关系。 此外，柔和感与彩度、色相的相关系数值接近 0，且没有呈现显著关联，意味着柔和感与色相、彩度并没有相关关系。 丰富度与色相、明度、彩度的相关系数值分别是 0.343、0.329、0.325，数值均大于 0，且相关性显著，说明了丰富度与色相、明度、彩度存在正相关关系。 传统感与明度呈现显著关联，相关系数值是 -0.286，数值小于 0，意味着传统感与明度有着负相关关系。此外，色彩营造的传统感与彩度、色相的相关系数值接近于 0，并没有呈现显著关联，意味着城镇环境中色彩的传统感与彩度、色相并没有相关关系。 色彩空间的协调性与色相、明度、彩度的相关系数值分别是 0.008、0.272、0.134，数值均接近 0，且 p 值均大于 0.05，说明了协调性与色相、明度、彩度均没有相关关系。

表 6-23　河堤路广场附近现状相关性分析

	轻松感	柔和感	丰富度	传统感	协调性
明度	0.450 **	0.319 *	0.329 *	−0.286 *	0.272
彩度	0.208	0.186	0.325 *	−0.120	0.134
色相	0.393 **	0.163	0.343 *	0.031	0.008

注：*表示 $p < 0.05$；* *表示 $p < 0.01$。

②色彩方案。

从表 6-24 分析可知：轻松感与色相、明度、彩度的相关系数值分别是 0.299、0.571、0.462，数值均大于 0，且相关性显著，说明了轻松感与色相、明度、彩度有着正相关关系。 丰富度与彩度、色相的相关系数值分别是 0.473、0.314，数值均大于 0，且相关性显著，说明了丰富度与彩度、色相有着正相关关系。 同时，丰富度与明度并未呈现显著关联，相关系数值接近 0，说明丰富度与明度之间并没有相关关系。 传统感与明度、彩度、色相的相关系数值分别是 -0.245、-0.212、-0.118，数值均接近 0, 且没有呈现显著关联, p 值均大于 0.05, 说明了传统感与色相、明度、彩度均没有相关关系。 柔和感与色相的相关系数值分别是 0.280, 数值大于 0, 且相关性显著, 说明了柔和感与色相有着正相关关系。 同时, 柔和感与彩度、明度的相关系数值接近 0, 并未呈现显著关联, 说明了柔和感与明度、彩度并没有相关关系。 协调性与色相的相关系数值分别是 0.411, 数值均大于 0, 且相关性显著, 说明了协调性与色相有着正相关关系。 同时, 协调性与明度、彩度相关系数值接近 0, 并未呈现显著关联, 说明协调性与明度、彩度并没有相关关系。

表 6-24 河堤路广场附近色彩方案相关性分析

	轻松感	丰富度	传统感	柔和感	协调性
明度	0.571**	0.249	−0.245	0.195	0.143
彩度	0.462**	0.473**	−0.212	0.206	0.169
色相	0.299*	0.314*	−0.118	0.280*	0.411**

注: *表示 $p<0.05$; **表示 $p<0.01$。

(3) 绥满路东西段。

①现状。

使用 Pearson 相关系数研究现状街道层面的轻松感、柔和感、丰富度、传统感、协调性分别与明度、彩度、色相之间的相关关系的强弱情况。 从表 6-25 可知, 心理感知层面的轻松感与明度、彩度、色相的相关系数为 0.294、0.358、0.648, 数值均大于 0, 意味着其存在着显著的关联性。 柔和感与明度、色相的相关系数值分别是 0.489、0.441, 均呈现显著性, 全部大于 0, 意味着柔和感与明度、色相有着正相关关系。 同时, 柔和感与彩度并不会呈现显著关联, 相关系数值接近 0, 说明柔和感与彩度并没有相关关系。 丰富度与彩度的相关系数为 0.747, 且大于 0, 意味着丰富度与彩度存在着显著的正相关关系。 此外, 丰富度与明度、色相相关系数值接近于 0, 说明了丰富度与明度、色相并没有相关关系。 色彩环境营造的传统感均与明度、彩度、色相呈现的相关性较差, 相关系数分别是 −0.210、−0.042、−0.175, 数值均接近于 0, 且 p 值均大于 0.05, 说明了传统感与色彩三属性没有相关关系。 协调性与明度、色相的相关系数值分别是 0.393、0.514, 数值均大于 0, 说明协调性与明度、色相存在显著的正相关关系。 同时, 协调性与彩度并不会呈现显著关联, 相关系数值接近 0, 说明协调性与彩度之间并没有相关关系。

表 6-25 绥满路东西段现状相关性分析

	轻松感	柔和感	丰富度	传统感	协调性
明度	0.294*	0.489**	0.202	−0.210	0.393**
彩度	0.358*	0.137	0.747**	−0.042	0.272
色相	0.648**	0.441**	0.085	−0.175	0.514**

注: *表示 $p<0.05$; **表示 $p<0.01$。

②色彩方案。

对绥满路东西段的色彩环境进行评价因子的相关性分析。 从表 6-26 具体分析可知: 轻松感与明度、色相的相关系数分别是 0.473、0.486，数值均大于 0，说明轻松感与明度、色相存在显著的正相关关系。 同时，轻松感与彩度并未呈现显著关联，相关系数接近于 0，说明轻松感与彩度并没有相关关系。 柔和感与彩度呈现显著关联，相关系数是 0.280，大于 0，意味着柔和感与彩度有着正相关关系。 此外，色彩环境的柔和感与明度、色相的相关性较差，其相关系数的值接近 0，说明柔和感与明度、色相并没有相关关系。 丰富度与彩度的相关系数值为 0.505，大于 0，说明丰富度与彩度存在显著的正相关关系。 此外，丰富度与明度、色相的相关系数值接近 0，意味着丰富度与明度、色相并没有相关关系。 传统感与明度呈现显著关联，相关系数是 -0.436，小于 0，意味着传统感与明度有着负相关关系。 同时，特色性与色相、彩度的相关性较差，相关系数接近 0，意味着传统感与彩度、色相并没有相关关系。 色彩空间的协调性与明度、色相的相关系数分别是 0.415、0.412，且全部大于 0，说明协调性与明度、色相存在着显著的正相关关系。 同时，协调性与彩度并不会呈现显著关联，相关系数值接近 0，说明协调性与彩度并没有相关关系。

表 6-26　绥满路东西段色彩方案相关性分析

	轻松感	柔和感	丰富度	传统感	协调性
明度	0.473 **	0.128	0.193	−0.436 **	0.415 **
彩度	0.127	0.280 *	0.505 **	−0.245	0.257
色相	0.486 **	0.195	0.269	−0.085	0.412 **

注: ∗表示 $p < 0.05$; ∗∗表示 $p < 0.01$。

（4）绥满路南北段。

①现状。

从表 6-27 具体分析可知: 轻松感与明度、彩度、色相均存在显著的关联性，其相关系数值分别是 0.430、0.385、0.456，且均大于 0，说明了轻松感与色彩三属性存在正相关关系。 柔和感与明度、色相的相关系数分别是 0.303、 0.337，数值大于 0，且均呈现显著关联，说明了柔和感与明度、色相有着正相关关系。 同时，柔和感与彩度并不会呈现显著关联，相关系数接近 0，说明柔和感与彩度并没有相关关系。 丰富度与彩度呈现显著关联，相关系数为 0.536，大于 0，意味着丰富度与彩度有着正相关关系。 同时，丰富度与明度、色相的相关系数接近 0，且相关性较差，意味着丰富度与明度、色相并没有相关关系。 协调性与明度、色相均呈现显著关联，相关系数值分别是 0.386、0.300，全部大于 0，意味着协调性与明度、色相有着正相关关系。 同时，协调性与彩度并不会呈现显著关联，相关系数接近 0，说明协调性与彩度并没有相关关系。 传统感与明度、彩度、色相的相关系数值分别是

-0.114、-0.200 与 -0.092，数值均接近 0，p 值均大于 0.05，说明了色彩环境中的传统感营造与色相、明度、彩度均没有相关关系。

表 6-27　绥满路南北段现状相关性分析

	轻松感	柔和感	丰富度	协调性	传统感
明度	0.430**	0.303*	0.198	0.386**	-0.114
彩度	0.385**	0.033	0.536**	-0.009	-0.200
色相	0.456**	0.337*	0.239	0.300*	-0.092

注：*表示 $p<0.05$ ；**表示 $p<0.01$。

②色彩方案。

从表 6-28 可知：轻松感与明度、色相的相关系数分别是 0.480、0.463，数值均大于 0，且呈现显著关联，说明了轻松感与明度、色相存在着正相关关系。 同时，轻松感与彩度并不会呈现显著关联，相关系数接近 0，说明轻松感与彩度并没有相关关系。 柔和感与明度、色相的相关系数分别是 0.557、0.497，且全部大于 0，说明了柔和感与明度、色相有着显著的正相关关系。 同时，柔和感与彩度并不会呈现显著关联，相关系数接近 0，说明柔和感与彩度并没有相关关系。 丰富度与明度、彩度、色相的相关系数分别是 0.389、0.816、0.410，数值均大于 0，且相关性显著，说明了丰富度与明度、色相、彩度之间有着正相关关系。 协调性与色相的相关系数为 0.454，大于 0，说明了两者存在显著的正相关关系。 同时，协调性与明度、彩度的相关系数接近 0，且呈现的相关性不显著，意味着协调性与明度、彩度并没有相关关系。 传统感与明度、彩度、色相的相关系数分别是 0.057、-0.132、0.168，数值均接近 0，并且 p 值均大于 0.05，意味着传统感与明度、彩度、色相均没有相关关系。

表 6-28　绥满路南北段色彩方案相关性分析

	轻松感	柔和感	丰富度	协调性	传统感
明度	0.480**	0.557**	0.389**	0.129	0.057
彩度	0.065	0.257	0.816**	-0.110	-0.132
色相	0.463**	0.497**	0.410**	0.454**	0.168

注：*表示 $p<0.05$ ；**表示 $p<0.01$。

6.1.4　色彩感知评价结果综合分析

1. 整体层面

整体层面以城镇建筑屋顶色彩为主体，自然环境色彩为基底进行表现。 通过对横道河子镇重点区域的不同方位的眼动可视化分析及语义相关结果分析可以发现：

建筑穹顶、烟囱等建（构）筑物等能吸引更高的关注度；彩度较高、面积较大的色彩往往是整体层面的首要注视点；在自然水系及山体背景要素密集处附近，相对周围的建筑，注视点对山水自然环境的关注更多；色彩彩度较高的建筑常常引发注视累积的不连续分布，而中低彩度区域的建筑的注视热点图往往呈现较为连续的分布形式，根源在于高彩度容易导致视线跳脱，引发大量的眼跳以及平滑尾随行为，即色彩的彩度越高，眼跳行为越多。

2. 河堤路广场附近

自然因素是城镇感性色彩的重要来源，与理性色彩的共同交织构成城镇色彩风貌典型特征。通过对河堤路广场附近的建筑色彩研究发现：鲜艳色彩占据首要注视点的主要部分，在自然要素附近，山水自然环境也会得到一定的关注；寒地城镇色彩的冷暖感虽比较重要，但过于追求寒地建筑色彩的暖色调，而忽视了与自然色彩的协调，同样也会产生其他问题；红蓝彩钢屋顶是让人产生色彩突兀感的主要影响因素，也是传统感无法形成的重要因素；高彩度色彩虽然带来更多温暖感与明亮感，但也是造成城镇街道环境杂乱的重要因素；现状形成了以高彩度、中高明度为主的暖色调环境，引发了更多的眼跳行为；色彩方案则是通过降低色彩彩度，形成了中高彩度、中高明度的暖色调环境，吸引更多注视；人们在寒地色彩环境中更能对中高彩度、中高明度的色彩环境产生满意度评价；柔和感与彩度呈现负相关关系；注视中对邻近色与相似色会完成顺序注视；轻松感除了与色相相关，还与明度等相关。

3. 绥满路东西段

绥满路的东西段，其街道宽度与建筑高度的平均比值在 3 左右，属于较为舒适、开阔的街道环境。其附属设施有火车站、铁路设施、历史建筑、教堂等重要物质要素，现状街道为了色彩协调而选择用同一色相进行建筑色彩设计，现状色彩感知虽没有较大的视觉不适刺激，但均质化的城镇空间扼杀了活力与创造力，丰富度与传统感均处于较弱的感知程度，说明协调均质的色彩环境模糊了城镇建筑空间表达的秩序性。此外，随机分布的跳跃色彩虽不会影响街道整体的协调感，但会引发更多关于此类建筑的探索，从而减少其他层面的感知与体会过程。此外，还应对南向建筑的北部阴影区的色彩进行合理规划设计，提升寒地的人居环境舒适感。

4. 绥满路南北段

横道河子镇由于色彩规划管控较弱，部分物质载体的色彩设计远远超出色彩本身的功能所需，对人的身心健康造成了影响。绥满路南北段从火车站到俄罗斯老街，街道东侧商业用房的墙面及屋顶色彩均为饱和度较高的艳红色，形成了以高明度为主的暖色调，人们在连续的视觉感官刺激下，舒适感会显著降低。此外，色相反差大的街道眼动轨迹存在复杂分布的状态，火车站、百货店等历史建筑的显著性不足，削弱了城镇内建筑的秩序感。设置的色彩方案通过降低东侧建筑彩度，改变其他建筑屋顶过于艳丽的色彩，增加了更多蓝绿色系的对比色表达，中高彩度的色彩只出现在建筑屋顶，形成了以高明度、中低彩度为主的暖色调。色彩方案街道色彩环境满意度（平均总分）为 8.93，比现状高了 3.04，柔和感、协调性等较现状街道评价显著提高，丰富度显著降低。可见虽然街道的中高彩度能够提高城镇的关注度、丰富度，但是高彩度无疑是街道环境视觉污染的重要因素。

6.2　哈尔滨市中央大街街区色彩感知研究

6.2.1　研究背景

中央大街是哈尔滨市重要的商业与金融中心，其业态主要涵盖了购物、休闲、旅游、行政办公、医疗卫生与居住等功能，如图 6-50 所示。其中，超过 1000 米的主街上共布 70 余栋欧式与仿欧式的历史建筑，并涵括了 15—16 世纪的文艺复兴式建筑，17 世纪的巴洛克风格、折中主义建筑，19 世纪末至 20 世纪初的新艺术运动建筑，除此之外，现代主义多种风格的市级保护建筑 13 栋。另外，该街区辅街街道 D/H 值接近 1∶1，多分布于居民区、行政单位、酒店与办公、中小学校区及中小医院。

（a）

（b）

图 6-50　中央大街街区的区位分析图

（a）中央大街街区在哈尔滨市区位图；（b）中央大街街区区位图

6.2.2 色彩感知评价数据获取

在对中央大街街区四个色调组团进行基础调研与色彩要素分析之后，便运用语义分析法进行色彩感知评价分析，从而得出受访者的喜好与满意程度，并指出其存在的问题。其中色彩感知评价主要包括中央大街街区评价因子构建、评价尺度与受访者确定等。

1. 评价因子构建

1）评价因子的筛选

将中央大街街区的街道按照色调分类后，对其现状色彩信息进行提炼、总结，构建色彩感知评价因子。通过前期深入实地的调研（第5章提到的哈尔滨市中央大街色彩风貌分析），借助文献研究法和专家咨询法进一步筛选与完善评价因子。从城市色彩、建筑与城市色彩关系、建筑色彩三方面筛选了若干小类评价因子，具体如表6-29所示。

表6-29　中央大街街区色彩感知评价因子的筛选

色彩感知评价因子合集	相关内容
城市色彩评价因子	主要从研究对象的整体出发，包括：①整体印象——协调性（与自然环境是否协调）、特色性（有特色/无特色）、丰富度（繁多/单调）、连续性（连贯/间断）、混乱度（有序/混乱）等；②基本属性——色相（温暖/冷漠）、明度（明亮/灰暗）、彩度（鲜艳/暗淡）等；③视觉感知——空间关系（主次关系、轴线关系是否明确）、方向指示性、敏锐度、标识性（明确/模糊）等；④价值取向——公众认同感、归属感等
建筑与城市色彩关系评价因子	主要从协调关系出发，包括：①协调性（与城市色彩是否协调）；②与周围建筑相比是否得到强调；③连续性（连贯/间断）
建筑色彩评价因子	与城市色彩类似，包括：①整体印象——协调性（整体协调或者杂乱、与材料是否协调、与功能是否符合等）、丰富度（繁多/单调）、柔和度（柔和/生硬）等；②基本属性——色相（温暖/冷漠）、明度（明亮/灰暗）、彩度（鲜艳/暗淡）等；③视觉感知——空间关系（主次关系）、标识性（明确/模糊）、舒适性（舒适/不适）等；④重点建筑色彩、城市特殊类型色彩等

2）评价因子的确定

采用层次分析法构建递阶的层次结构评价模型，对上述的评价因子进行进一步的筛选与总结，其模型总体分为目标层、准则层、因素层这三个层次。目标层为被调查者对街区现状色彩环境作出评价的满意与认可程度；准则层则结合文献研究与实地调研，进一步对评价因子进行归类总结，选择色彩视觉感知、色彩空间感知、色彩心理感知；因素层作为准则层的具体评价指标，对若干评价因子进行进一步筛选后共选择出18个评价因子，即形容词对（表6-30）。需要注意的是，对准则层的归纳分类，需要通过后期问卷的因子分析等数据分析后，进行纠偏、修正与改进，以便更准确地概括出影响受试者对街区的色彩评价满意度，由此提出对应的优化建议。

表6-30　城市色彩评价因子的分层结构模型

目标层（A）	准则层（C）	因素层（P）	说明
城市色彩感知评价满意度（A）	色彩视觉感知（C1）	色相（P1）	色彩是暖色调还是冷色调，整体是偏暖还是偏冷
		明度（P2）	色彩是明亮或暗淡
		彩度（P3）	色彩是鲜艳或淡雅
	色彩空间感知（C2）	主次关系（P4）	色彩是主次关系明确的或不明确的
		协调性（P5）	色彩状况是比较协调、和谐、有序的还是杂乱、混乱的
		连续性（P6）	色彩是连续、连贯的或间断、跳跃的
		标识性（P7）	色彩是易于识别和认知或模糊
		方向指示性（P8）	营造的色彩环境是否有助于辨别方向等
	色彩心理感知（C3）	特色性（P9）	色彩环境是否特点鲜明或主题明确，能较为明显地区别于其他
		丰富度（P10）	色彩的数量是丰富或单调
		活力性（P11）	色彩环境是活泼、积极或沉闷、消极
		愉悦感（P12）	色彩对情绪起伏能够起到兴奋、活跃、愉悦或冷静、抑制、悲伤、厌恶的影响
		亲和感（P13）	易贴近的、亲切的或疏离的、冷漠的
		柔和度（P14）	色彩是柔和或生硬
		舒适性（P15）	在色彩环境中感到放松、舒缓或紧张、不适
		安全度（P16）	在色彩环境中获得安全感或者危险感、恐惧感
		洁净度（P17）	营造的色彩环境是干净的或脏的
		格调度（P18）	色彩有格调、优雅或朴素、现实

2.评价尺度与受试者确定

1）评价尺度

根据筛选出的针对中央大街街区的评价因子，此次研究中设定的评价尺度为7级量表，其中非常好/强为3分，比较好/强为2分，好/强为1分，一般为0分，差/弱为-1分，较差/弱为-2分，非常差/弱为-3分（表6-31），详细问卷见附录D。

表 6-31　中央大街街区色彩的语义差别量表

类型	评价因子	正面形容词	非常好/强 3	比较好/强 2	好/强 1	一般 0	差/弱 -1	比较差/弱 -2	非常差/弱 -3	负面形容词
色彩视觉感知	色相	温暖的								冰冷的
	明度	明亮的								昏暗的
	彩度	鲜艳的								平淡的
色彩空间感知	主次关系	清晰的								不清晰的
	协调性	调和的								突兀的
	连续性	连续的								跳跃的
	标识性	醒目的								模糊的
	方向指示性	强的								弱的
色彩心理感知	特色性	特色的								无特色的
	丰富度	丰富的								单调的
	活力性	活泼、积极的								沉闷的
	愉悦感	兴奋、愉悦的								悲伤的
	亲和感	易贴近的								冷漠的
	柔和度	柔和的								生硬的
	舒适性	舒缓的								紧张的
	安全度	安全的								不安的
	洁净度	干净的								肮脏的
	格调度	优雅、华丽的								朴素、现实的

2）受试者确定

此次研究将受试者分为城市居民/当地在校学生、游客/外来人口、管理方/设计人员/色彩相关专业人员3大类，较为全面地覆盖不同年龄阶段、不同职位、常住或者外来人口范围，进一步保证评价结果的准确性。

3）问卷的样本数量设置

本次研究的问卷样本数量设定为 N，并且运用随机抽样法，以保证调查结果的客观性，具体的公式如下：

$$N = Z^2 / (4e^2) \tag{6-1}$$

式中：Z——标准常态值；

e——可容许抽样误差。

在以往的统计学理论与实践中通常采用 90% 的置信度，Z 取值 1.46，e 取值 ±7% 范围，因此，由以上公式计算便可得知，此次问卷需要发放 110 份左右，为进一步获取有效问卷，应发放 140 份左右。

6.2.3 色彩感知评价问卷与统计分析

1. 基础数据结果分析

本次共回收问卷 140 份，回收率为 100%。 为保证问卷调查的数据质量，将问卷中态度较为极端、回答有缺漏或逻辑关系混乱的问卷进行校正，由此收到 109 份有效问卷。

本次研究的研究对象男女比例约为 4∶7（表 6-32）；在年龄方面，几乎较为均匀地分布于各个阶段，26～50 岁的中青年调查者稍多，共占据了约 70%。 在职业方面，城市居民/当地在校学生、游客/外来人口、管理方/城市设计人员/色彩相关专业人员的比例约为 4∶3∶3。 总体来说，不同职业之间占比较为平均，各类人群均有。 在对城市色彩的了解情况方面，知之甚少、了解一些、了解较多、非常了解的人数比例为 10∶78∶18∶3。 整体上受试者对色彩相关知识有一些了解，因此提高了此次问卷的科学性。

表 6-32 中央大街街区问卷调查基础信息分析表

特征	指标	频数	百分比	特征	指标	频数	百分比
性别	男	39	35.78%	职业	城市居民/当地在校学生	46	42.20%
	女	70	64.22%		游客/外来人口	29	26.61%
年龄	25 岁以下	18	16.51%		管理方/城市设计人员/色彩相关专业人员	34	31.19%
	26～30 岁	22	20.18%	色彩了解情况	知之甚少	10	9.17%
	31～40 岁	30	27.52%		了解一些	78	71.56%
	41～50 岁	23	21.10%		了解较多	18	16.51%
	50 岁以上	16	14.68%		非常了解	3	2.75%

2. SD 得分表分析

1）各街道评价因子 SD 得分表的平均值分析

将上述筛选出的 19 条街道进行问卷结果统计，运用 Excel、SPSS 等统计软件进行量化分析，得出每条街道 18 个评价因子的平均得分，即总体的 SD 得分表（表 6-33）。 其中，综合平均分为 19 条街道在 18 个评价因子的总分平均分，而个案平均分为每个评价因子的平均分。 在对各评价因子进行得分排序后，得分越高，意味着受试者越发趋近正面形容词一侧；得分越低，意味着受试者趋近负面形容词一侧。

表6-33 中央大街街区19条街道的18个评价因子SD得分表

功能分区	街道名称	色彩视觉感知			色彩空间感知						色彩心理感知									综合平均分
		色相	明度	彩度	主次关系	协调性	连续性	标识性	方向指示性	特色性	丰富度	活力性	愉悦感	亲和感	柔和度	舒适性	安全度	洁净度	格调度	
高彩度鲜明色调组团	通江街	1.13	1.06	0.88	0.37	0.58	0.83	0.41	0.03	0.46	0.28	0.53	0.55	0.73	0.83	0.86	0.74	0.91	0.44	0.65
	主街	0.83	0.86	0.75	0.87	1.03	0.97	1.09	0.68	1.18	0.96	0.83	0.77	0.83	0.84	0.89	0.83	1.13	1.23	0.92
	中医街	0.71	0.76	0.59	0.33	0.34	0.42	0.39	0.26	0.38	0.58	0.57	0.49	0.48	0.39	0.52	0.39	0.37	0.38	0.46
	西五道街	0.93	0.83	0.83	0.66	0.65	0.6	0.67	0.49	0.72	0.82	0.72	0.69	0.63	0.57	0.62	0.58	0.47	0.5	0.67
	东风街	0.89	0.95	0.94	0.54	0.32	0.47	0.51	0.45	0.72	0.87	0.74	0.59	0.55	0.58	0.55	0.53	0.53	0.41	0.62
	大安街	0.68	0.84	0.79	0.39	0.32	0.31	0.42	0.27	0.53	0.77	0.64	0.45	0.43	0.28	0.3	0.34	0.35	0.36	0.47
	西十三道街	0.31	0.39	0.5	0.48	0.41	0.31	0.35	0.32	0.39	0.45	0.41	0.3	0.28	0.24	0.28	0.21	0.28	0.37	0.35
中彩度暗清色调组团	尚志大街	0.61	0.62	0.61	0.61	0.5	0.43	0.64	0.41	0.61	0.7	0.52	0.47	0.51	0.56	0.55	0.5	0.49	0.53	0.55
	友谊路	0.55	0.45	0.38	0.56	0.55	0.55	0.55	0.39	0.34	0.43	0.33	0.43	0.47	0.36	0.49	0.39	0.42	0.44	0.45
	上游街	0.93	0.84	0.89	0.49	0.28	0.45	0.68	0.39	0.41	0.67	0.6	0.5	0.51	0.4	0.58	0.4	0.41	0.28	0.54

功能分区	街道名称	色彩视觉感知			色彩空间感知							色彩心理感知								综合平均分
		色相	明度	彩度	主次关系	协调性	连续性	标识性	方向指示性	特色性	丰富度	活力性	愉悦感	亲和感	柔和度	舒适性	安全度	洁净度	格调度	
低彩度中稳色调	西二道街	0.96	0.8	0.65	0.65	0.71	0.68	0.66	0.57	0.81	0.75	0.72	0.7	0.81	0.75	0.81	0.81	0.75	0.69	0.74
	西八道街	0.72	0.43	0.42	0.77	0.87	0.91	0.75	0.68	0.82	0.66	0.63	0.69	0.74	0.72	0.88	0.66	0.79	0.81	0.72
	西十二道街	0.72	0.65	0.5	0.48	0.41	0.47	0.58	0.39	0.5	0.57	0.46	0.36	0.44	0.43	0.45	0.42	0.29	0.36	0.47
无彩度、明稳与明清色调组团	红霞街	0.88	0.92	0.76	0.44	0.47	0.72	0.39	0.39	0.42	0.46	0.61	0.65	0.67	0.67	0.56	0.56	0.54	0.52	0.59
	西十一道街	0.92	0.85	0.71	0.85	1.07	1.13	0.71	0.53	0.7	0.5	0.61	0.64	0.83	0.72	0.82	0.62	0.84	0.75	0.77
	霞曼街	0.63	0.61	0.61	0.62	0.43	0.46	0.47	0.46	0.45	0.53	0.57	0.46	0.53	0.41	0.49	0.42	0.51	0.43	0.51
	端街	0.73	0.74	0.7	0.54	0.68	0.56	0.49	0.43	0.49	0.48	0.54	0.54	0.49	0.52	0.5	0.5	0.59	0.57	0.56
	西十四道街	0.57	0.49	0.43	0.43	0.4	0.33	0.32	0.33	0.46	0.47	0.38	0.3	0.34	0.32	0.38	0.28	0.13	0.34	0.37
	经纬街	0.72	0.85	0.72	0.62	0.82	0.67	0.62	0.63	0.58	0.66	0.6	0.53	0.67	0.59	0.6	0.47	0.71	0.55	0.64
	个案平均分	0.76	0.73	0.67	0.56	0.57	0.59	0.56	0.43	0.58	0.61	0.58	0.53	0.58	0.54	0.59	0.51	0.55	0.52	0.58

各街道SD综合平均分分析：从图6-51可以看出，19条街道的综合平均分在0~1的范围内浮动，无0以下的数值，表明受试者对街道的色彩环境认可度或满意度尚可；满意度在0.5(含0.5)~1的街道有13个，占比约为68%，低于0.5的街道有6个，占比约为32%，表明该研究区域的色彩有较大的改进与提升空间。

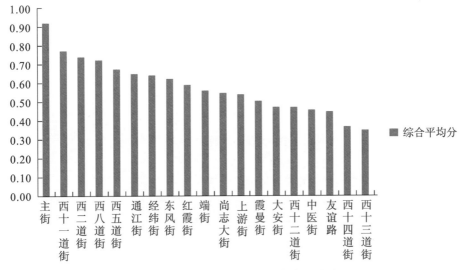

图6-51 中央大街街区的SD综合平均分

根据各街道的数据可以看出，得分最高的是中央大街的主街（0.92）。主街的格调度、特色性、洁净度、主次关系、标识性、丰富度、舒适性、柔和度、亲和感、活力性、愉悦感、安全度、方向指示性这13个指标中也是所有街道中占比最高的，由此表明，主街70%以上的色彩评价较为满意，可为游客或居民等带来较为舒适的感觉。但主街街道的连续性、协调性、色相、彩度、明度等指标的得分稍低，在后续的设计中有待提高。得分最低者是西十三道街（0.35），其在明度、色相、连续性、愉悦感、亲和感、柔和度、舒适性、安全性指标中占比也最低，由此可看出该街道无法为受试者营造良好的色彩氛围，并且会带来较为不安和不适之感。

各评价因子SD的平均分分析：从图6-52可以看出，19条街道的个案平均分在0~0.8的范围内浮动，并且相对集中分布于0.5~0.6。得分排名前三位的依次为色相（0.76）、明度（0.73）、彩度（0.67）。可以看出，受试者对街道的色彩基本面貌是认可的。得分排名在后三位的分别为格调度（0.52）、安全度（0.51）、方向指示性（0.43），说明各街道的心理与空间感知力较弱，容易让人产生紧张与无措之感，亟须对街道进行优化设计。

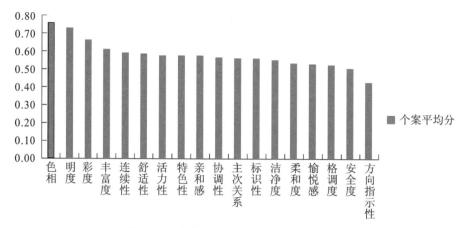

图 6-52　中央大街街区的 SD 个案平均分

2）各色调组团评价因子的 SD 评价曲线图分析

通过 SD 得分总表，绘制出中央大街街区 19 条街道、18 个评价因子的色彩评价 SD 评价曲线图，以便更为直观地进行对比分析（图 6-53）。

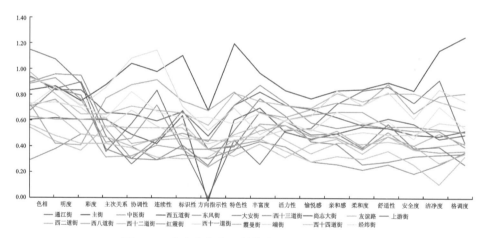

图 6-53　中央大街街区整体色彩 SD 评价曲线图

其中，19 条街道在 18 个评价因子上的表现较为集中，分布在 0～1.4，受试者对街区整体色彩现状持一般满意的状态，但 19 条曲线之间还是各有不同。主街、西八道街、西十一道街、通江街、尚志大街的离散程度较大，这意味着不同街道在评价因子上的优劣势存在一定程度的差异。其余较为贴近的曲线在明度、协调性、连续性、亲和感、舒适性、洁净度方面呈现出一定的分散现象，需要通过后续设计来改进。

为了更进一步、更为准确地对不同色调组团的 SD 结果进行描述与分析，按照前文所述的四大组团分别绘制 SD 得分曲线图。

如图 6-54 所示，在高彩度鲜艳色调组团中，主街的曲线的数值整体高于其他 6 条街道，尤其是格调度、特色性、洁净度、标识性等方面较为突出，但仍需要在色相、明度、彩度、方向指示性、愉悦感等方面进行加强，以便营造更加温暖、明亮、舒适的色彩氛围。

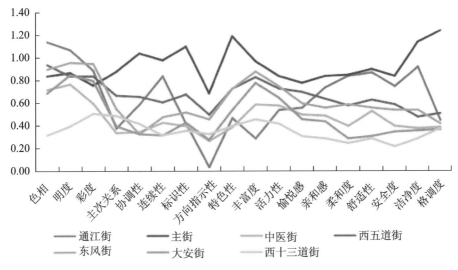

图 6-54　高彩度鲜明色调组团的 SD 得分曲线图

通江街的曲线起伏程度较大，在色相达到最高值，在连续性、舒适性、洁净度等方面达到次峰值，色彩明度也是各街道中最高的，然而在方向指示性方面趋近于 0，丰富度也是所有街道中最低的，通过现场调研可知，该街道为交通主路，色彩情况单调是为了防止司机分心出现交通事故，但该道路作为交通路线应该加强其方向指示性。

西十三道街的 SD 得分曲线较为平缓，在 0.4 上下浮动，并且大多数因子排名垫底，可见受试者对该街道的满意程度较低，无法被吸引。

中医街与大安街、东风街与西五道街的 SD 得分曲线图分布较为贴合，各项指标基本保持一致，但西五道街在协调性、连续性、标识性等方面呈现曲线的离散现象，其余 3 条街道也应对其进行相关的优化。

整体看来，主街的各项指标较高，西十三道街则呈相反状态，其余街道分布较为缓和，但总体得分皆处于中等水平以上的满意程度。

如图 6-55 所示，在中彩度暗清色调组团中，全部街道的 SD 得分均低于 1，各因子的满意度皆较低，其中，上游街整体上高于其他 2 条街道，但曲线也较为起伏，在色相、明度、彩度等方面呈现断层优势，在协调性和格调度方面的劣势明显。 尚志大街同样存在断崖式的指标，色彩的方向指示性有待加强，以便给人良好的指引。 友谊路整体上较为缓和，无较大的极端值出现。 综合实地调研，该组团内的街道总体评分均须进一步提升。

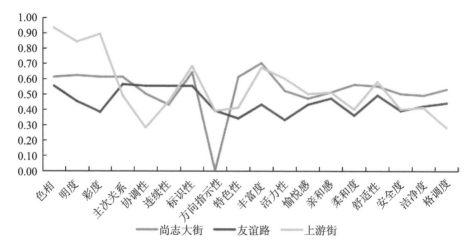

图 6-55 中彩度暗清色调组团的 SD 得分曲线图

如图 6-56 所示，在低彩度中稳色调组团内，3 条街道的 SD 得分均低于 1，总体的认可度较低。 其中，西二道街与西八道街的 SD 得分曲线的各项指标趋于一致，但在明度、彩度、协调性、连续性等因子上出现了一些差别；西十二道街相较两者来说得分偏低，洁净度最低。 结合实地调研以及分析来看，该组团内的街道同样应在各因子上展开全方位的提升。

如图 6-57 所示，在无彩度、明稳与明清色调组团内，西十一道街与西十四道街的 SD 得分曲线起伏程度、跳跃性均较大，不同的是前者的各项指标得分较高，在连续性方面达到峰值（1.13），协调性也超过了 1（1.07），表明受试者对色彩环境呈现一般满意的状态，而西十四道街总体呈下降趋势，并且在洁净度方面达到分值的谷底（0.13），表明受试者对其不满。 除此之外，剩余街道数值浮动较小，综合而言，各街道仍须进一步完善，提升整体的色彩分值，达到满意或更高目标。

3. 因子分析

为进一步找出受试者对中央大街色彩感知评价的具有本质意义的少量评价因子，以便更为便捷、精准地进行优化设计，对 18 个指标进行因子分析，将关联度高的变量因子进行归类、降维、削减变量。 在此次因子分析中，采取主成分分析、方差最大化正交旋转法抽出因子轴，由此得出相关分析。

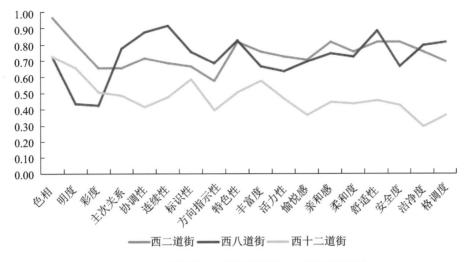

图 6-56　低彩度中稳色调组团的 SD 得分曲线图

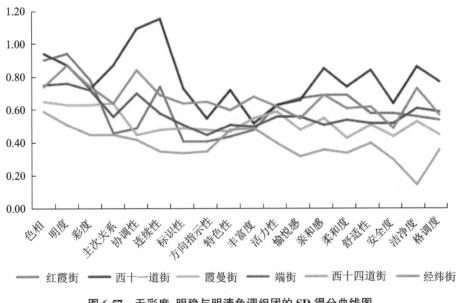

图 6-57　无彩度、明稳与明清色调组团的 SD 得分曲线图

1）KMO 检验和 Bartlett 球形检验

如表 6-34 所示，对其分析后得到 KMO 检验值为 0.846，说明符合因子分析前提；Bartlett 球形检验的 Sig.取值为 0.000＜0.05，显示变量间并非单独存在，由此可展开因子分析。

表 6-34　KMO 检验和 Bartlett 球形检验

KMO 检验值	Bartlett 球形检验		
	近似卡方值	df（自由值）	Sig.（显著性水平）
0.846	87.162	18	0.000

2）公因子方差分析

从表 6-35 可知，所有变量的公因子方差大多趋近且大于 0.7。 其中，公因子共解释了原始变量"丰富度"方差的 97.4%，占比最高；而公因子共解释了原始变量"方向指示性"方差的 77.1%，占比最少，因此提取的公因子较成功地将原始变量的内容表达出来。

表 6-35　公因子方差表

项目	初始	提取
色相	1.000	0.908
明度	1.000	0.952
彩度	1.000	0.915
主次关系	1.000	0.924
协调性	1.000	0.950
连续性	1.000	0.970
标识性	1.000	0.874
方向指示性	1.000	0.771
特色性	1.000	0.956
丰富度	1.000	0.974
活力性	1.000	0.959
愉悦感	1.000	0.912
亲和感	1.000	0.973
柔和度	1.000	0.960
舒适性	1.000	0.960
安全度	1.000	0.973
洁净度	1.000	0.917
格调度	1.000	0.916

注：提取方法为主成分分析。

3）解释的总方差分析

从表 6-36 结果得知各个变量的初始特征值，部分数值过小已省略。 其中，初始特征值前 3 位为 11.077、3.343、2.344，其大于 1（默认保留大于 1 的主成分），因此旋转前 3 个公因子（命名 F_1、F_2、F_3）便能得到 93.131% 的累积贡献率，即其能解释约 93% 的总方差，说明因子提取较为完美。

表 6-36　解释的总方差

成分	初始特征值			提取平方和载入			旋转平方和载入		
	合计	方差贡献率	累积贡献率	合计	方差贡献率	累积贡献率	合计	方差贡献率	累积贡献率
1	11.077	61.539	61.539	11.077	61.539	61.539	7.968	44.266	44.266
2	3.343	18.569	80.109	3.343	18.569	80.109	5.379	29.885	74.151
3	2.344	13.022	93.131	2.344	13.022	93.131	3.416	18.979	93.131
4	0.457	2.539	95.669						
5	0.234	1.300	96.970						
6	0.190	1.055	98.025						
7	0.127	0.705	98.730						
8	0.100	0.555	99.285						
9	0.071	0.394	99.679						
10	0.028	0.154	99.833						
11	0.018	0.100	99.932						
12	0.012	0.068	100.000						

注：提取方法为主成分分析。

4）成分矩阵表和旋转成分矩阵表分析

运用因子分析提取主成分后得到表 6-37。 本次提取的 3 个公因子的因子模型表达式见式（6-2），可较为清楚地观察到 F_1 与亲和感、愉悦感、安全度、特色性、洁净度、连续性、柔和度、格调度、协调性、舒适性、标识性、主次关系、活力性存在较强的正相关关系；F_2 与色相、彩度、明度有着较强的正相关关系，与特色性、协调性、丰富度、格调度、标识性、主次关系、方向指示性存在着一定的负相关关系；F_3 与丰富度、活力性、彩度、明度、方向指示性、特色性存在较强的相关性，与格调度、亲和感、安全度、柔和度、洁净度、协调性、舒适性、连续性呈现负相关关系。 但是此次的成分矩阵表存在相互重叠的现象，3 个公因子在原始变量上的载荷值均相差不够显著，即各因子的代表变量较为模糊，无法准确解释各公因子的含义，故需用正交旋转法进行因子旋转，从而得到较为理想的公因子。

表 6-37 成分矩阵表

项目	F_1	F_2	F_3
色相	0.542	0.781	0.069
明度	0.341	0.835	0.371
彩度	0.263	0.709	0.587
主次关系	0.795	−0.537	0.065
协调性	0.877	−0.293	−0.309
连续性	0.892	0.078	−0.410
标识性	0.835	−0.411	0.090
方向指示性	0.589	−0.581	0.294
特色性	0.899	−0.277	0.268
丰富度	0.474	−0.367	0.784
活力性	0.737	0.052	0.643
愉悦感	0.936	0.036	0.184
亲和感	0.947	0.211	−0.177
柔和度	0.888	0.314	−0.268
舒适性	0.875	0.237	−0.371
安全度	0.934	0.252	−0.191
洁净度	0.899	0.177	−0.278
格调度	0.879	−0.369	−0.091

注：①提取方法为主成分分析。

②已提取 3 个成分。

$$\begin{cases} X_1 = 0.542F_1 + 0.781F_2 + 0.069F_3 + \varepsilon_1 \\ X_2 = 0.341F_1 + 0.835F_2 + 0.371F_3 + \varepsilon_2 \\ \quad\quad\quad\quad\cdots \\ X_{18} = 0.879F_1 - 0.369F_2 - 0.091F_3 + \varepsilon_{18} \end{cases} \quad\quad (6\text{-}2)$$

因子分析后进行正交旋转便得到表 6-38。从中可以较为明显地看出，旋转后的数值更为优化，公因子解释更为显著。提取的因子一共有 3 个，第一公因子 F_1 在连续性、舒适性、柔和感、洁净度、安全度、亲和感、协调性、格调度、愉悦感 9 组评价因子上的因子载荷值最大，方差贡献率达 44.266%，其反映了中央大街街区的色彩给受试者留下的心理印象与感受，因此将其重新命名为"色彩心理感知因子"，故而在对街道的色彩环境进行优化与改善时重点营造自然、舒适的氛围，以便缓和使用者的情绪；第二公因子 F_2 是由丰富度、方向指示性、特色性、主次关系、活力性、标识性6组评价因子组成，其方差贡献率达29.885%，反映了中央大街街区的色彩给受试者留下的空间感受与体验，由此将其重新命名为"色彩空间感知因子"，现状街道的同质化现象严重，导致使用者的空间感较为薄弱，故而对其进行优化时加强街道色彩的空间秩序感与指引感，这样才能更好地让使用者融入街区的环境，从而更好地发挥步行街区的商业价值；第三公因子 F_3 是由色相、明度、彩度3组评价因子组成，其方差贡献率达18.979%，反映了中央大街街区的色彩给受试者留下的直观视觉印象，故将其重新命名为"色彩视觉感知因子"，部分街道的现状色彩搭配各异甚至混乱，故对其进行优化时加强色调管理，以便给使用者提供较好的色彩视觉环境。

表6-38　旋转成分矩阵表

项目	F_1	F_2	F_3
色相	0.529	−0.098	0.786
明度	0.204	−0.057	0.952
彩度	−0.004	0.102	0.951
主次关系	0.506	0.787	−0.223
协调性	0.829	0.467	−0.213
连续性	0.963	0.204	0.034
标识性	0.546	0.753	−0.098
方向指示性	0.203	0.836	−0.178
特色性	0.518	0.820	0.121
丰富度	−0.134	0.948	0.239
活力性	0.230	0.772	0.557
愉悦感	0.650	0.613	0.336
亲和感	0.896	0.302	0.282
柔和度	0.919	0.155	0.301
舒适性	0.954	0.129	0.180
安全度	0.901	0.262	0.304
洁净度	0.910	0.232	0.188
格调度	0.692	0.644	−0.154

注：①提取方法为主成分分析。

②旋转法：具有 Kaiser 标准化的正交旋转法。

③旋转在8次迭代后收敛。

6.2.4 城市色彩感知评价结论

1. 现状色彩问题分析

在建立因子分析模型后，应评价中央大街街区的每条街道在整个模型中的地位，简单来说就是进行综合分析，即综合得分 F 为 F_1、F_2、F_3 分别与各自贡献率的乘积之和除以总的累计贡献率所得，具体的计算公式为：$F =$（44.266% $\times F_1 +$ 29.885% $\times F_2 + 18.979\% \times F_3$）/93.131%，综合计算如表 6-39 所示，对其综合得分进行排序绘制折线图，如图 6-58 所示。总体来说，使用者对 19 条街道认可度尚可但未达到满意程度。

表 6-39　19 条街道的公因子综合得分表

街道名称	色彩心理感知因子 F_1	色彩空间感知因子 F_2	色彩视觉感知因子 F_3	综合得分 F
通江街	0.187	−0.042	0.425	0.163
主街	0.072	−0.025	0.515	0.132
中医街	−0.001	0.044	0.515	0.118
西五道街	0.179	0.339	−0.121	0.170
东风街	0.294	0.201	−0.115	0.182
大安街	0.341	0.088	0.018	0.195
西十三道街	0.193	0.325	−0.053	0.186
尚志大街	0.072	0.360	−0.096	0.131
友谊路	0.184	0.354	0.065	0.215
上游街	−0.047	0.409	0.129	0.135
西二道街	0.081	0.333	0.301	0.207
西八道街	0.230	0.264	0.182	0.232
西十二道街	0.317	0.130	0.153	0.225
红霞街	0.326	0.067	0.163	0.211
西十一道街	0.338	0.056	0.097	0.200
霞曼街	0.319	0.113	0.164	0.223
端街	0.322	0.100	0.102	0.207
西十四道街	0.245	0.278	−0.083	0.190
经纬街	0.187	−0.042	0.425	0.163

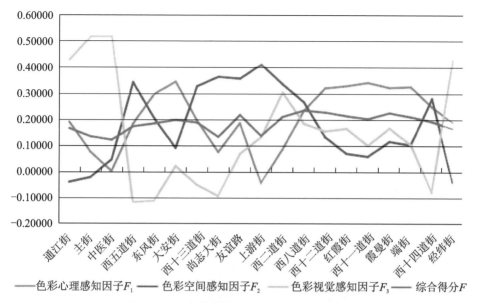

图 6-58　19 条街道的公因子综合得分曲线图

从表 6-39 中可以较为明显地看出，在综合得分排名中，19 个街道得分均为正，同时在 0～1 浮动，在 0.1～0.2 分布较为集中，说明受试者对中央大街街区的现状色彩环境持一般满意的态度，即得分较居中，尚有较大的发展空间。综合得分位于前3 的街道分别是西八道街（0.232）、西十二道街（0.225）、霞曼街（0.223），表明给受试者留下的视觉、空间、心理印象良好，但在某些分项因子中得分较低，也应对其进行优化。在综合得分中位于后 3 位的是主街（0.132）、尚志大街（0.131）、中医街（0.118），表明其受试者对其营造的色彩意蕴认可度较低，应进一步在分项因子中进行加强设计从而提升综合得分。

在分项因子得分中，F_1 中大安街（0.341）、西十一道街（0.338）、红霞街（0.326）分值排名前 3 位，反映其在舒适性、亲和感、格调度、愉悦感等方面所营造的色彩氛围给受试者留下了较好的心理感受，能够较好地吸引游憩者进行游览。尚志大街（0.072）、中医街（-0.001）、上游街（-0.047）排名后 3 位，说明其缓和受试者情绪的能力较弱，给其留下了不悦、不适、不安之感。F_2 中上游街（0.409）、尚志大街（0.360）、友谊路（0.354）排名前 3 位，反映出其在方向指示性、主次关系等方面给受试者营造的空间感、方位感、立体感、指引感较为充足，而主街（-0.025）、通江街（-0.042）、经纬街（-0.042）的空间感知度相对不足，排名垫底。F_3 中主街（0.515）、中医街（0.515）、通江街（0.425）排名前 3 位，反映其较为注重色调、明度、彩度来提升受试者的视觉舒适度；而尚志大街（-0.096）、东风街（-0.115）、西五道街（-0.121）由于色彩层次不够丰富或色彩混乱，难以满足使用者的需求而排名后 3 位。

为了进一步明确中央大街街区色调分类组团的综合得分情况，绘制四类组团的综合得分折线图，其优劣势相差较为显著。

1）高彩度鲜明色调组团的视觉感差异大

如图 6-59 所示，在该组团内，7 条街道的综合分较为均匀，集中分布在 0.1～0.2，反映受试者对高彩度的鲜明色彩环境持一般满意态度。从分项因子来看，该组团的色彩视觉感知因子得分差异较大，主街、中医街、通江街得分均超过 0.4，而大安街、西十三街、东风街、西五道街接近 0 甚至为负值，表明其所营造的色彩氛围给受试者留下较差的视觉感知。色彩心理、空间感知因子得分浮动较小，在 0～0.3 浮动，但也存在诸如主街、中医街在色彩心理感知因子得分较低，大安街、中医街、主街、通江街在色彩空间感知的营造方面能力较弱的情况，由此亟须进行色彩改进提升。

具体来看，主街由于其较为完善的色彩规划体系，对色调的色相、明度以及鲜度的把控相对较为严格，由此给受试者留下较好的视觉印象。但主街也存在色彩跳跃、不和谐等协调性差、连续性差等现象；中医街、通江街街道两侧以居民区为主，色调较浅，且极少有色彩跳跃的情形，同样视觉印象较好。相反，大安街、西五道街、东风街两侧多为酒店等商业，常常按照各自的风格进行色彩涂刷，造成与周边色调冲突的现象，同时其色调的主次关系不明确也常造成方向辨识难的困惑；西十三道街两侧多为 20 世纪 70—80 年代的自建房，色彩较为杂乱，视觉感较差。因此，该组团内色彩心理与空间感知的薄弱街道也应进行优化。

2）中彩度暗清色调组团的心理、视觉印象较差

如图 6-60 所示，在该组团内，3 条街道的综合分较为集中分布在 0.1～0.25，满意程度一般。从分项因子来看，与上一组团不同的是，该组团整体在色彩空间感知方面氛围营造能力较强，反而在色彩视觉感知方面氛围营造能力较弱，甚至使受试者不太满意，且在心理感知的得分均在 0.2 之下，需对低分街道进行改善。

具体来看，尚志大街、上游路、友谊路均为车行路，色彩方面存在较强的方向指示性与标识性，同时由于其街道两侧的色调整体上较为暗淡，能避免司机分散注意力；但部分路段的色彩由于缺乏点缀色或点缀色运用较为死板，并且同质化现象严重，导致色彩较为单调，色彩特征不突出，容易造成司机疲劳驾驶，同时也会给受试者带来不亲和与不柔和之感。街道两侧存在个别建筑与周边建筑较为跳跃与不和谐，由此导致色彩的连续性与协调性较差，上游路尤为明显，令受试者感到不适

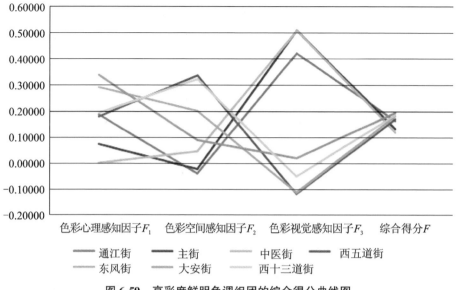

图 6-59　高彩度鲜明色调组团的综合得分曲线图

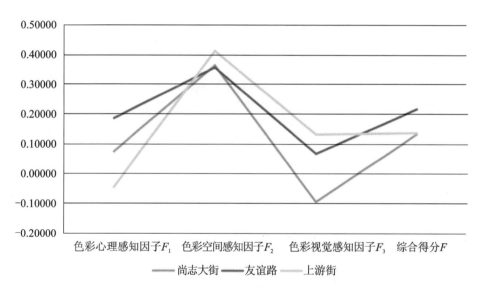

图 6-60　中彩度暗清色调组团的综合得分曲线图

与不安，由此须针对色彩的单调与跳跃进行调整。

　　3）低彩度中稳色调组团的心理、空间印象差异较大

　　如图 6-61 所示，在该组团内，3 条街道的综合得分集中分布在 0.2～0.25，满意程度一般，但较前两个组团来说稍有上升。从分项因子来看，三组因子的曲线较为

离散，其中，西八道街在各项因子的得分曲线较为平缓；西十二道街、西二道街虽同样为车行路，但呈现的色彩特征差异却较大。

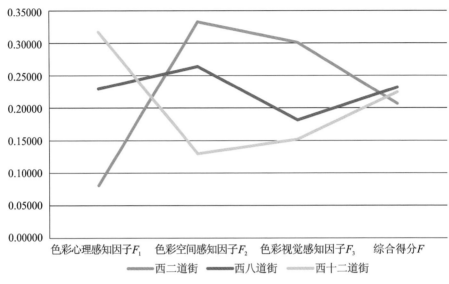

图 6-61　低彩度中稳色调组团的综合得分曲线图

具体来看，前者由于街道两侧均为淡黄色系的低层商业建筑，其色彩的丰富度、特色性、活力性较差，容易造成视觉的审美疲劳，同时由于色彩的主次关系不明确，给受试者带来空间指引感较差的印象，从而在色彩空间感知与视觉感知得分较低；后者却截然相反，由于其道路两侧多为多高层建筑，不同建筑间色彩较为混乱，明度、彩度等跨越度较大，给受试者留下色彩风格突变甚至杂乱之感，由此在后续的设计中应有重点地对其薄弱得分点进行改造更新。

4）无彩度、明稳与明清色调组团的空间、视觉印象较差

如图 6-62 所示，在该组团内，6 条街道的综合得分集中分布在 0.15～0.2，满意程度一般。从分项因子来看，色彩心理感知因子评分较为集中；红霞街、西十一道街、霞曼街、端街的曲线的各项指标较为贴近，和中彩度暗清色调组团趋势相反，在色彩空间感知与视觉感知方面的得分较低，而色彩心理感知较好；同样经纬街、西十四道街的曲线呈现相反的态势，分别在色彩空间感知与视觉感知方面的营造能力较差。

具体来看，红霞街、霞曼街为车行路，街道两侧均为色调较浅、相近的居住单元，较为单调，缺乏活力与生机；西十一道街、端街的街道两侧亦为浅黄色系的商业区，点缀色运用较少，因而视觉冲击与空间感知较弱；经纬街由于有多条街道相

交，其色彩被多次割裂，因而其主次关系、方向指示性尤其差；西十四道街则因为存在多种用地属性，诸如教育、商业等，色调的跨越度与跳跃度较大，故给受试者留下较差的视觉印象。

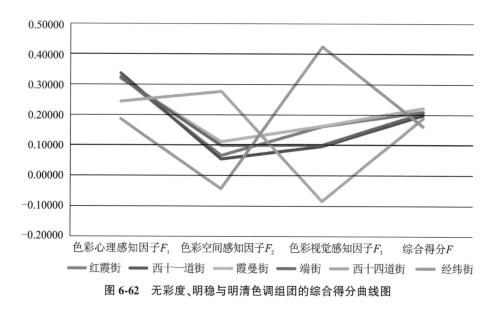

图 6-62　无彩度、明稳与明清色调组团的综合得分曲线图

2. 现状色彩启示

①中央大街街区的色彩控制与规划需要从整体角度出发进行把控，结合历史发展与政策演变制定并落实街区总体的主色调以及建筑的主体色、辅助色色谱等。并且根据四大色调组团的现状问题进行各功能区的优化，由此可较为显著地改善色彩破碎化、不和谐统一的问题，进一步完善其色彩性格与体系。

②中央大街街区的色彩优化也应着重于从受试者角度出发提升其景观质量的内涵，需要在现有色彩规划基础之上进一步加强色彩的视觉、心理以及空间感知能力，例如提升街道的连续性与协调性、丰富度与特色性等，或提升节点地标的色彩搭配与风格设计，改善受试者认为的平淡无奇的问题，给予受试者更好的色彩体验。因此，在下一步的色彩规划与控制中要对街道、建筑、城市家具等进行重点提升。

③为了保证色彩管控措施的有效实施，也应加强相应的管理机制，例如编制科学规范的色彩导则或者专项文件，有效提升执行能力，最终实现色彩管控的成果惠及实处。

6.3 沈阳市中街商业街区的色彩感知研究

6.3.1 研究背景

沈阳市是一座文化底蕴深厚的城市，它从明朝就开始繁荣发展了，到了清朝达到古代发展的高峰并繁荣至今。沈阳市中街历史悠久，它最早建于 1625 年，距今已有近 400 年的历史。沈阳市中街几乎是伴随着沈阳市的城市建设而逐步发展起来的，在清朝初期至今这几百年间，吸收大量的外来文化，同时又延续了民族的传统特色，几经波折，最终保留了部分清朝至今不同的历史建筑，形成了现在这样古今风貌并存的繁华大型商业街区。原本中街人流聚集处为正阳街—东顺城街，后因其商业持续延伸而将研究范围扩展至西顺城街—小什字街，现在的中街商业街道内部仍然以直线式为主，同时也是以步行为主、古风与时代并存、地区性与特色性兼具的综合性商业街道，是商业街中的典型代表，具有很高的色彩研究价值，因此以中街为研究对象进行商业街色彩规划分析。

6.3.2 沈阳市中街商业区色彩感知研究介绍

1. 基本思路介绍

色彩是当前影响城市风貌的重要因素，因此色彩规划在城市规划中的地位日益提升。尽管如此，由于缺少更完善的法律法规体系以及有效的公众参与平台，部分城市色彩的实施与社会大众的审美偏好相背，当然这种情况在城市中极具活力的商业街中也会出现。所以为了减少对色彩的认知误差，可以借助科学的辅助手法来准确了解大众对色彩环境的心理感知。很多相关实验证明通过眼动追踪技术与主观评价问卷调查法相结合能够收集到色彩感知量化数据，从而实现对色彩体系现状的分析和评价。这一实验技术的运用可以有效地将各类反馈意见运用到色彩规划当中，也进一步提升人的主体地位。

本实验的基本思路是：通过归纳的中街商业街色彩整体以及各组成部分色彩体系现状特征，结合相关理论基础，对中街商业街实景动态现状进行眼动实验以及主观评价问卷调查。其中主观评价问卷中主要针对商业街色彩总体印象感受以及各体系色彩的印象与调和情况，而眼动实验主要通过眼动数据量化的方式对中街现状中的色彩体系关注度和吸引力进行分析。在眼动实验与主观评价问卷两个主客观分析结合的基础上，探索出当前商业街色彩体系的设计存在哪些优势与问题，为后期的规划提供依据（图 6-63）。

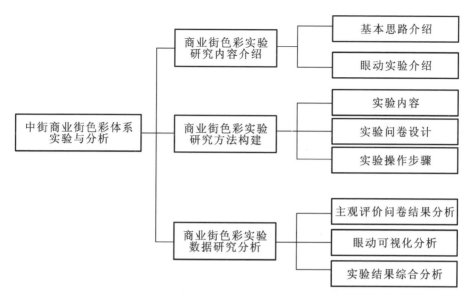

图 6-63　中街商业街道色彩评价实验与分析思路图

2. 眼动实验介绍

眼动实验属于一种心理学实验，通过眼动仪等捕捉与统计分析仪器可在实时精准地追踪记录受试者的眼球状态，产生统计分析数据，而实验者依靠获得的眼动数据可以对受试者产生的视觉感受与认知判断进行全面综合的分析，进而成为后期信息处理的有效理论依据。第 4 章已对眼动实验的设备和操作流程进行介绍，在此不再赘述。

6.3.3　沈阳市中街色彩感知数据获取

1. 实验内容

1）实验对象选择

实验对象选取的是研究对象范围内的整个中街街道，包括从西顺城街—小什字街这条主路步行街以及四条胡同小巷。因为本实验是为了研究整个商业色彩体系设计是否协调舒适以及人们对各个色彩体系设计的满意度与关注度，所以实验前先在中街研究范围内进行视频录制，再结合文献研究、专家询问、实验模拟演示等，对实验对象的播放时长和播放方式等用视频软件进行剪辑处理，从而降低受试者产生的视觉疲劳等不利因素对实验结果产生的影响。

2）实验受试群体

考虑到场地等多重影响因素的限制，本次受试群体主要选择沈阳建筑大学审美较好的在校学生，同时由于实验需要利用眼动仪进行观察，因此受试者睫毛不宜过长、眨眼频率不能过快、眼睑下垂不能太严重等。按照这些要求，实验最终选取了40名高校学生作为受试者，以便确保采集数据的准确程度。

2. 实验问卷设计

本次研究的商业街色彩感知使用主观评价法。通过这种方法做实验能在特定环境下测定人的真实反映，测量方便，同时也更接近人的直接感觉。因此本次实验调查问卷的设计将人对商业街色彩的视觉感知情况转化为色彩的感性评价标准，进而以数据得分的形式表达出来，以进行更深入的分析。

1）评价指标选取

本次商业街色彩实验感知调查问卷的评价指标分别从商业街色彩整体印象、商业街色彩认同感以及商业街色彩体系调和效果三个方面选取并进行评价。

商业街色彩整体印象是对整条商业街的色彩搭配效果进行综合评判。商业街色彩规划的最终目的是构建整体和谐有序、令人愉悦舒适的色彩，因此色彩整体和谐程度是判断商业街印象的关键。通过此类指标的评价来找出问题的所在才能真正把握商业街色彩的脉搏，为使用者带来良好的心理感受。

商业街色彩认同感是对该条商业街原本的色彩与自然地理和历史人文因素是否协调的态度进行判断。商业街的色彩形成是复杂的，它作为城市中最有活力的组成部分之一，也要具有城市特色，只有当人工色彩与自然地理和历史人文因素协调一致，与场所相符合，才能更好地达到色彩设置合理且有活力的目标。因此此类评价指标可以用来判断人们对商业街的色彩感知的首要印象，人们对此类特征的色彩认同感越高，说明当前商业街色彩与这两类因素协调程度越高。

商业街色彩体系调和效果主要针对该条商业街各类体系的色彩自身协调以及与整体的调和关系是否符合人们内心期待的色彩心理感受。不同的色彩体系具有不同的特性和标识性，基于不同分类的色彩体系去评价色彩自身协调以及与整体的协调关系是凸显商业街色彩秩序感的重要指标。良好的协调关系是商业街色彩体系有特色但又不混乱的基础，同时也能进一步凸显各个色彩体系是否与对应的功能、性格相匹配。所以该评价指标以人的主观感受为主，协调较好的色彩体系搭配在一起可以为人们带来愉悦的色彩感受，相反则会引起人们的排斥心理。

2）评价因子的选择

以前期实际的调研和对商业街色彩体系的分类整理为基础，借助文献研究法与专家咨询法对上述三个色彩评价指标进行评价因子的筛选与完善，共选取15个评价因子，如表6-40所示。

表 6-40　商业街色彩感知评价因子

色彩感知评价指标	相关评价因子
商业街色彩整体印象	欢快感、标志性、吸引力、协调性、连续性、丰富度、舒适度
商业街色彩认同感	特色、与历史人文色彩协调度、与自然地理色彩协调度
商业街色彩体系调和效果	广告色、雕塑售货亭色、标识体系色、建筑墙面、道路铺装

3）评价尺度设定

在本次实验中，为了能够得到较准确的受试者色彩心理感知数据，采用了李克特量表法，将评价尺度设定为 5 个等级的量表。其中非常好/强为 2 分，比较好/强为 1 分，适中为 0 分，较差/弱为-1 分，非常差/弱为-2 分，评判标准差别量表见表 6-41（问卷调查表见附录 E）。

表 6-41　商业街色彩感知评价指标量化表

评价指标	评价因子	评价尺度				
		-2	-1	0	1	2
商业街色彩整体印象	欢快感	非常压抑	比较压抑	适中	比较欢快	非常欢快
	标志性	非常无感	比较无感	适中	比较标志	非常标志
	吸引力	非常排斥	比较排斥	适中	比较吸引	非常吸引
	协调性	非常混乱	比较混乱	适中	比较协调	非常协调
	连续性	非常跳跃	比较跳跃	适中	比较连续	非常连续
	丰富度	非常单调	比较单调	适中	比较单调	非常单调
	舒适度	非常不适	比较不适	适中	比较舒适	非常舒适
商业街色彩认同感	特色	非常无特色	比较无特色	适中	比较特色	非常特色
	与历史人文色彩协调度	非常混乱	比较混乱	适中	比较协调	非常协调
	与自然地理色彩协调度	非常混乱	比较混乱	适中	比较协调	非常协调
商业街色彩体系调和效果	广告色	非常混乱	比较混乱	适中	比较协调	非常协调
	雕塑售货亭色	非常混乱	比较混乱	适中	比较协调	非常协调
	标识体系色	非常混乱	比较混乱	适中	比较协调	非常协调
	建筑墙面	非常混乱	比较混乱	适中	比较协调	非常协调
	道路铺装	非常混乱	比较混乱	适中	比较协调	非常协调

3. 实验操作步骤

1）实验流程

①实验开始前，调整好实验室内的光线环境，并做好实验设备的准备工作，保

证仪器设备电源充足。

②引导受试者坐在指定座椅上，先向受试者介绍实验目的、过程、要求，并使受试者处于放松状态。

③协助受试者佩戴显示头盔设备，并调整 IP 旋钮、校准眼动仪，进入视频播放状态。

④播放完毕后，帮助受试者取下显示头盔，向受试者解释调查问卷，并让其根据观看的视频内容进行打分及排序。

⑤填写完成后回收调查问卷，同时整理受试者的相关眼动实验数据，检查并关闭实验设备，如图 6-64 所示。

图 6-64　实验过程

2）数据的来源与处理

本实验数据通过 ErgoLAB 人机环境同步平台进行统一处理后以 Excel 或 CSV 的格式导出。根据实验的研究目的和特点，选择了热点图和轨迹图两种可视化分析图，将眼动数据以及调查问卷导入 Excel 进行整理与统计，以获得更可靠的实验结论。

6.3.4　色彩感知数据分析

1. 主观评价问卷结果分析

实验主观评价问卷采用李克特量表法，将评价尺度设定为 5 个等级（-2、-1、0、1、2），通过整合受试者对商业街整体以及各色彩体系的主观评价结果得分情况后，对每个评价要素的打分进行综合均值计算。

通过图 6-65 可以得到以下结论。

在商业街整体色彩印象方面，评价平均得分较高的因子有欢快感、标志性、吸引力以及丰富度，分别得分 1.08、0.92、0.92、1.33，说明受试者对商业街色彩设置的活力性认可度较高；评价得分略低的为舒适度（0.46）；而商业街色彩的协调性与

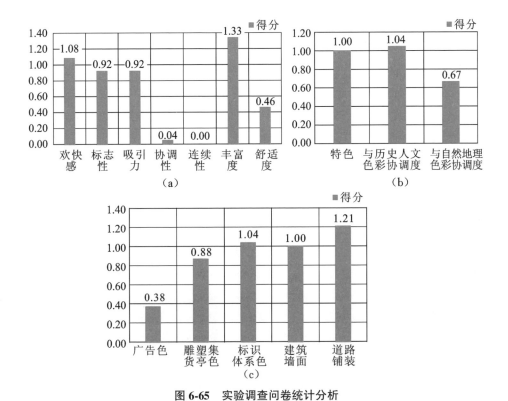

图 6-65　实验调查问卷统计分析

（a）商业街色彩整体印象得分均值；（b）商业街色彩认同感得分均值；

（c）商业街色彩体系调和效果得分均值

连续性得分最低，分别为 0.04 和 0，说明商业街在这两方面虽然得到认可，但满意度一般，有待改进。从商业街色彩整体印象打分情况来看，各评价因子得分范围基本为 0~2，说明受试者对商业街色彩整体印象满意度较高。

在商业街色彩认同感方面，评价得分较高的为特色和与历史人文色彩协调度，分别为 1 和 1.04，略低的为与自然地理色彩协调度（0.67），整体得分较高说明受试者对商业街色彩自然和历史认同感较高，且对色彩特色认可度也较高。

从商业街色彩体系调和效果评价得分情况来看，得分较高的为标识引导色彩与街道基底色彩体系，各色彩组成得分均超过 1；得分较低的为强调点缀色彩体系，尤其是广告装饰类色彩，说明这类色彩虽然较为协调，但满意度较其他体系相比仍然较低。

综上可知，对当前商业街的色彩满意情况来看各项均大于 0，说明整体色彩都比较满意，尤其是色彩活力与认同感倾向均较高，略低的为协调性和连续性。同时色彩体系中的点缀色协调性评分也较低，结合点缀色色彩丰富的特点可以推测，点缀色可以提升商业街的活力，但同时也会对商业街整体色彩的协调性产生较为关键的影响，而对当前商业街来说，点缀色的设计水平有待提升。

2. 眼动可视化分析

热点图与轨迹图是眼动数据中的一类可视化数据分析形式，其中热点图中的红、黄、绿三种颜色代表场景关注程度由多变少；轨迹图能反映受试者对注视景观位置、先后次序以及对某一特定范围的注视时间。由于本次实验观测数据较多，为使轨迹图显示效果良好，去除了轨迹图上的视线连线部分，只留下了能代表注视时间和注视位置的不同直径的圆圈以及代表观测顺序的数字编号。本次实验通过观察受试者对不同场景中的基底色体系、点缀色体系与标识色体系的感兴趣程度进行对比分析。

1）建筑界面部分的基底色与点缀色的热点轨迹图分析

结合实验结果将基底色与点缀色按照传统街道、现代街道、胡同小巷分别进行对比分析。对于传统街道，结合热点图与轨迹图可以发现（图 6-66），视觉停留区域与观察次数多集中于广告类点缀色彩，其次是造型丰富、色彩艳丽的建筑基底，如果基底造型没有变化或色彩对比过于强烈，其轨迹图的视觉点会相应减小，热点图色彩辐射面积减小、视觉聚集点减少、颜色减弱，说明受试者对这类体系色彩感兴趣程度与关注度减弱。

对于现代街道部分，结合热点图与轨迹图可以发现（图 6-67），视觉停留区域与观察次数明显不如传统街道。结合综合体类型的商业建筑的特点来看，建筑上的点缀色占基底色面积的比例多数情况下要远低于单体类型的商业建筑，所以在综合体类型的商业建筑中，当建筑立面无明显的点缀色时，视觉关注度明显减弱，受试者对因色彩明度与彩度产生对比的基底色不会产生过多的兴趣。而当广告这类点缀色再次出现时，视觉关注点仍会较多地停留于此。

对于胡同小巷，针对前三组热点图（图 6-68）可知，随着高彩度的基底色占比逐渐变大，视觉关注度除了集中在广告的点缀色，还会集中在高彩度的基底色。而对第四组图而言，基底色和点缀色同时以相近的高彩度形式出现时，视觉关注度则会更多地停留于明度与色相产生强对比的点缀色部分，受试者对色相相近的高彩度基底色关注度也会下降。

2）街道中所有的基底色与点缀色热点轨迹图分析

当街道中的地面基底色与售货亭、雕塑这类强调色彩同建筑界面的色彩在街道上同时出现时，结合热点图（图 6-69）可以看到，人们的视觉关注区域更容易停留在点缀色体系中，且对售货亭、雕塑类的点缀色的关注度要高于广告色彩的关注度；而对地面基底色的关注度最弱。当建筑基底色接近灰色系时，关注度也较少。当建筑基底色为中高彩度的有彩色系时，关注度会比灰色系的基底色略多。

图 6-66　传统街道建筑界面热点图与轨迹图

3）街道中标识色体系热点轨迹图分析

当街道中的基底色与广告这类点缀色以及标识色体系同时出现时，结合热点图可以看到（图 6-70），人们的视觉关注区域仍然首先停留在广告这类点缀色；其次标识色明度偏向中低明度时，由于这类色彩体系在整体环境中的占比较小，所以视觉关注度的降低十分明显。

3. 实验结果综合分析

主观评价问卷反映了中街商业街的色彩体系，从街道属性特征来看，色彩整体设计满足商业街活力、欢乐与有特色这些属性，但从舒适性和协调性来看还是稍有逊色。 然而对商业色彩体系进行拆分后再评价各组成部分色彩的协调性和舒适性，

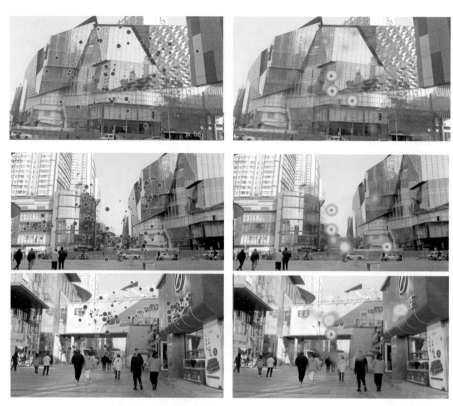

图 6-67　现代街道综合体类型的商业建筑界面热点图与轨迹图

评分最高的是以类似调和为主、色彩变化幅度最小的基底色体系，且地面基底色的色彩变化程度小于建筑基底色，所以地面基底色的评价分数更高。 其次评价分数同样高的是色彩秩序性很强、色彩搭配较为稳定的标识色体系，虽然这类色彩与基底色为对比关系，但在商业街道环境中占比较小，且并非是商业街主要功能属性等，所以整体色彩对比程度也不宜过高，而中街这类设施的色彩设计符合弱对比且调和秩序很强，所以对它的色彩协调性和舒适性评分也很高。 作为商业街中极具活力和代表性的点缀色体系，中街售货亭和雕塑这类色彩搭配体系对比较强，色彩搭配具有一定的内在规律性与协调性，而广告类色彩虽然产生了强对比，对商业街的色彩环境起到了丰富色彩环境的作用，但由于其协调性较售货亭与雕塑类色彩弱，所以广告类点缀色的评价分数也较低。

眼动可视化数据分析结果与主观评价问卷结果相互呼应，对于商业街中色彩对比越强、诱目性越高的色彩体系关注度也越高，因此对于评分较低、色彩丰富度最高的点缀色体系关注程度最高，但也说明这类色彩体系在协调设计上还需调整；基底色作为商业空间中占比面积最大、色彩协调性最高的色彩体系，主观评价分数最高，色彩体系关注程度仅次于点缀色，说明人们对这类体系的色彩设计整体较为满

图 6-68　胡同小巷建筑界面热点图与轨迹图

意；而标识色体系因设施自身的特点，虽然关注度较弱，但评价分数很高，说明这类设施的色彩搭配设计方式比较舒适且协调合理。

6.3.5　沈阳市中街商业街区色彩感知研究总结

通过眼动实验结合主观评价问卷的实验方式，再结合眼动可视化及主观评价问卷综合统计分析来看，针对商业街色彩关注度与吸引力等方面得到如下结论。

图 6-69　含雕塑与售货亭环境热点图与轨迹图

图 6-70　含标识色体系环境热点图与轨迹图

1. 商业街色彩主观调查问卷评价总结

首先，评分最高的是以类似调和为主、色彩变化幅度最小的基底色体系，且地面基底色的变化程度小于建筑基底色，所以地面基底色的评价分数更高；其次，评价分数同样较高的是色彩秩序性强、色彩搭配较为稳定的标识色体系；最后，作为商业街中最具活力和代表性的强调点缀色体系，中街售货亭和雕塑这类色彩搭配体系的评分要高于广告类。

2. 商业街各色彩体系总体吸引力与关注度关系

从商业街中不同类型色彩体系特征所表现的吸引力与关注度来看：点缀色体系＞基底色体系＞标识色体系。从各体系内部组成的色彩关注度来看：建筑基底色＞地面基底色，售货亭、雕塑类点缀色＞广告类点缀色。对于所有组成部分来说，售货亭、雕塑类色彩关注度最强，地面基底色关注度最弱。

3. 商业街色彩体系内部搭配与视觉吸引力关系

对于大体量建筑来说，有一定色彩层次变化、产生一定对比效果的建筑要比只有同类色彩且无明显变化的建筑更吸引人；对于种类繁多的有彩色系而言，当商业街中出现较多且繁杂的色彩时，在一定范围内，色彩秩序性越强、舒适度越高，吸引力和关注度越高，相反则较低。因此商业街中的色彩搭配宜杂而不宜乱；对于色彩相近、无过多彩度变化的色彩环境而言，其吸引力和关注度要弱于有明显彩度对比的含点缀色的环境。

4. 商业街色彩体系之间搭配与视觉吸引力关系

从商业街中不同体系间色彩对比的程度来看，当商业街中这三类体系同时出现时，总体关注度较弱的基底色与标识色中若出现与点缀色呈现强对比的高彩度有彩色系或高明度无彩色系，在一定视觉范围内，人们的视觉关注度会被这两类体系的色彩吸引，但总体来说仍会弱于点缀色体系。因此，对于商业街中起到"图底作用"的基底色与系统识别作用的标识色，其色彩繁杂度不宜超过点缀色。

5. 商业街色彩三属性要素吸引力与关注度强弱关系

对于色相而言，有彩色系的吸引力要强于无彩色系；从明度、彩度上来说，人们会更关注相似色相中明度与彩度更高的色彩；当商业街中同时出现面积大、种类繁多的有彩色系时，明度或彩度越高、差值越大，色彩的吸引力越强。

6. 外部装饰与色彩构图等其他因素对视觉吸引力影响关系

当同类基底色体系中同时出现外部装饰或造型丰富的情况时，同样能引起较高的关注度与较强的吸引力。所以，基底色若要保持色彩的协调感，同时防止色彩单调，可改变立面造型。

7

寒地城市色彩的优化策略和
特色保护

城市色彩不但包含城市中建筑、植被等客观环境对外呈现的色彩，也包含观察者对所处环境空间色彩的主观感知，具有物质实体与精神文化的双重属性。在大众群体审美多元化的发展背景下，色彩规划需要呈现灵活的适应性。目前城市色彩规划的首要问题是规划管理与实施，传统规划模式下诞生的色彩规划，由于缺乏公众有效参与的途径，与社会大众的审美相背离，最终造成了城市色彩规划发展困难的局面。在面向多元群体诉求以及城市亟待提升风貌的今天，增强规划管理的原则性、提升公众参与的积极性以及保障详细层面的色彩规划与设计是城市色彩规划有效实施与管控的重要前提。因此本书首先对寒地城市和典型区域的色彩现状进行调查，梳理总结各城市和典型区域的色彩图谱，归纳现有色彩组合关系；其次使用可靠、系统的评价方法完成各区域的色彩感知评价，了解大众的色彩感知情况；最后根据人的色彩感知评价结果和用地功能类型、自然环境要素、历史建筑分布情况等条件对研究对象进行色彩分析，从宏观、中观和微观层面提出寒地色彩环境的优化策略，并探讨了寒地城市色彩保护相关内容。

7.1 寒地城市色彩的优化策略

7.1.1 色彩定位与色谱推荐

城市色彩受到多种城市因素的制约，形成地方特色。其中主要包括自然地理、人工环境、历史文化三大要素。色彩定位主要是提供城市整体的色彩取向，对城市中诸多色彩因素进行宏观把控，是体现当地风土人情、传承独特的历史文化的重要方式。城市色彩定位首要关注的是地理层级的特性，从自然地理、人工环境和历史文化三方面综合考虑，到城市或区域范围内进行综合考量，结合城市色彩意象，不但能形成各城市特有的色彩定位，还能够基于现场调研，将不合理、不协调、比较跳跃的"色彩污染"去除，将较为典型、使用率较高，可体现历史文脉、人文特色的色调保留下来，由此筛选出适合作为建筑主辅色谱的色系，推荐主辅色谱和禁用色。

寒地城市色彩在自然环境和历史文化的多重影响下具有鲜明的地域特色。从宏观角度来说，寒地城市色彩定位要充分考虑寒地的自然气候因素，结合当地的风土人情或传承其特有的历史文化。正如前面对牡丹江市横道河子镇的研究，横道河子镇兼具欧陆风情与北国风光，寒冷山地气候与俄罗斯民族文化风情是城镇色彩展现的内涵所在。在文化色彩的传承方面，该镇是以生态疗养旅游服务为主的国家级历史文化名镇，应对历史建筑的色彩进行文脉延续。生态融合性方面除了与自然要素色彩的协调，还应将代表性的自然色彩适当引入城镇人工色彩环境。综上，将横道河子镇的色彩风貌定位为"温暖、典雅、明快"的俄式风情城镇。 主体色应为红黄色系、黄色系，辅助色应为冷白色。 辅助色暖色调的彩度数值为 5～10，明度数值为 4～9。 冷色调的彩度数值为 1～5。 城镇现状点缀色主要受到了俄罗斯民族文化等多源文化熏陶，以冷白色、红色系、红黄色系、蓝绿色系为主。 推荐色谱以高彩度、中高明度的 R、YR、 B、PB、BG、RP 色系为主，其中彩度取值范围为 7～14，明度取值范围除了 GY 色系为 9～10，其他均为 4～9。 禁用色是指在城镇色彩风貌的营造中避免广泛使用的，但对某重要空间节点可以适度使用的色彩。 由于横道河子镇整体是以红黄色系为主的中彩度、明快的色彩环境，应避免高彩度色彩大面积应用，尤其慎用红紫色、蓝色系等色彩。

从中观和微观角度来说，不但要考虑城市整体的自然地理环境及历史文化因素，还需要结合研究区域的政府规划政策、典型建筑材质、功能等进行不同区域的综合分析，如对哈尔滨市中央大街、沈阳市中街的研究。 首先，从哈尔滨市的自然禀赋来看，色彩应倾向于暖色调、高明度、低彩度，为使用者提供"温暖、明快、大方、和谐"的色彩氛围。 其次，哈尔滨市的中央大街为历史文化街区，色彩选取亦应与原有建筑融合。 最后，根据对中央大街街区的实际调研，材料的选取与技术的提升对色彩产生了较大的影响，尤其出现了较多黄绿、黄红等复合色系。 可以选取较和谐的色调，摒弃不理想的色调。 综上，提出中央大街街区"融合、协调、多彩"的历史文化街区定位，提取主体色为"米黄色、灰白色"，辅助色为"朱红色系、红褐色系、复合灰色系、橘黄色系"的色彩体系。 通过现状色彩特征、问题分析之后，总结出其主要倾向的色系范围为 YR、Y、GY、G、GB、PB 色系，推荐的色谱范围明度数值为 4～10、彩度数值为 1～7。 沈阳市中街是具有特色的商业街，首先从辽宁省的自然禀赋层面，色彩更倾向于高明度、低彩度的暖色调，从而给人以温暖明亮、协调大方的色彩心理感受。 其次，从中街的历史角度出发，通过对不同时期建筑及周围环境色的色彩特色分析，将沈阳中街定位为"融合、活力、多彩"，传统与现代相结合的商业街道，主体色为"朱红色、灰白色调"。 中街的色彩主要倾向于灰色调与暖色调，推荐使用色系为无彩色系（N）、红色系（R）、黄色系（Y）、红黄色系（YR）和偏灰调的蓝紫色系（PB），其中紫色系与红紫色系要减少使用频率。

7.1.2 宏观层面优化策略 （城镇）

宏观层面的色彩规划重点是把控城市整体环境色彩，城市的色彩定位和清晰的城市色彩结构是塑造色彩风貌特色和提升色彩整体性、秩序性的主要途径。 城市色彩的调节主要依靠城市的建筑墙体和屋顶的色彩。 本节以牡丹江市横道河子镇的研究为例，在核心风貌区色彩的强化、过渡风貌区色彩的协调和现代风貌区色彩的彰显三个方面提出具体的优化策略。

1. 城镇色彩结构控制

色彩结构塑造城镇色彩风貌特色，通过对重要的节点与界面的规划引导，增强城镇色彩空间的秩序性与吸引力。 借鉴城镇总体规划及历史保护规划的空间结构安排，依据片区的资源禀赋进行色彩个性赋予，结合城镇空间特色形成有秩序的色彩结构安排。 以之前对横道河子镇的研究为例，色彩空间结构形成"一核、二心、三轴线、三片区"的发展结构（图7-1）。 其中"一核"是强化以中东铁路机车库为核心的历史建筑群；"二心"是圣母进堂教堂与横道河中心广场这两处核心区域；"三轴线"是指历史文化风貌轴、铁路沿线风貌轴、水系沿岸风貌轴；"三片区"是指城镇的核心风貌区、过渡风貌区、现代风貌区。 借助色彩空间结构来把握小城镇环境的总体特征，并从街巷肌理、历史文化、自然生态等方面强化小镇的空间特色，塑造具有地域文化认同感的生活交往空间。

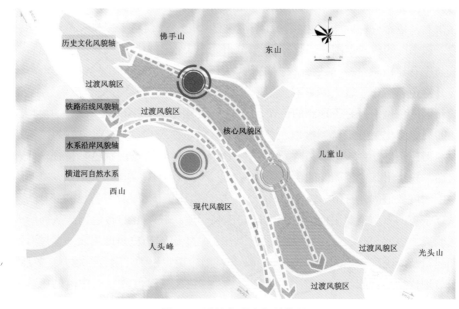

图7-1 城镇色彩空间结构图

2. 重视第五立面色彩

城镇第五立面色彩应突出强调整洁有序、肌理明晰的空间特征，并努力营造与自然山水和谐共生、文化氛围浓郁的高品质色彩环境。 将易产生整体俯瞰视角的色彩区域，如交通要道、景观节点等屋顶色彩作为重点进行管控，强化色彩的整体感知。 根据横道河子镇的虚拟实验数据分析结果，对整体色彩做进一步的优化表达：将4R～5R的色相且高于5.6的彩度及2.5PB～5PB的色相且高于7.2的彩度列为禁用色；同一区域的屋顶色彩在协调的基础上增强重点建筑的整体层面的视觉可视性；核心风貌区的屋顶色彩应进行统一，即均以低明度、低彩度的黑灰色、暗红色呈现，与历史保护建筑的屋顶进行协调设计；现代风貌区的屋顶色彩应更多元，靠近自然水系附以灰青色、暗红色、黑灰色为主，自然山体附近以红色系为主，形成与自然背景色和谐、反差的视觉感知环境，如图 7-2 所示。

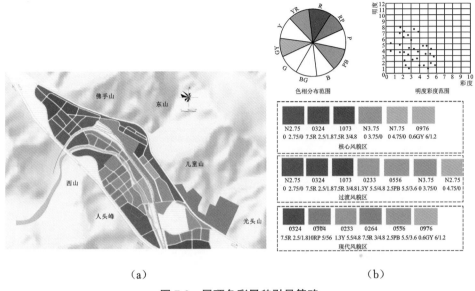

（a）   （b）

图 7-2　屋顶色彩风貌引导策略

（a）色彩分布建议；（b）色彩图谱推荐

3. 强化核心风貌区色彩

黄墙白脚、尺度适宜、温暖典雅、俄式风情是横道河子镇历史核心风貌区的直观特色，影响城镇色彩基因图库的重要组成。该区域主要分布在铁路北部，邻近佛手山与东山，周围的山体地貌赋予了建筑等人工色彩自然的背景映衬。核心风貌区的色彩设计不仅要充分体现历史建筑色彩风貌的秩序性，提升层次性及氛围感，还应尊重周围环境的自然属性。主体色推荐以片区主体色的弱对比色彩为主，以中低彩度的 YR、R、PB、B 色系为主。辅助色则以高明度、低彩度的冷白色系为主。屋顶以低明度、低彩度的暗红色、黄褐色、黄绿色为主，点缀色则以高彩度的暖红色系为主，如图 7-3 所示。

4. 协调过渡风貌区色彩

城镇风貌过渡区的色彩设计应在协调历史色彩的基础上，凸显现代色彩的鲜活性与现代感。横道河子镇的过渡风貌区呈现片区散落分布状，是进行历史与现代对话的重要衔接区，其色彩也应选取核心风貌区的弱对比色彩。由于其与山脉水体等自然要素紧邻，选取多种中低彩度的红黄色系、少量的蓝色系作为区域的主体色，辅助色在白色的基础上增加更多中高明度、中高彩度的红紫色、蓝绿色系，点缀色则以高彩度的红色系、黄色系以及低彩度、高明度的蓝绿色进行空间氛围渲染。同时，应避免区域内出现过多低明度、高彩度的暖色调及高彩度的强对比色彩，如图7-4所示。

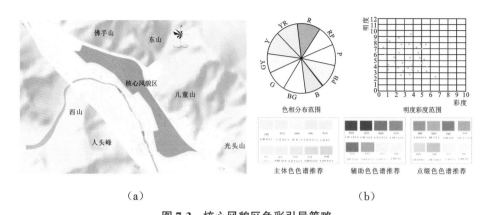

（a）   （b）

图 7-3　核心风貌区色彩引导策略

（a）色彩分区位置；（b）色彩图谱推荐

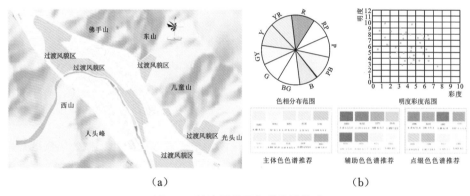

（a）   （b）

图 7-4　过渡风貌区色彩设计策略

（a）色彩分区位置；（b）色彩图谱推荐

5. 彰显现代风貌区色彩

现代风貌区应在整体上形成明快、温暖、崭新、现代的色彩表达。横道河子镇的现代风貌区以铁路、水系与核心风貌区相隔，形成了自然人文融合的色彩风貌。从第 5 章的实验中可知，在低彩度、高明度的自然背景色彩下不宜选用高明度、高彩度的红紫色、蓝色；色彩冷暖感的设计中不仅要对色相进行考量，还要对明度取值范围进行限制；在自然水系附近，应注重景观场景色彩的表达，并对河道栏杆及路灯等设施的色彩进行设计；注重广场等开敞空间建筑用色的统一性，避免出现高彩度紫红色、蓝色；对于人群密集的场所，如车站、商业区等，可以通过增加更多中高彩度的暖色调来形成更热闹的氛围，如图 7-5 所示。

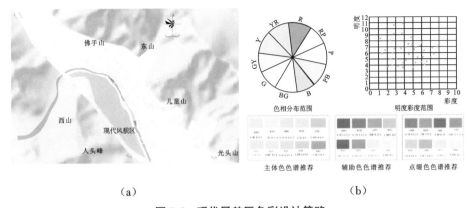

（a）

（b）

图 7-5　现代风貌区色彩设计策略

（a）色彩分区位置；（b）色彩图谱推荐

7.1.3　中观层面优化策略（街道）

中观层面主要是对城市各片区进行色彩规划。 在城市总体色彩定位基础上进行分区域的色彩定位。 探索不同区域的色彩风貌特点能够清晰地构建城市结构，强化城市可读性及提升公众在城市中的体验感。 在总体色彩定位的基调下，城市各片区色彩规划要综合考虑区域原本的历史特色、自然特色和功能特色，不同区域之间的色彩配合问题，以及主色调和辅色调的确定。 哈尔滨市中央大街就是在中观层面进行的色彩风貌感知研究，色调组团表达的是由不同街道组成的区域范围的色彩特征。 对其进行色彩控制主要基于现状的色彩材质、功能、楼层以及心理测评等开展，以此推荐主辅色谱与色彩搭配，防止出现跳脱、有违和感的色调，因此一般只对色相、彩度与明度中一个维度进行变量变动。 由此就孟塞尔色彩体系中的色相而言，最小间隔为 10°（可在 2.5 以内进行浮动），不会出现较大差异；彩度方面，差值小于 3 表明无显著差异，可在 2 以内进行浮动；同样的，明度可在 1 以内进行浮动，故而从高彩度鲜明色调组团、中彩度暗清色调组团、低彩度中稳色调组团和无彩度、明稳与明清色调组团这四个色调组团角度有针对性地提出色谱，分析重点街道的风貌引导。

1. 高彩度鲜明色调组团的重点街道的风貌引导

结合前面对色彩问题的分析，将组团中主街、西五道街、西十三道街归为以商业、办公等公共服务功能为主的街道，中医街、东风街、通江街、大安街则归为以居住、医疗服务功能为主的街道。 组团总体上主要倾向于橙黄色系（10Y～10R），同时在蓝紫色系（10GB～10PB）也有样本分布，但在大安街、西十三道街、东风街、西五道街等存在一些较高彩度、较低明度的数据，易形成较为刺激、跳跃、不和谐的色彩景观，导致使用者的视觉体验感较差。 主街、中医街的色彩心理感知因子得分较低，大安街、中医街、主街、通江街的色彩空间感知因子得分较低。根据存储的主色调-辅色调-点缀色色谱图的分布规律，将较为相近的色调整合处理，依据规划确定的街区主辅色推荐色谱图表，同时借助色彩对比、色彩调和的方式提出色调组团推荐色谱图。

色彩受建筑功能、风格等影响，在色彩推荐时应多进行几种色彩搭配，不可硬性统一搭配一种方案。色彩搭配方案一在保持现状色彩基调的基础上，继承组团的高明度暖色调，降低色彩的彩度，提升色彩的亮度，即确定以黄色系、橘红色系为主色调，并辅以相似色调的棕色，增强色彩的整体性、连续性与协调性。色彩搭配方案二则将组团中的蓝紫色系等冷色调考虑进去，进行适当的冷暖搭配与调和，提升色彩的丰富度、多样性与活力感，其主要应用于大型商业或办公建筑，优化使用者的视觉体验。色彩搭配方案三则主要针对居住、医疗服务建筑，以黄色系为主色调，应用于建筑的主墙面，同时选取黄棕色、紫色作为辅色调，主要应用于栏杆、门窗、阳台等，最后以无彩系灰色、黄橘色作为点缀，如图7-6所示。

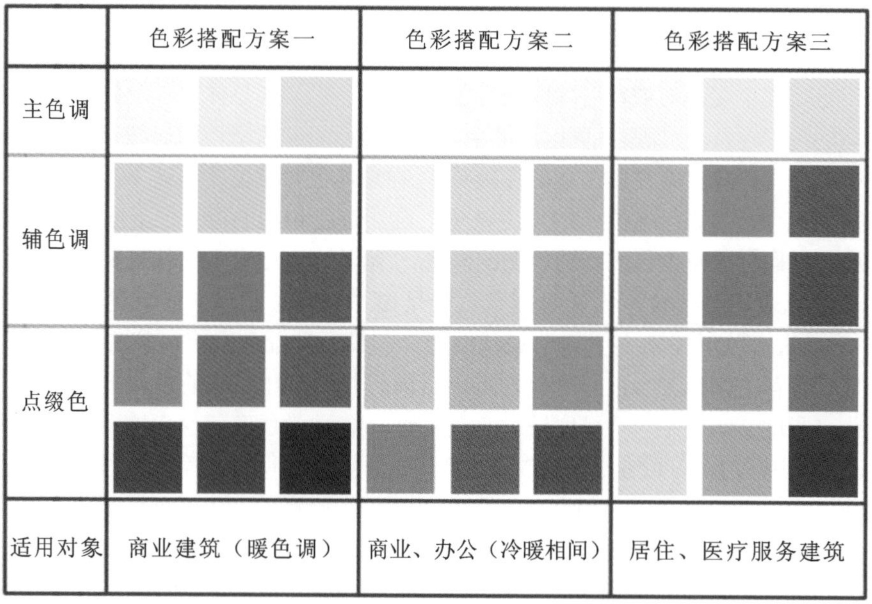

	色彩搭配方案一	色彩搭配方案二	色彩搭配方案三
主色调			
辅色调			
点缀色			
适用对象	商业建筑（暖色调）	商业、办公（冷暖相间）	居住、医疗服务建筑

图7-6 高彩度鲜明色调组团的推荐色谱图

在色谱推荐的基础之上，针对组团内在色彩景观连续性、协调性、层次感等方面因子得分较低的街道进行重点优化与引导。

1）主街的色彩引导

主街现状色彩基本涵盖了冷、暖色相的区域，如图7-7所示，呈现出了较好的色彩调和的作用，但相比较而言，样本在暖色区域的集中分布程度强于冷色区域，不仅数量较多，且扇形幅度较大（10G～10P），同时趋向中低彩度、中高明度的街区总体特征在主街区域得到了显著的强化。 由于其在第 6 章因子分析中的色彩空间感知因子得分仅为−0.025、心理感知因子得分为 0.072，在色彩的方向指示性、柔和感、安全度等方面较差，诸如，存在个别的深棕色、深绿色、亮黄色、暗红色等不和谐的色调，应调整为与整条街道色调统一、协调的淡黄色、浅棕色或浅黄绿色系、无彩系的灰色等，辅色调与点缀色为土黄色、棕色，由此便可以营造较好的色彩风貌。

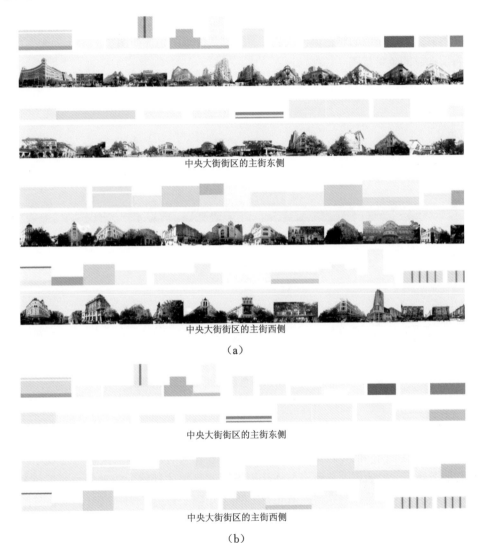

中央大街街区的主街东侧

中央大街街区的主街西侧

（a）

中央大街街区的主街东侧

中央大街街区的主街西侧

（b）

图 7-7　主街东西两侧色彩现状与色彩规划图

（a）色彩现状图；（b）色彩规划图

2）通江街的色彩引导

通江街是该街区南北向的城市次干路与边界线，道路两侧功能与业态为高层住宅、多层住宅（含底商）以及部分酒店，现状整体上为较明亮的淡黄色系暖色调，但同时存在高彩度、低明度的建筑，色彩的连续性与秩序感较差，因此，其色彩空间感知因子得分仅为–0.042，心理感知因子得分亦仅为0.187。现状同时也存在部分较为固定的色调，诸如7天连锁酒店，因此仅降低其明度与彩度，保留原有色相，以保证建筑的辨识度与公众的认知。根据组团色彩搭配方案三，沿用淡黄色系的主色调，淡红棕色的辅色调，灰色系、淡橘色的点缀色，如图7-8所示，形成了更富有层次感的色彩氛围。

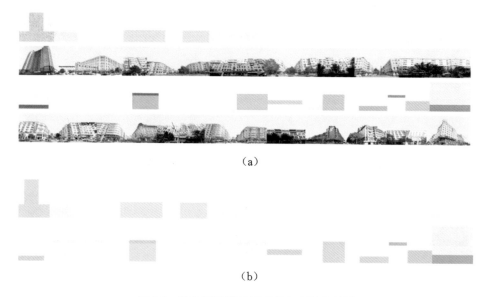

（a）

（b）

图7-8　通江街两侧色彩现状与规划分析图

（a）色彩现状图；（b）色彩规划图

3）中医街的色彩引导

中医街为东西向的步行路，其两侧功能与业态为居住建筑、医院与行政办公等公共服务建筑，生活氛围浓厚，与通江街不同的是整体现状为淡紫色、淡黄色系，个别建筑色彩较为跳跃与杂乱，其色彩心理感知因子得分仅为–0.001，但存在派出所专用蓝色调，受其功能的限制与约束，保留原色。由此根据色彩搭配方案二、方案三，剔除较高彩度、不合理的色调，延续现有的淡紫色主色调，辅以淡黄色、淡蓝色等色调，以淡橘色、淡棕色为点缀色，如图7-9所示，同时在不同建筑中应用面积应富有变换，以营造冷暖相间、层次分明、生动活泼的氛围。

4）西五道街的色彩引导

西五道街为东西向的城市次干路，其两侧的功能与业态为酒店等商业建筑，医

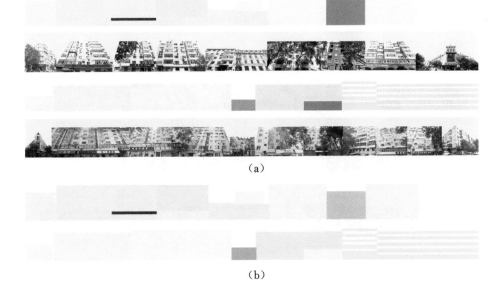

图 7-9　中医街两侧色彩现状与色彩规划图

（a）色彩现状图；（b）色彩规划图

院与多层、高层建筑，功能过多，导致色彩风格比较杂乱，其色彩视觉感知因子得分仅为-0.121，因此在对其改造时借鉴色彩搭配方案二和方案三，主色调采用街道内占比较大的淡棕色，辅以灰色系、淡黄色系，用深棕色进行点缀，保留街道内的玻璃幕墙，以形成较为和谐、统一的色彩体系，如图 7-10 所示。

5）东风街的色彩引导

东风街为东西向的步行街道，两侧分布多层住宅、银行与酒店等商业建筑，现状整体色彩风格过于繁杂，有数十种色调，较高饱和度的建筑较多，因此色彩视觉感知因子得分仅为-0.115。 根据色彩搭配方案三，以淡黄色为主色调，以淡紫色、浅灰色为辅色调，以红棕色、姜黄色为点缀色，如图 7-11 所示，从而使色彩连续性得到提升，色彩氛围更加和谐。

2. 中彩度暗清色调组团的重点街道的风貌引导

结合前面的色彩问题分析，该组团中尚志大街以商业功能为主，友谊路、上游街以居住、教育与文化等公共服务为主。 组团总体上主要倾向于橙黄色系（10Y～10R），在黄绿色系（10GY～10G）、蓝紫色系（10P～10B）也有样本分布，但也存在一些较低明度的色系，缺乏点缀，或运用较为死板，易形成较为暗淡、压抑、单调的色彩氛围，从而导致使用者的视觉、心理体验感较差。 现提出三种色谱方案。色彩搭配方案一延续原先冷暖调和的色彩搭配，将黄色系、紫色系、蓝色系进行协

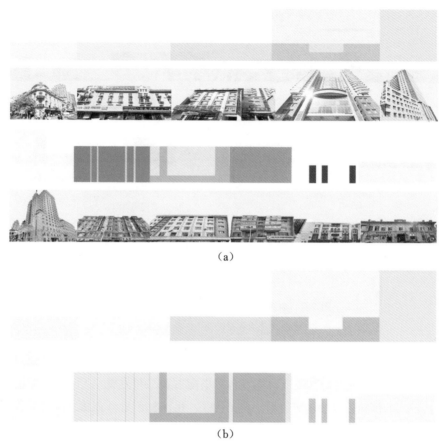

（a）

（b）

图 7-10　西五道街两侧色彩现状与色彩规划图

（a）色彩现状图；（b）色彩规划图

调，符合车行路两侧色调不宜过于繁杂、刺激的情况，多种色调的调和也可以较好地避免单调的问题。色彩搭配方案二兼顾与商业一同布置的居住建筑，以高明度的黄色系为主色调，黄棕色作为辅色调，并以无彩色深灰色作为点缀色。色彩搭配方案三中，配套的教育与文化建筑以浅灰色为主色调，黄色系为辅色调，紫色系与深灰色为点缀色，与居住建筑、商业建筑进行区别，也能与组团内的其他色彩融合，如图 7-12 所示。

1）尚志大街的色彩引导

尚志大街为南北向的城市主干路，亦为街区东侧的边界道路，西侧多为商业、银行、酒店等建筑，存有少部分多层与高层住宅。现状含有黄色系、紫色系、深灰色系，同样存在部分高彩度和低彩度的建筑，色彩视觉感知因子得分仅为 −0.096，心理感知因子得分为 0.072，整体满意度较低。根据色彩搭配方案一与方案二，降

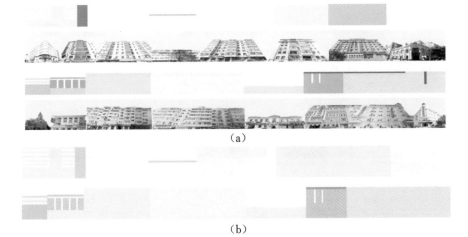

（a）

（b）

图 7-11　东风街两侧色彩现状与色彩规划图

（a）色彩现状图；（b）色彩规划图

	色彩搭配方案一	色彩搭配方案二	色彩搭配方案三
主色调			
辅色调			
点缀色			
适用对象	商业建筑（冷暖相间）	商业、居住建筑（暖色调）	教育与文化建筑

图 7-12　中彩度暗清色调组团的推荐色谱图

低个别建筑的彩度、提升明度，基本保留浅黄色系、浅紫色系的主色调，避免单一色调带来的单调感，以淡蓝色为辅色调，以深紫色、深黄色为点缀色，如图 7-13 所示，形成冷暖相间、富有层次感和秩序感的色彩氛围。

　　2）上游路的色彩引导

　　上游路为东西向的城市支路，两侧主要为多层住宅，教育、酒店等商业建筑，现

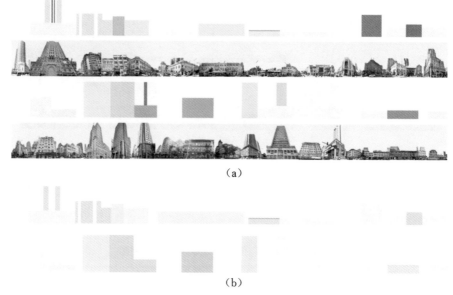

（a）

（b）

图 7-13　尚志大街西侧色彩现状与色彩规划图

（a）色彩现状图；（b）色彩规划图

状整体以淡紫色为主，但存在个别深棕色、深蓝色、鲜绿色等较不和谐的色调，其心理感知因子得分为−0.047，不过需要对学校等较为固定的色调进行保留，不予更改。 根据色彩搭配方案二与方案三，在原有主色调的基础上，加入淡黄色，使其色彩丰富度与协调性有所提升，同时以淡棕色为辅色调，以深棕色、浅灰色为点缀色。 如图 7-14 所示，色彩规划后的色调更加层次分明、和谐。

3. 低彩度中稳色调组团的重点街道色彩引导

结合色彩问题分析，该组团中西二道街、西十二道街以商业、居住功能为主。组团总体上主要倾向于橙黄色系（10Y～10R），极少分布蓝紫色系，同时也存在一些较低明度、较高彩度的数据。 除此之外，西十二道街两侧色彩较为单调，易造成视觉审美疲劳。 西二道街多层建筑之间色彩较为杂乱，在提出色谱时，色彩搭配方案一主色调沿用现状黄色系，同时灵活使用黄绿色、黄棕色等辅色调提升色彩的丰富性，点缀色为棕色系，其载体为门窗、阳台等；方案二则对主色调进行改变，略微提高明度来改善沉闷之感，如图 7-15 所示，辅色调采用同色系，点缀色采用深棕色与无彩灰色系，形成较为完整的色彩体系，整体更为协调且富于变化。

西二道街为东西向的城市支路，两侧以商业建筑为主，综合得分较高，但色调跨越度较大，饱和度过高，存在较大面积的深棕色、深黄色，给使用者带来压抑之感，其色彩心理感知因子得分仅为 0.081。 根据色彩搭配方案二，沿用淡棕色的主色调，以黄色系、深红棕色为辅色调，丰富街道的氛围，避免相同风格的建筑给人

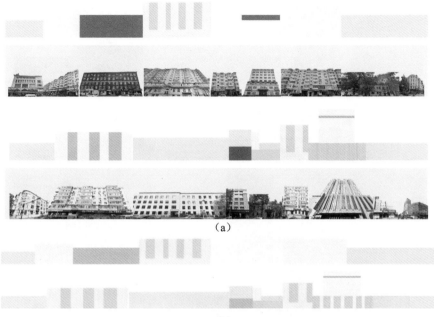

图 7-14　上游路两侧色彩现状与色彩规划图

（a）色彩现状图；（b）色彩规划图

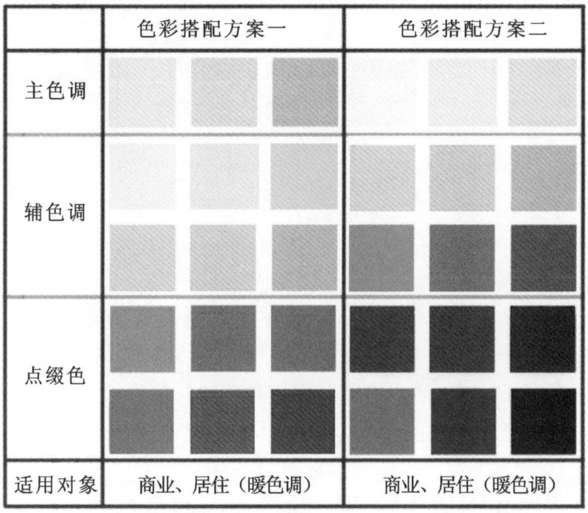

	色彩搭配方案一			色彩搭配方案二		
主色调						
辅色调						
点缀色						
适用对象	商业、居住（暖色调）			商业、居住（暖色调）		

图 7-15　低彩度中稳色调组团的推荐色谱图

带来疲劳感，并以灰色系进行点缀。如图 7-16 所示，该方案整体提升了街道的明亮度，给人以温暖明快之感。

（a）

（b）

图 7-16 西二道街两侧色彩现状与色彩规划图

（a）色彩现状图；（b）色彩规划图

4. 无彩度、明稳与明清色调组团的重点街道色彩引导

结合色彩问题分析之后，该组团中经纬街、端街以办公、商业建筑为主，红霞街、霞曼街以居住建筑为主，西十一道街、西十四道街以商业建筑为主。组团总体上主要倾向于黄色系（10GY～10YR），在蓝紫色系极少分布，同时也存在一些较低明度、较高彩度的数据。除此之外，西十四道街色调的跨越度与跳跃度较大，端

街、西十一道街色彩较为单调，在提出色谱时，色彩搭配方案一主要针对商业建筑，采用同色系进行搭配，主色调为黄色系，以棕色、橘色为主要辅色调，点缀色采用灰色系进行冷暖调和，丰富不同色彩载体。方案二主要考虑到现有居住建筑较多，沿用现状色彩，整体以黄色系为主色调，以黄绿色系为辅色调，黄棕色为点缀色，整体较为丰富灵活。方案三主要针对教育与办公建筑，采取较严肃庄重的无彩色灰色系为主色调，在辅色调中加入黄棕色系，点缀色则为深灰色系，与主色调相比明度有所变化，丰富了色彩的层次性，如图7-17所示。

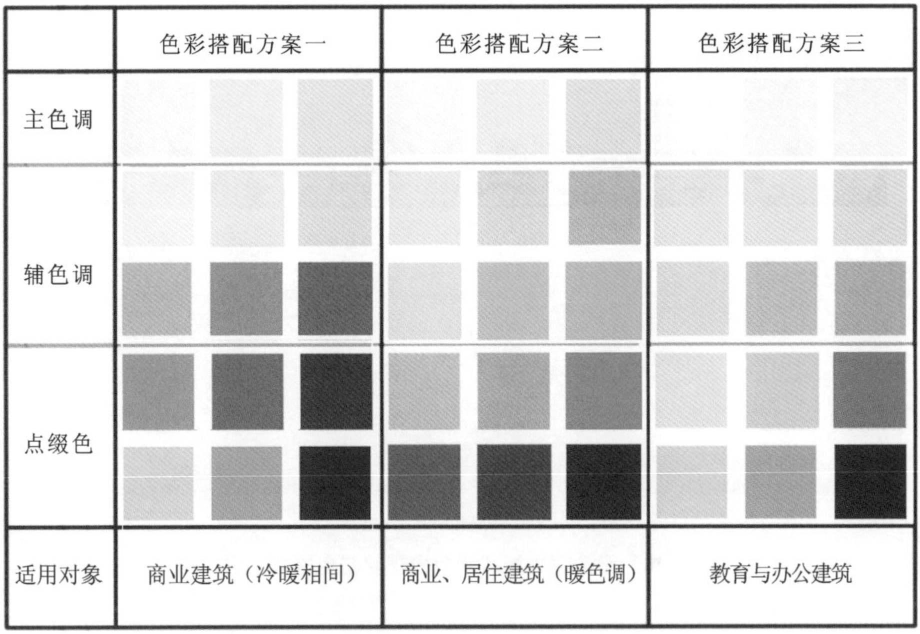

	色彩搭配方案一	色彩搭配方案二	色彩搭配方案三
主色调			
辅色调			
点缀色			
适用对象	商业建筑（冷暖相间）	商业、居住建筑（暖色调）	教育与办公建筑

图 7-17 无彩度、明稳与明清色调组团的推荐色谱图

结合第6章因子分析综合得分，西十四道街与经纬街在此组团中得分较低，因此对其进行优化设计。

1）西十四道街的色彩引导

西十四道街为东西向的步行街道，两侧多为商业建筑，配有教育、居住功能，整体以淡黄色为主，存在深棕色、深蓝色等较为跳跃的色调，给人以杂乱之感，视觉感知因子得分仅为-0.083。根据色彩搭配方案二和方案三，延续原有的黄色系主色调，加以淡紫色，提升街道的丰富度，辅以深棕色，并以灰色系进行点缀（图7-18），形成冷暖相间、具有层次感与秩序感的色彩氛围。

2）经纬街的色彩引导

经纬街是该街区西侧的西北—东南向的边界道路，以车行交通为主，与街区东

（a）

（b）

图 7-18　西十四道街两侧色彩现状与色彩规划图

（a）色彩现状图；（b）色彩规划图

西向道路的交叉口有 4 个，北侧以办公与商业建筑为主，该街道的色彩空间感知因子得分仅为 −0.042，可以看出现状存在连续性、协调性较差等问题，根据色彩搭配方案一和方案三，针对办公建筑，保留现有色彩，仅对高饱和度的深棕色、低明度的深灰色进行略微调整，采用与街道内较大面积的浅橘色一致的色系（图7-19），整体上和谐统一。

7.1.4　微观层面优化策略 （基底和点缀）

微观层面是对城市街道基底色和点缀色的规划控制，在色点定位的基础上，注重色彩的适度统一性与变化感。 对基底色的规划控制主要是基于现状中不同街段类型的色彩协调情况与变化情况，根据实验研究结果，辅以色彩调和的手段。 前面的中街商业街区就以微观角度从街道基底色彩、强调点缀色彩、标识引导色彩三方面着手，从街道的色彩选取与搭配方式方面提出街区色彩规划策略和引导。

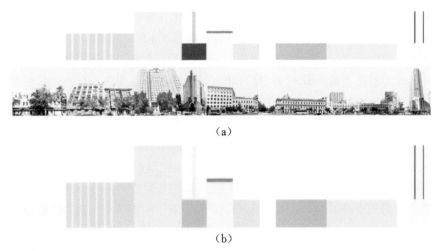

图 7-19　经纬街北侧色彩现状与色彩规划图

（a）色彩现状图；（b）色彩规划图

1. 街道基底色彩规划策略与引导

商业街基底色彩体系以背景图底作用为主，注重色彩的适度统一性与变化感。因此对基底色彩的规划控制主要基于现状不同街段类型、不同商业类型中的色彩协调情况与变化情况，根据实验研究结果，辅以色彩调和的手段进行，因此其色彩选取与搭配方式从以下几方面着手。

1）建筑基底色彩图谱推荐与搭配策略

（1）从色彩基调协调的角度来说，总体层面上以中高明度无彩色系与红色系、黄色系传统历史文化色彩为主要色彩基调进行协调；结合现状色彩样本特征，从商业街道类型，西顺城街—东顺城街以传统风貌色彩为主，所以色彩图谱主要选取范围倾向于明度在 5～9.5 的无彩色系、中低明度中高彩度的暖色系（R、YR、Y 色系，V≤6，6≤C≤12）、高明度低彩度的冷暖色系（C≤2，7≤V≤9.5）；而东顺城街—小什字街以现代商业风貌为主，与传统街道产生一定区别，同时又不能脱离总体色彩基调，所以可选择性延续上段街道色彩基调，而冷色系部分作为该段街道的主体色彩倾向，在传统色彩基调内的明度彩度管控范围可适当增大，控制在中低明度、中低彩度（2≤C≤4，3≤V≤6）。

（2）从色彩连续性差值的角度上来说，适合的差值范围既能凸显变化感，又能对过分跳跃、不和谐的色彩做出合适的判断与调整。对于传统街道部分的主体色彩，结合现状来看，其相邻建筑的色彩协调多以对比调和中的同类色相协调方式为主，但在中街内，尤其是西顺城街—东顺城街这段传统街道，相邻建筑色彩过分跳跃，容易产生较差的视觉体验，所以从色彩调和的角度，对色彩连续性进行控制以减少刺激色彩的出现：当相邻建筑的色相为同类色相（同为暖色调、冷色调或无彩色调）时，明度差值变化在 3 以内，彩度差值变化在 6 以内；当相邻建筑为不同类色相时，明度和彩度值有一项色彩要素变化差值超过 4 但不超过 6，另一项要素的差值变化在 4 以内。 对于东顺城街—小什字街这部分现代街道，若相邻建筑色相为有彩色系，无论对比还是调和，其明度与彩度差值变化范围要在 4 以内；若相邻建筑色相为零度对比，其明度差值变化可在 6 以内。

（3）从单体类型的商业建筑的色彩搭配上来说，对于中街而言，由于其内部商业类型多样，所以对应的色彩搭配也不尽相同，但结合现状分析与眼动实验的综合分析来看，当前建筑色彩搭配中存在单调呆板、压抑厚重、缺乏层次性等问题。 根据中街的现状特征，可通过类似调和与对比调和的搭配方式来改善建筑色彩风貌。在推荐的色彩图谱范围中，具体搭配方式如下。 对于中街传统街道，在进行单体类型的商业建筑色彩搭配时，可采用同类色相调和的方式。 当整体建筑为无彩色系时，主辅色可以只在明度上产生变化，采用类似调和的方式，增加色彩的层次性。对于含有有彩色系的建筑，其搭配方式为：同时含有彩与无彩色系，采用零度对比调和；建筑主辅色都是同色系或相邻有彩色系，采用相似色调调和；冷暖色彩同时出现，采用有彩对比调和（图 7-20）。

2）建筑基底色彩风貌规划引导

中街建筑基底色彩在总体层面基本遵循以历史风貌色彩为基础辅以调和方式进行协调的原则。 但从色彩的连续协调与色彩搭配角度上，结合现状分析与第 5 章眼动实验中对部分缺乏层次性的大体量建筑、单调呆板的无彩色系建筑以及色彩刺激与跳跃性较强的建筑来说，可采用相应的色彩搭配方式来改善。

（1）对于色彩搭配缺乏层次性的大体量商业建筑来说，这类建筑易使人产生压抑感，其在商业街道中的特点可分为两类。 一类是体量较大、与周边建筑相比单一色彩面积占比较大的建筑，如高层国美电器、亚朵酒店、01 流行馆。 这类建筑在眼动实验中的体现为：对于无明显强调色彩的综合体或高层等大体量建筑，建筑基底色彩搭配中有明显色彩变化的要比无明显色彩变化的更吸引人。 另一类是杂乱的广告强调色彩覆盖整个基底的建筑，如国美电器综合体。 这类建筑在眼动实验中的体现为：过分杂乱的立面色彩吸引力要弱于有层次变化、搭配协调的色彩。 针对以上情况，可通过同类色相调和的手段对建筑主体色进行同类色相不同明度彩度的有序变化，建筑将在色彩层面更富有层次性。

（2）对于拥有高彩度的有彩色系建筑来说，这类建筑在商业街中的特点是：与相邻建筑基底色彩相比，彩度对比强度过大；与周边相邻建筑相比，色彩过于跳跃，造成色彩不协调，同时还会削弱基底色彩的作用。 眼动实验中，基底色彩过于艳丽，会吸引一部分关注度，削弱强调色彩的作用。 对萃金楼珠宝、爱迪尔珠宝、林大生珠宝、老边饺子这类建筑而言，可适当降低彩度，使其与邻近建筑彩度差值

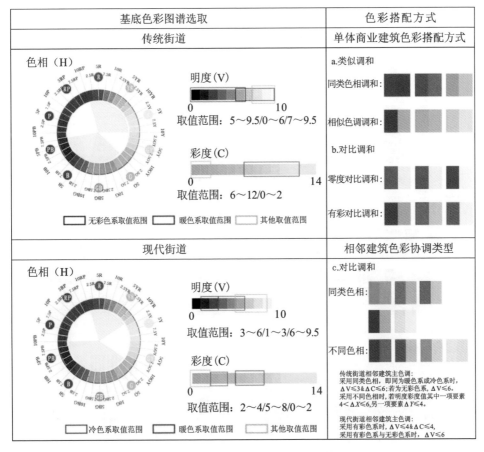

图 7-20　建筑基底色彩图谱推荐与搭配

控制在 6 以内，减少与周边建筑基底色彩的对比强度，从而增强基底色彩的连续性与协调感。

（3）对于色彩搭配缺乏层次性、单调呆板的小体量多层商业建筑来说，这类建筑的特点是建筑立面基底没有丰富的造型装饰，也没有任何富有层次变化的色彩搭配形式。结合眼动实验，我们知道有丰富色彩变化或造型丰富的建筑要比单调呆板的建筑更吸引人。如 168 连锁酒店，其改造规划的方式既可以采用丰富立面造型也运用同类色相调和的方式进行色彩搭配，这样不但可以提高建筑基底的丰富度，还可以活跃商业街的氛围，提升建筑的活力（以上所述情况结合图 7-21）。

3）地面铺装基底色彩风貌规划引导

针对地面铺装基底色彩搭配，结合第 5 章的实验可以看到，地面铺装在中街内舒适满意度较高，吸引力较弱，这进一步说明地面铺装色彩的选取和搭配要符合温和沉静的特点，所以色彩不宜过于强调变化，同时还要与建筑基底色彩呼应。因此

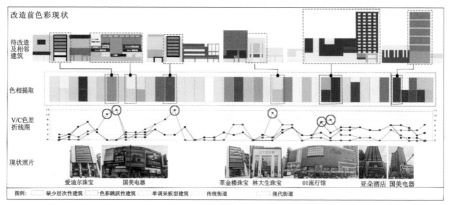

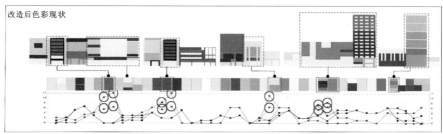

（a）

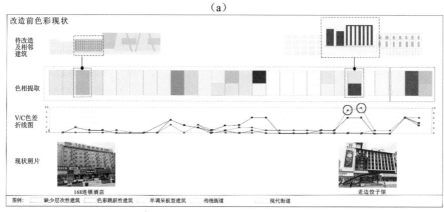

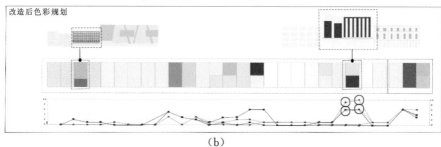

（b）

图 7-21　建筑基底色彩现状与色彩规划图

（a）街道南侧；（b）街道北侧

采用类似调和中相似色调调和的方式选择与主体灰色色彩基调相协调的点缀色相间搭配，在不同色彩的铺装排布上可增加不同的构图形式来削弱单调感。故地面铺装基底色彩选取范围为：大面积的铺装以中明度的无彩色系为主，中明度、低彩度的暖色系（Y、YR色系，2≤C≤4，5≤V≤7）为辅，与此同时，各色彩之间的差值变化应在3以内（图7-22）。

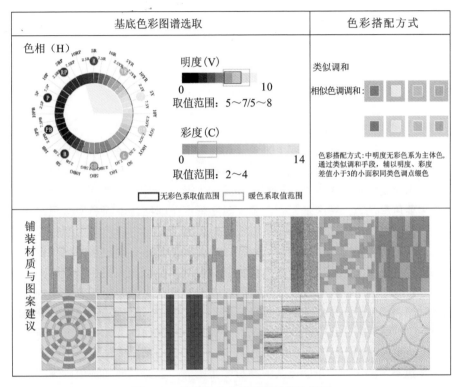

图 7-22 地面基底色彩图谱推荐与搭配

4）地面铺装基底色彩风貌规划引导

结合上文的分析，绘制沈阳中街步行商业街道南、北两侧部分街段街景的建筑基底色彩规划方案（图7-23）。

2. 强调点缀色彩规划策略与引导

商业街强调色彩体系以增强吸引力、传递信息、活跃色彩氛围为主，注重杂而不乱的色彩特征以及丰富度与舒适度的心理感受。对强调色彩的规划控制主要基于现状中不同街巷空间尺度、不同商业类型、不同面积广告组合中的色彩搭配组合情况，再根据实验结果，辅以对比调和的手段，因此其色彩选取与搭配方式从以下几方面着手。

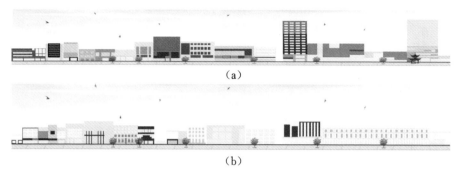

图 7-23　中街步行商业街色彩规划方案

（a）街道南侧；（b）街道北侧

1）广告强调色彩图谱推荐与搭配策略

（1）从色彩基调协调的角度上来说，在商业街中，点缀色虽然种类繁多，但在该色彩体系中仍然需要有与商业街整体风格相协调的主体色基调，再在色彩基调的基础上运用对比调和等手段进行搭配。在总体层面上，中街内的点缀色体系应以 R 色系为主要色彩基调，其次是无彩色系，明度彩度范围结合不同类型搭配方式灵活选取，不做硬性规定，这样可既延续传统色彩风貌，又与中街色彩主题相符，还从根本上活跃了色彩氛围。仅次于 R 色系的 Y、YR 色系是有彩色系中又一重要色彩基调，这类色系与 R 色系邻近，在总体色彩基调上属类似调和的色相范畴，起到与 R 色系相似的作用，有彩冷色系在强调色彩体系间应以点缀布局的方式出现，同时搭配适宜的调和手段，达到突出但不突兀、舒适却不呆板、繁杂而不混乱的效果。

（2）从不同类型空间街巷的角度来说，胡同小巷以餐饮类为主，空间场所高宽比小于 1，而中街主街为综合类型街道，空间高宽比为 1～2。结合以上街道空间特征，除 R 色系主要选取中低明度、中高彩度范围外，主街其他强调色应倾向中低明度暖色系，其他冷色系色彩范围选取倾向与暖色系相似；而胡同小巷其他强调色会比主街的色彩更加鲜艳明亮，倾向于中高明度、高彩度暖色系（YR、Y 色系，$5 \leqslant V \leqslant 9$，$8 \leqslant C \leqslant 12$），以此来缓解狭窄空间带来的压抑感，并与 R 色系相协调，共同延续传统色彩风貌，从而营造热闹的餐饮氛围。

（3）从体系内不同色彩搭配类型来说，就广告强调色彩而言，其色彩搭配需要结合建筑基底色、广告背景色和字体色进行综合考量。中街的强调色以对比调和为主，搭配方式主要有以下几类：其一，零度对比的核心是强调色彩明度变化，搭配形式为广告背景色或字体色最少有一项为无彩色系；其二，有彩色系对比通过彩度或色相形成对比，背景色与字体色都为有彩色系。综合来看，主街基底色彩多为无彩色系与冷灰色系，所以强调色彩搭配时，在有彩色系的选取中，除红色系外应多选取同类色相的冷色系；胡同小巷基底色彩多为无彩色系与红色系，所以有彩色系应选取同类暖色系。但结合现状与眼动实验可以发现一些色彩搭配不协调、不舒适的现象，如多种毫无秩序的强调色彩在一栋建筑上，造成色彩杂乱；又或者为突出色彩协调性，采用过于同质化的色彩搭配形式，破坏了街道的活跃度，弱化了强调色彩的作用。 这些都与商业街的色彩风貌特征格格不入，可结合上述方法，配合图 7-24 列举的色彩搭配类型进行改善。

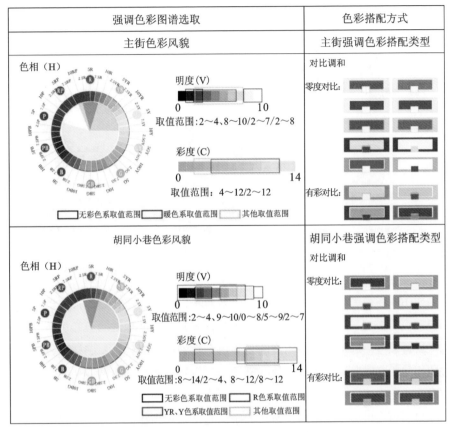

图 7-24 广告强调色彩图谱推荐与搭配

2）广告强调色彩风貌规划引导

中街强调色彩体系在色彩基调选取上仍然沿用传统历史色彩风貌。 但参照前文，按照强调色彩的具体搭配方式，并结合第 5 章实验中对一些搭配类型的总结情况来看，需要进一步对几类有代表性、产生突出问题的强调色彩进行综合改造规划。

（1）对于数量多、色彩突兀繁杂的广告强调色彩来说，这类强调色彩的特点是在主街内建筑体量较大，基底色彩面积相对也较大，所以广告强调色彩易出现色彩种类繁多但构图排布混乱的现象。 结合眼动实验中过多的强调色彩造成不协调，反而减弱对人们的吸引力，弱化强调色彩作用，对于这类色彩问题，可通过对比调和的手段进行优化（图 7-25）。

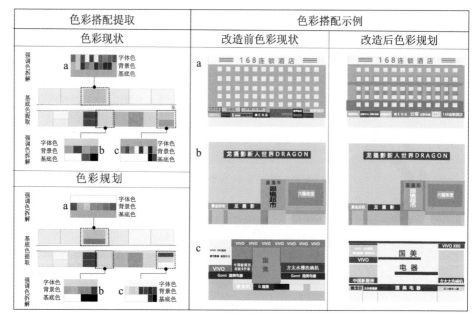

图7-25 主街广告强调色彩现状与规划分析图

诸如168连锁酒店这类底层广告牌数量繁多、排布无序、色彩混乱的情况，首先需要规范广告牌尺寸，通过对比调和手段选取明度彩度相近的有彩色系和灰色系作为广告背景色，选取同样高明度的无彩色系作为广告字体色，这样广告背景色可通过色相与明度同基底色形成对比，又通过广告字体色形成协调，从而达到协调中又富有变化的特点。

龙摄影新人世界中高彩度黄色系的眼镜超市招牌占比面积大，与建筑基底色彩和其他强调色彩都形成强对比，产生跳跃突兀的不良视觉效果，所以运用对比调和原理，可选择相邻同样大面积广告的六福珠宝色调，运用类似调和手段调整色彩明度；东侧黄金回收广告招牌虽然面积占比较小，但选取的绿色基底色彩仍然带来不适感，所以可选择明度彩度与六福珠宝相近的暖色调，这样既可与整体广告色彩协调，又与建筑基底色彩形成对比。

针对国美电器这类广告面积覆盖整个建筑基底的现象，首先需要对广告牌进行结构性的规划排序，其次在色彩上可通过调和的手段，让基底色彩与广告色彩形成零度对比，然后可通过类似调和的手段，选取历史色彩基调红色系作为广告总体背景色，通过明度与彩度产生不同程度的有序变化，最后选取无彩色系对字体图案进行统一点缀，这样提升了整个建筑的协调感，增加了舒适度和活力。

（2）对于呆板单调、强调作用不突出的广告色彩来说，这类强调色彩的特点是对胡同小巷这种相对狭窄的餐饮街巷空间而言，广告招牌同质化现象严重，缺少丰富灵活的色彩搭配，与商业街活跃热闹的氛围不相符。眼动实验中，有彩色系的吸引力要强于无彩色系、有彩度变化的色彩环境要强于灰色调的色彩环境，因此可通过增加背景色种类，辅以对比调和的手段进行优化。

以官局子胡同为例，其南侧的商铺摊位招牌广告在整个街巷内不应全部以同一高明度无彩色广告背景色搭配不同颜色字体。广告背景色是强调色彩占比最大的部分，也是需要强调的组成部分，所以需要对广告背景色进行重新规划，如每个商户可选择一个主体背景色，多家商户再采取对比调和手段以类似彩度明度进行多种色相的搭配从而产生丰富的色彩面貌。而北侧的商业店铺广告招牌中，广告排布结构等特征良好，但因基底色彩过于艳丽，广告面积较小，所以强调色彩以同一调和的方式选取背景色会弱化广告的强调作用，因此应同时在明度和彩度上做对比才能产生更突出的作用（图7-26）。

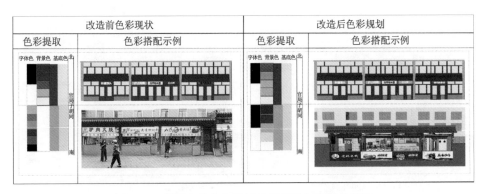

图 7-26　胡同小巷广告强调色彩现状与规划分析图

3）雕塑与售货亭类强调色彩规划策略与引导

针对中街内的雕塑与售货亭类强调色彩搭配，结合现状与眼动实验可以了解到，在强调色彩中，雕塑与售货亭的色彩依附的设施虽然没有广告类设施数量多，但其色彩吸引力比广告类色彩更强，其主要原因是冷色调色彩选取的种类增多、占比面积增大、冷暖色彩的对比更加突出。因此，为使这类复杂色彩搭配协调，需要针对不同类型的街道对这些设施的形式风格与色彩进行规划。

（1）对于传统街道来说，其设施风格应与中街历史文化一致。在色彩选取上同样应该以中明度、高彩度的 R 色系与 YR 色系等传统风貌色系为主要色彩基调。眼动实验中，有序强对比色彩会比杂乱强对比色彩更引人注目，从色彩搭配上来说：若是传统风格设施的色彩，可以不同的暖色系作为主要色彩基调、冷色调为点缀色，在彩度上进行协调，通过色相和明度进行冷暖对比；但要以冷暖色调同时作为主要色彩基调，仍应在彩度上相互协调，而点缀色可选取白色调进行突出强调；若是现代风格设施的色彩，其主体色彩基调的选取可不局限于传统色系风格，选取种类更多，各类色彩在搭配上则主要通过明度值进行协调。

（2）对于现代街道来说，设施风格应符合现代风格。在色彩选取上为与基底色彩相互呼应，可选取 R、PB、BG 色系，然后在明度、彩度上与基底色彩形成鲜明对比。在色彩搭配上，因该段街道基底色彩中有彩色系占比面积较大，冷暖色调种类较多，所以在强调色彩搭配上主色调选取不宜过多，搭配不宜过于复杂，当有多种色彩进行搭配时以有彩与无彩相结合的零度对比为主，而在不同有彩色系设施间，若同为冷色系或暖色系，则主要通过色相形成对比，而冷暖色彩之间又通过明度形成对比（图 7-27）。

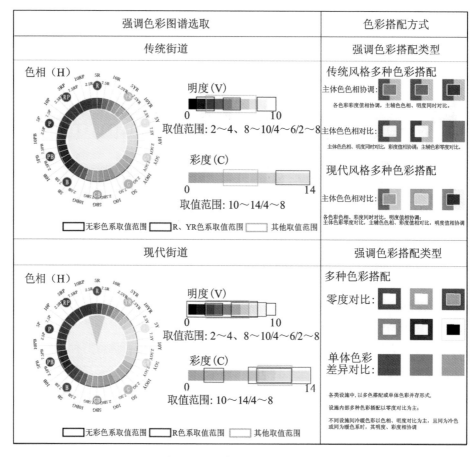

图 7-27　雕塑与售货亭强调色彩图谱推荐与搭配

3. 标识引导色彩规划策略与引导

1）标识引导色彩图谱推荐与搭配策略

商业街这类色彩体系以可见性、系统性与整体性为主，更注重色彩的秩序感。对这类色彩的规划控制主要是基于现状中不同街段类型的色彩搭配情况，再根据实验研究结果，辅以对比调和的手段，因此其色彩选取与搭配方式从以下几方面着手。

（1）从色彩基调协调的角度上来说，总体层面上以中高明度的无彩色系或灰色系和中低彩度的红色系两大类传统色系为主要色彩基调，在不同街段、不同设施间进行选取与搭配。从街道类型看，西顺城街—东顺城街这段传统街道中，这些设施色彩现状除个别标识牌外，总体较为系统完善，应继续以低明度、中彩度的红色系及高明度无彩色系或暖灰色系为主要色彩基调贯穿各设施。但现代街道中，因其商业类型与基底色彩环境基调都不同于传统街道，以中明度、低彩度的冷色系为主，低明度、中彩度的暖色系为辅，结合第 4 章现状分析，这类设施规划并不完善，无法形成有效的色彩引导体系，为解决这一问题，可选择中高明度的无彩色系或暖灰色系为主要色彩基调，红色调为辅助色彩基调，这样既可与传统街段这类色彩体系相协调，又与现代街道环境形成对比。

（2）从单类设施的色彩搭配上来说，对于传统街道部分，色彩的对比调和方式主要通过有彩色系与无彩色系搭配，形成明度与色相上的对比，且明度差值要在 5 以上，其中标识引导色彩选取传统红色调作为主要背景色，延续传统色彩风貌，高明度无彩色调作为对比辅色调进行匹配。对于现代街道部分，因该街道现状设施建设并不完善，且现存的个别设施色彩过于跳跃不协调，为改善这一情况，规划色彩的对比调和方式主要为无彩色系相互搭配，部分标识牌辅以红色调进行搭配，在明度上形成对比。在中明度以下的有彩色系占基底色彩比重较大的情况下，为突出可识别性，标识引导色彩可选择高明度的无彩色系，搭配的字体选择明度差值大于 6 的无彩色系（图 7-28）。

2）标识引导色彩风貌规划引导

中街标识引导体系色彩在总体层面上基本沿用了以历史风貌色彩为基础，辅以对比调和方式进行协调的原则。但根据现状分析以及第 5 章眼动实验中对于不同情形色彩搭配产生的吸引力程度，可对产生问题的设施进行综合规划与改造。

（1）对于传统街道来说，这部分街道主要包括主街与胡同小巷两部分，都以传统风貌为主，再结合现状，存在色彩问题的主要是胡同小巷内的部分标识牌。根据眼动实验对色彩的吸引力来看，在色彩复杂的环境中，秩序感越强、色彩搭配对比程度越大，吸引力也越强。对于传统街道内蓝色系与白色系搭配形成的标识牌，其色彩搭配是完全脱离该街道的色彩体系，所以可以将蓝色调与黑色调转换成红色

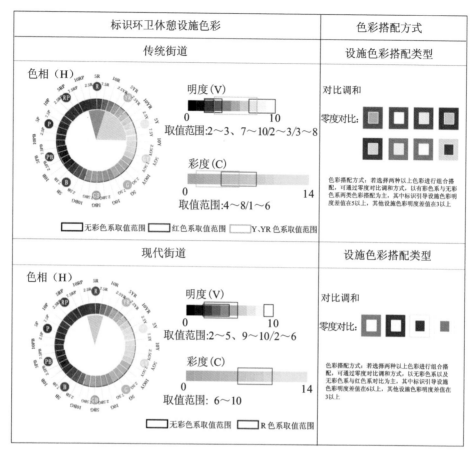

图7-28 标识引导色彩图谱推荐与搭配

调，同样辅以白色调进行对比搭配，从而既延续这部分色彩体系又能够在传统街道中灰色为主的总体色彩基调中脱颖而出，同时在设施风格上也与其他设施协调。

（2）对于现代街道部分，其主要问题为设施不完善，同时，少量已有的设施未能形成明显的色彩体系。与传统街道所选取的色彩吸引力角度相同，在现代街道改善规划中，为了使以冷色调为主的有彩色系现代街道既能协调又能形成对比，选取白色调为主要色彩基调，辅以搭配中明度无彩色系或红色系点缀穿插在相应的设施间，这样，从基底色彩与标识引导色彩角度出发，中明度有彩冷色调与高明度无彩色调形成零度对比，而红色调既能够延续传统街道的色彩基调，又能与标识引导色彩以及环境基底色彩同时形成对比。这条街道的标识引导设施还要在外观形态上有所区别，即现代街道的设施以现代形态风格为主（图7-29）。

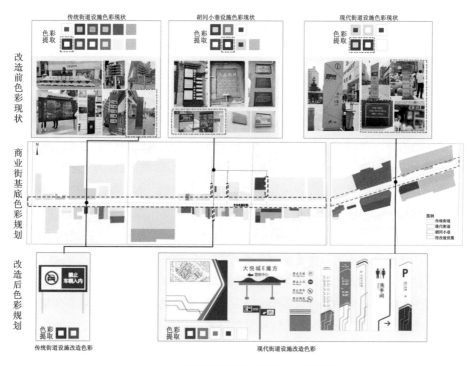

图 7-29　标识引导色彩现状与色彩规划

7.2　寒地色彩特色保护

7.2.1　珍稀的色彩空间

1. 延续寒地城市色彩总体特征

寒地城市气候环境相差无几，冬季几乎都是大面积的冰雪环境，快速的城镇化建设浪潮缺乏对地域色彩特征的精细化解读，趋同的建筑色彩的选择造成了千城一面的城市风貌。自 18 世纪欧洲工业革命起，科学技术的进步不断推进建筑领域的技术变革，城市地域特色性随着建筑文化的国际化和城市空间逐渐趋同而慢慢消失，城市景观表现出无差别化，城市色彩的整体性、文脉延续性、地域性被割裂，建筑风格机械搬运，随处可见的玻璃幕墙的行政办公建筑、模式化的商业街开发建设带来了相似的建筑色彩语言，这些缺乏与地域文化相联系的大面积城市色彩在城市生活环境中展现，城市意向、空间方位变得模糊不清，城市的地域文化特色被抹去，取而代之的是普通相似的城市面孔。

2. 控制大体量建筑高彩度倾向

现代高层建筑承担着除城市生活外更为广泛的功能，是组成城市空间结构的关键节点，有时甚至影响整个城市的形态结构。其建筑色彩的混乱对整个城市视觉影响重大。受寒地城市寒冷气候的影响，部分高层建筑未考虑城市整体色彩环境的协调性，选择高彩度的暖色调作为建筑主色调，当大面积高彩度空间挺立在城市空间时，便会造成城市拥堵感、压抑感，对城市天际线造成强烈的视觉冲击，例如在齐齐哈尔城市中心的滨河地带，高层建筑采用了彩度较高的红色作为主色调，与周围以淡黄色调、暖灰色调为主的建筑形成视觉反差，造成了较为混乱的视觉效果。

3. 控制新型立面材料显色范围

建筑材料的发展与人类文明发展历程一致，在漫长的奴隶社会和封建社会时期，受制于技术工艺水平，建筑材料主要为土、木、砖、瓦、灰、沙、石等。18世纪后期，随着英国进入工业化发展时期，城市功能从单一的政治居住转变为商业、工业等更为复杂的复合体，传统砖石和木结构建造的空间已不能满足多样复杂的社会要求，促进了人们对建筑新材料与建筑技术的创新研究，涌现出大批跨度规模大、耐火防震的新型建筑（表7-1）。

表 7-1　建筑材料类别表

涂料	水泥		陶瓷	石材	玻璃	金属		木材	屋瓦	塑料	生态材料
弹性/质感涂料	清水混凝土	人造文化石/砖	青砖/红砖	花岗石	玻璃砖	不锈钢	铝单板	防腐木/炭化木	小青瓦/陶土瓦	聚碳酸酯板	竹木
灰泥	预制混凝土挂板	玻璃纤维增强混凝土	陶砖/劈开砖	石灰石	U形玻璃	冲压网/金属网帘	铝塑复合板	塑木	沥青瓦/水泥瓦	亚克力	绿植
真石漆/多彩漆	装饰混凝土	透光混凝土	陶板	砂岩	有色/夹胶玻璃	铜	蜂窝复合板	木饰面树脂板	木瓦/石板瓦	PVC膜	夯土
金属漆	纤维水泥板	超高性能混凝土	软瓷	洞石	彩釉玻璃	钛锌板	耐候钢板	木结构	金属屋面	PTFE膜	—
—	预制混凝土砌块	—	陶瓷薄板	板岩	超白玻璃	—	彩涂/搪瓷钢板	—	—	ETFE膜	—

著名建筑师沙利文曾说："真正的建筑师是一个诗人，但他不用语言，而用建筑材料。"早期建筑就地取材的营建方式使得城市色彩与地域环境呈现出非常契合的视觉效果。 现代色彩学在现代建筑运动发展中产生，从城市更新改造运动开始，逐渐关注色彩对传统城市风貌的影响并开始对色彩影响因素展开研究。 城市色彩先后经历了无色彩体系的国际主义时期、色彩回顾的后现代主义时期以及绿色环保、人本主义等多元化的视角研究时期，时至今日，建筑领域的技术工艺的发展以及建筑材料的普及，在一定程度上实现了对城市色彩的掌控。

任何事情都有双面效应，著名美国建筑师莱特曾说："所有材料都是美丽的，它们的美丽乃至全部价值取决于建筑师如何使用它们。"如何更好地展示城市地域风貌，通过地方性材料的挖掘、地方性工艺的运用、材料性能的研究，尤其注重寒地城市的耐候性，形成自己独特的处理材料的语言，是城市建筑材料运用的关键。 在如今自然环境氛围浓郁的寒冷地区，人们仍然倾向于选择木材、石材、混凝土、夯土等与自然环境协调的色彩，而金属、塑料、玻璃等材质的运用较少，可见地域性视角下人们的色彩选择更倾向于协调性的色彩。

4. 注重夜景色彩整体氛围营造

良好的夜景规划设计可以丰富城市意象。 灯笼是中国民间传统工艺品的瑰宝，也是古代夜景照明常见的器物，"花市灯如昼"描写了古代上元佳节灯会的繁荣景象。 随着城市照明系统的发展，出现了各式各样的照明设备，但部分城市夜景观缺乏整体的协调、统一，重视城市宏观效果而未深入建筑细部，缺乏对人的微观体验视角的考虑，无视建筑的特点、功能、材质，简单地采用大面积的泛光灯和勾勒灯光，一味地采用 LED 光管勾勒建筑，破坏了建筑空间形态，造成了视觉污染（图7-30）。 部分商业片区夜景照射亮度过高，对周围居住区环境造成不良影响。 同时缺乏针对寒地城市的夜景设计，季节适应性差，重视节日，忽略平时，片面地追求景观灯光的"新、奇、特"，不顾灯光元素与景观场景的冲突。 这给城市灯光的运行、维护、节能带来了巨大压力，同时还造成了城市灯光重点不突出、特色不明显，整体夜景空间脉络松垮的问题。

图 7-30 城市夜景

7.2.2 难于再造的城市色彩

1. 秉承文脉传承，彰显区域特色

色彩是表达一座城市外貌形象最明显的形式之一。色彩作为历史与文化的重要载体之一，它不仅是一段历史的见证，还是文化的传承，所以由色彩彰显的区域特色往往见证了区域的发展，同时也是其在特定的历史文化环境选择中遗留的精神财富。因此在色彩规划过程中通过色彩延续历史文脉显得十分重要，但随着社会的发展，挖掘研究，继承发展，找出色彩要素，形成区域特色更加重要。牡丹江市横道河子镇有浓郁的俄罗斯民族文化、红色革命文化以及传统的民族文化，与其相关的物质载体以及民情风俗活动色彩是建筑色彩的重要选择。核心风貌区的建筑应选择历史建筑色彩的弱对比色彩作为主体色，以辅助色或场所色统一的方式进行区域色彩风貌的营造，从而保护历史建筑风貌、增强区域的识别性以及丰富人们的心理感知。哈尔滨市中央大街现阶段的色彩规划已经陆陆续续出台了很多，此次研究并不是为其设计一个全新的色彩体系，而是通过调研分析问题，结合当地的地域性偏好的色彩元素以及城市主色调等进行优化设计，诸如，对历史建筑来说，应按照"修旧如旧"的原则，尽可能进行简单的保护性清洁，保留其原始的色彩与材质，不应对其进行过多粉饰，而对其他一般建筑，则应按照历史建筑进行色调的协调统一，由此在不违背原有色彩环境的基础上继承与创新，亦应在一定程度上突出建筑的现代感，这样才能够更好地将城市的精神与性格解释与表达出来。沈阳市中街拥有浓厚的明清时期历史文化、满族民族文化、民国时期历史文化等，所以相关的物质载体与文化风俗色彩是中街商业街区色彩风貌选择的重要因素。现在的沈阳市中街色彩规划和改造翻新已经陆陆续续进行了多次，此次研究并非重新设计一个全新的中街色彩体系，而是在现状调研的基础上结合商业街的背景特征对其进行进一步的总结提炼与优化完善，对商业街内的历史遗存类建筑坚持"修旧如旧"的原则，对其他类建筑应遵循历史风貌进行色调协调，对街道内的其他设施在不背离应有色彩风貌的基础上进一步延续与开拓，在某种程度上凸显"新旧融洽"的现代气息，将中街商业街的个性特征更好地诠释与表达出来。梁思成先生在《中国建筑的特征》中提道："建筑之始，产生于实际需要，受制于自然物理，非着意创制形式，更无所谓派别。其结构之系统，及形式之派别，乃其材料环境所形成。"核心区域的建筑材料的选择应该凸显地域资源的优势性，应以石材、木材及砖材为主，形成独特的材料语言，满足御寒的需求，体现地区的色彩底蕴。

2. 关注新旧差异，构建和谐色彩风貌

色彩规划设计与管控的目的是形成更加和谐舒适的色彩环境，而这更考验设计者的色彩设计能力和底蕴。对于复杂的色彩环境，盲目选用传统色彩元素，就容易忽视时代变迁的复杂性，让人产生僵硬感；但若完全忽视历史特色，又缺乏个性特

征，易产生"千景一面"的效果。应在传承城镇基因图谱的基础上，注意新旧区域的差异性，增强区域的识别性和丰富性。不同的建筑之间以及街道之间，依据自身特质进行色彩的差异化设计，丰富城镇环境的色彩体验及增加街道环境的认知感。城市色彩的文脉性不仅体现在对历史建筑及特色街区重点保护与发扬，也表现在色彩基因图谱重组之后迸发的新的活力，色彩表现应该在时代的发展中不断形成新的色彩语境。地区文化的延续并非单纯套用传统建筑的建造形式，而是在发展创新中拥有更多的隐含联系。中街作为明清以后遗留下来的重要商业经济代表性街道，经过时间的推移，已经从最初的正阳街—朝阳街路段逐步扩展到如今的西顺城街—小什字街路段；从最初的传统高彩度中式建筑风貌而逐渐演变成如今的中西式建筑风格交融、传统与现代色彩风貌并存、街巷格局多样的复杂样貌，对于这类情况，就要深入挖掘历史文化因素，找到这段街道上传统文化风貌街段、古今融合过渡街段、现代时尚风貌街段的对应部分，在这些街段上该以何种方式呈现街段风格，而在这些街段之间又该以何种方式衔接才能过渡灵活自然等，这些都需要进行更为细致深入的思考，才能既不使中街失去活力与特色，又强调了中街的色彩连续性和街道整体的协调舒适感。

城市色彩带给使用者的感受往往并非源于某一单体，而是对街道上人们的视域范围内的色彩景观产生的心理、空间与视觉体验。人在街道空间中一直前进，接收的色彩信息随之叠加，从而对整体的色彩连续性、协调性、亲和度等有了全方位的认知。在色彩规划中必然会存在统一与差异，但不能一味地排除差异，而是运用色彩占比等控制措施使两者和谐共生，反映到中央大街街区内则表现为在不同色调组团、组团内部街道、沿街建筑间色彩的连续、协调。

3. 弹性建设现代城市，形成灵活多样的色彩环境

弹性即在城市色彩发展过程中保留一定的空间，保证色彩的灵活性与多样性。详尽的色彩规划会泯灭色彩的活力性与创新性，过于疏松的控制又会导致色彩混乱，唯有刚性与弹性的结合才能促进良好色彩风貌的形成。基于一定区域色彩规划目标，应给予相关设计人员一定的发挥空间。例如针对人流活动较为频繁的区域节点，可以适当提升建筑色彩的明度与彩度，营造热闹、欢快的空间氛围；居住区域应当降低高彩度色彩的比例，选择柔和色彩来营造愉悦温馨的居住氛围。

色彩规划管理与控制的最终目的是促进更和谐的色彩环境的形成，而城市色彩之美还需依赖建筑师与规划师的创新能力。此外，现代建设区的材质与传统建筑相差较大，如果盲目沿袭传统色彩元素，就忽视了色彩材质界面复杂性与时间性。适宜的色彩规划应把握各地发展动态、理解区域历史脉络，并充分融入城市各地区居民的发展诉求，营造出具有片区特色、和而不同的城市色彩风貌景观界面。

7.2.3 乡村的色彩问题

根据空间生产理论，空间是由人类的社会实践活动产生的，在居民的生产、生活、娱乐等改造自然、融入自然的活动中产生的。 与此同时，人在自我反思作用下形成特定的信仰、习俗、知识等地域或民族文化，特定的文化又以符号、图腾等表征方式作用于空间。 在人的实践与反思作用下，空间是伴随人类不间断的实践活动呈持续动态发展态势的。 不同的历史时期，不同的实践生产力水平和不同文化制度条件下形成的建筑空间也各不相同。 中国东北地区的乡村空间从游猎生活到农耕生活再到工业生产，经历不同历史时期，各时期特有的生产生活方式造就不同的文化习俗和民居空间形式，尤其是近年来的工业文明时期，工厂装配化、数字化管理等生产技术被应用到乡村建设中，现代化的生产方式与传统的文化审美正处于融合的初期，存在美学退化、"千村一面"等问题。

装配式建筑是伴随中国工业化进程从国外引进的先进技术，主要采用标准化设计、工厂化生产、装配化施工和信息化管理等方式，把传统工匠现场作业化的建造生产转化成现代工厂化生产。 它具有生产工期短、建设成本低、节能减排、节省人力、舒适度高等优势，也容易产生建筑单一化、与传统风貌不协调等问题。 而装配化建筑应用于中国乡村民居处于起步阶段，以装配式轻钢结构体系为主。 现有相关研究主要集中在装配化建筑与传统工匠建造式民居的差异、装配化建筑应用于乡村民居的优势与问题以及在不同地区乡村装配化建筑的适应性探索等方面，总体处于探索阶段。

本节以东北地区乡村建筑风貌为研究对象，对乡村建筑风貌的历史发展历程进行梳理，研究不同历史时期乡村建筑的风貌特征，通过时间线梳理总结乡村民居的主要表征，结合现代化的数字化和装配化生产技术，针对现状存在的问题提出具体策略。

1. 传统东北乡村建筑风貌及演变

早期东北地区乡村居民的居住形式是伴随游猎生活方式产生的穴居和半穴居，四季分明的气候条件及山林遍布的地理环境造就其"夏则巢居，冬则穴处"的居住方式，产生"马架子""地窨子""窝棚"等居住建筑形式。 在有限的生产力和建造技术水平下，该时期建造主要采用树木、树皮、兽皮、干草、泥、岩石、沙子等天然材料，在"白山黑水"的封闭环境内形成独特的乡村民居形式，奠定其民居建筑天人合一、自然朴素的美学基础。 从辽金时代开始，在中原文化的影响下，东北地区发展到农耕定居生活时期，告别"无市井城郭，逐水草为居"时期带有临时性质的建筑形式，居民伴随耕地聚村而居，产生乡村聚落及地面居住建筑，开始了乡村民居"大院小宅""口袋房"的建筑形式。

1）传统乡村民居建筑

东北地区地域辽阔，冬季漫长，为争取尽可能多的日照，民居院落在选址时追求"靠山面水，坐北朝南"，同时受中原建造文化影响，院落多采用三合院或四合院的形式，院墙内主要包括堂屋、厢房、菜园、索罗杆、影壁、大门等建（构）筑物，成为乡村居民进行生产、生活和娱乐等活动的主要空间。 传统的民居建筑（图7-31）以"口袋房，万字炕"等为主要特征，东北地区的地面居住是从火炕的使用开始的，"万字炕"和跨海烟囱的使用解决了冬季的采暖防寒问题，"口袋房"的建筑功能分区满足了传统大家族人口多的分区居住需求。 民居建造是改造自然、利用空间的过程。 为应对地域严寒气候和洪水、猛兽等自然灾害的侵袭，产生"高月台""支摘窗""硬山坡顶"等建造形式；同时，受限于生产力水平，大量采用泥、草、木、石等天然材料，传统的东北民居建筑中蕴涵人与自然共融共生的自然环境意识。

辽宁省抚顺市新宾县赫图阿拉村民居（苦草房）　拉核墙　苦草顶

辽宁省抚顺市新宾县赫图阿拉村民居（砖瓦房）　青瓦墙　仰面瓦顶

图7-31　典型传统民居建筑

　　清朝以后，受中原建筑技艺及文化影响，东北民居建筑在坚固性和美观性方面得到进一步发展：主要建造材料由天然的泥草转变成青砖瓦，建筑更为坚固耐用；石雕、砖雕和木雕（简称"三雕"）等建筑装饰物点缀在民居的内外各细节处。 其中石雕主要出现在建筑的抱鼓石、柱础、门枕石和墩腿石等处，砖雕主要集中在山墙的山尖、墀头、博风板、屋脊以及影壁等处，木雕主要在梁枋、雀替、室内家具等处。 雕饰花样多为寓意生活美满的动植物纹饰。 精雕细琢的装饰是建筑与文化的璧合，在原有自然朴素的美学基础上增加人文情怀之美。 至此，传统东北乡村民居基本稳定，形成"大院小宅"（图7-32）、"口袋房"（图7-33）、"落地烟囱"等特征。

　　2）近代乡村民居建筑

　　中华人民共和国成立以前，受外来文化影响，在保留传统空间布局形式和屋顶形式的基础上，乡村民居出现拱券式门窗、柱式立面等诸多西方建筑元素。 同时，除了中国传统的青砖青瓦，乡村地区也开始出现西方流行的红砖红瓦，在建筑形式和色彩方面均出现"中西并举"的现象，该时期的乡村风貌带有鲜明的特殊时代特征（图7-34）。

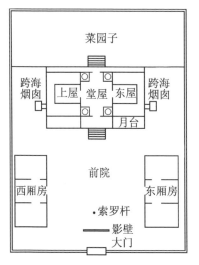

图 7-32 "大院小宅"

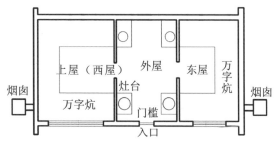

图 7-33 "口袋房"

辽宁省大连庄河市老街民居建筑   石柱式门   拱券式窗

图 7-34 典型近代民居建筑

3）中华人民共和国成立以后乡村民居建筑

东北乡村民居建筑绝大部分建于中华人民共和国成立以后。初期，受限于乡村经济水平，乡村民居多采用红砖、红瓦和水泥等建造成本较低的建材，传统精美的建筑装饰大部分被省略。到 20 世纪七八十年代，伴随改革开放，乡村建筑墙体开始流行水刷石、石灰粉刷材料，但仍以木制门窗为主，出现白墙红瓦的建筑景象，细部装饰也开始复兴。20 世纪 90 年代以后，受城市文明影响越来越深，乡村建筑以瓷砖贴面、金属门窗等材料为主，乡村民居建筑进一步向现代化趋势发展（图 7-35）。

辽宁省清原县大苏河乡大苏河村民居　　辽宁省丹东东港市前阳镇农民村民居

辽宁省清原县红透山镇红透山村民居　　迎风石样式

辽宁省丹东东港市北井子镇小岗村民居　　金属门

图7-35　中华人民共和国成立以后典型民居建筑

（图片来源：作者自摄）

2. 现代乡村民居建筑发展的现实困境

1）现代装配化与传统乡村风貌不协调

改革开放以来，受工业化和城镇化的影响，现代的东北乡村民居建筑从功能空间到建造技术发生一系列的转变。在功能空间方面，乡村居民尤其是年轻一代的居民受城市化影响，追求现代化的生活方式，民居建筑开始出现起居室、室内卫生间、停车库等功能空间。在建造技术方面，受工业化文明影响，原本应用于工业建筑，工厂批量生产的彩钢板、合金等材料被大量应用于乡村居民建筑的立面、门窗和屋顶建设中，乡村出现色彩彩度极高的大红、大蓝色斑，与原有乡村景观风貌不协调。传统的带有本土工匠技艺的索罗杆、影壁和"三雕"等象征地域文化意境的装饰性构件也在批量生产建设中被忽略。东北地区乡村传统带有乡土情怀和地域特色的建筑美学价值正在快速消亡。

海拉尔庄河市光明山镇佟岭村作为东北地区普通村落，大部分民居建于中华人民共和国成立以后，具有典型的海拉尔地域乡村民居特征。墙体为红砖、水刷石、石灰粉刷，色彩以灰白、深橘、白色、砖红为主；屋顶多为青瓦、红瓦，色彩以浅灰、深灰和橙色、暗红为主；门窗等局部装饰色彩以灰蓝和灰绿为主，总体色调偏灰，具有朴素、清雅的乡土风情（图 7-36）。 而近年来采用装配化方式建造的新民居，在工厂化生产的可供乡村选择的材料有限的条件下，屋顶以明红色彩钢材料为主，墙体采用明黄色粉刷涂料，门窗采用工厂化生产的金属材料，缺少细节装饰，与原有的乡村色彩体系格格不入（图 7-37）。

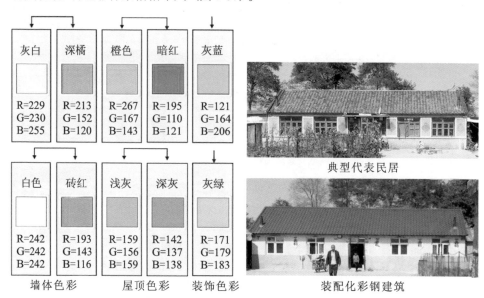

灰白	深橘	橙色	暗红	灰蓝
R=229 G=230 B=255	R=213 G=152 B=120	R=267 G=167 B=143	R=195 G=110 B=121	R=121 G=164 B=206

白色	砖红	浅灰	深灰	灰绿
R=242 G=242 B=242	R=193 G=143 B=116	R=159 G=156 B=159	R=142 G=137 B=138	R=171 G=179 B=183

墙体色彩　　　屋顶色彩　　装饰色彩

典型代表民居

装配化彩钢建筑

图 7-36　庄河市佟岭村民居建筑色彩提取　　**图 7-37　庄河市佟岭村代表性民居建筑**

2）乡村建筑风貌美学价值退化

乡村建筑是乡村居民生产生活实践的产物，同时也是乡村文化的表征形式之一。 东北地区乡村民居建筑生长于"白山黑水"的自然环境中，是乡村居民取材于自然、改造自然的产物。 从以泥草、兽皮为主的"马架子"等带有临时性质的建筑到以砖石为主的"口袋房"，各个时期的建筑均是当下生产水平的产物，既满足居民生产生活的空间需求，又蕴含不同时期的文化习俗及审美取向，均体现乡村居民在特定时期和环境下形成的自组织建筑美学。 尤其是在明清以后，农业生产力提高，乡村民居建筑在基本形制基础上逐步出现石雕、砖雕和木雕装饰，在原有自然粗犷的建筑美学基础上增加细节的精致之美，逐渐形成"粗中有细"的美学基调。 即便在近代，由于战乱和生产水平低下，建筑细部装饰出现不同程度的异化和简化，但建筑在墙面、迎风石、戗檐、梁头等处仍保留不同装饰。 在工匠建造时期，即使受限于生产水平和经济水平，建筑材料及装饰发生一定的转变，仍体现乡村居民对美好生活的追求和向往，以及不怕困苦、乐观向上的精神追求。 到了现代，受现代文化和工业生产等影响，乡村民居建筑建设不断简化，瓷砖、涂料、合金等材料的大面积应用，导致传统的石雕、砖雕、木雕等装饰难得一见，乡村建筑出现千篇一律的问题，传统生于自然、"一地一景"的乡村风貌正在遗失，原有乡土的文化及审美价值自然也逐步退化。

  3）现有乡村风貌规划管控措施效力不足

  传统的乡村建筑在不同的时代和文化背景下，其空间形式、建造材料、建筑色彩等方面也不断发生变化。在现代化和工业化的浪潮中，传统工匠式乡村建筑向现代装配化建造发展是不可逆转的必然趋势。但在现代乡村建筑装配化发展初期，由于缺少成熟的技术、审美和规划指导，乡村建筑装配化出现严重的统一化、工业化倾向，乡村原有的地域环境意识和乡土人文韵味迅速退化。而中国现有控制乡村建筑风貌的主要手段是通过村庄规划中的风貌整治部分，施以建议引导性的内容，由于管控强度，乡村规划对乡村建筑风貌的控制力十分有限。以辽宁省抚顺市新宾满族自治县永陵镇赫图阿拉村为例，其作为大金政权建立的第一座都城，历经时代变迁，形成以一座都城为中心，周围分布四个聚居点的村屯形式，从辽金时代到现代社会，村落现存各时期的乡村民居建筑。作为在东北乃至全国都具有重要文化意义的乡村，赫图阿拉村获得包括国家级历史文化名村和国家级传统村落在内的多个头衔，先后编制美丽乡村规划、环境整治规划和传统村落保护与发展规划等多项村庄规划，每版规划中均对其风貌发展进行具体规划。但在实际发展建设过程中，除了赫图阿拉古城范围内划定为历史建筑的民居受相关法律法规保护，没有遭到破坏或大面积改建，周边村屯点近年来陆续新建明蓝色、明红色的金属彩钢房民居、大体量彩钢工业厂房等，与原有村落色彩风貌格格不入。传统建筑风貌形态下的文化内涵及审美也在这个过程中不断遗失。实践经验表明，除强制性法律法规约束外，单独依靠现有的村庄一级建筑景观风貌控制规划体系无法管控乡村民居建筑的建设风格，未来需要采取更加有效的新技术和规划管控手段加强乡村风貌建设的管控力度。

3. 未来乡村建筑风貌规划与管理策略

  为正确处理乡村建设方式现代化与传统乡土风貌相协调的问题，需要采用建设技术革新与规划管理手段创新相结合的方式：在建设技术方面，数字名城技术的兴起和现代化装配化住宅技术的发展为乡村建筑的保护与发展带来新的契机；在规划管理方面，应在原有规划管控力度的基础之上加强乡村风貌的管控力度。

  数字时代的乡村景观风貌规划应充分利用建筑数字化的优势，将乡村民居建筑数据库、装配式建筑生产标准、乡村景观规划技术标准进行衔接，或形成"建筑原型—装配式建筑产品—景观规划导则"共通共用的地域性乡村建筑数据库，实现乡村规划和建设管理的精确化与科学化。

  1）建立乡村民居建筑原型数据库

  为进一步明确东北地区乡村建筑的风貌特征和地区差异，对东北地区的乡村建筑进行调查、分类、整理和归档，按照建造年代、地域、建设材料及色彩、空间形态等依据对现有民居进行分类建档，建立健全乡村民居建筑数据库。乡村民居建筑不仅是不同时期社会生产的物质产物，也是当时社会文化的重要表征，按照不同建造时期对其进行分类，并总结各时期的主要建筑特征，不仅是对有形建造实体的保护，更是对历史文化的有效传承。东北地区乡村民居依据其发展历程可大体分为游猎时期的"马架子""地窖子"等穴巢住所、农耕初期的泥草房屋、农耕中后期的砖瓦房和工业时期的装配式建筑。通过实地调研和文献资料收集，选取各时期的典型代表案例入库，形成历史乡村居民建筑数据库。东北地区幅员辽阔，区域内部不同地域条件造就不同特征的乡村民居风貌，如西部平原区的"屯顶房"、东南部丘陵区的"硬山房"以及北部山林区的"木刻楞"等，即使不同年代的建筑材料不同，但各地域内民居的基本形式相对一致。通过调查将其乡村民居进行地域划分，并选取地域典型代表案例入库，建立地域乡村民居建筑数据库。按照屋顶、墙体和局部装饰对乡村民居的建造材料进行调查，并在此基础上建立乡村民居建筑材料及色彩数据库（图7-38）。同时以"三雕"为主的局部雕刻纹饰是东北乡村社会实践与文化信仰的重要体现，是最能够代表东北地区乡村民居建造技艺和文化审美的重要表征之一，建立局部装饰纹饰数据库是延续乡村民居建筑美观的重要措施。

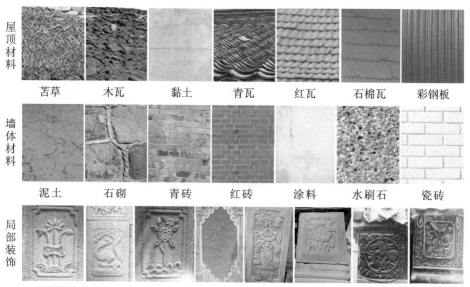

图 7-38　东北地区乡村民居建筑材料

由于近年来现代化生活方式的渗透，乡村民居的空间布局方式也发生转变，原有讲究中轴对称的院落布局结构有所松动，在不跳出"大院小宅"特征的框架下出现多种灵活组合方式（图7-39）；同时，住宅内部也在"口袋房"的建筑形制下出现起居室、卫生间、厨房等城市化功能空间。为满足乡村居民越来越多元化的需求，应建立乡村建筑空间形态数据库，包括院落布局选型库和建筑功能布局选型库，为

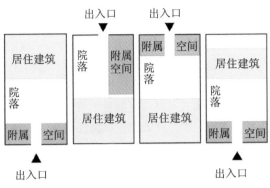

图 7-39 东北地区乡村民居院落选型

未来乡村民居建设提供空间形态选型数据，确保乡村建筑现代化发展的同时与传统乡土风貌相协调。

2）形成乡村民居建筑的装配式生产标准

装配式建筑技术是适应现代建筑产业工业化发展的一种全新的技术体系，采用工厂预制、现场搭建的建造方式，相比于传统工匠现场砌筑的方式，具有建设工期短、经济成本低、节能环保等优势。装配式建筑技术于低层住宅体系中的应用在西方发达国家已积累一定的成熟经验，如日本的木结构装配式建筑、德国的轻钢结构装配式建筑和美国的轻钢木结构装配式建筑等。中国乡村分布从森林山区到流域平原区，分布广泛，地域辽阔，不同地域乡村建筑材料从木材、石材到草泥、砖瓦，丰富多样。在现代化社会中，装配式建筑应用到乡村民居的生产建设中，一方面可以有效适应乡村建筑现代化发展趋势，另一方面又能从国外多种装配式建筑的成功经验中借鉴学习，延续传统乡村风貌。

依据东北地区民居建筑的地域和文化特色，利用乡村民居建筑数据库的有效信息，形成基于乡村民居建筑原型数据库的民居建筑构建生产标准与体系，内含结构选型、功能模块和建筑模数等多种装配式模数选型。该生产标准适用于那些乡村规划要求应进行风貌保护、新建建筑风格应与传统建筑相协调的地段。当居民新建房屋时，依据规划要求和自身需求确定建筑风格，选取主体建筑材料，然后根据功能模块选取适用的结构组装方式。为提高建筑的个人审美志趣，根据生活所处地域并结合居民建设成本预算，在门窗、墙面、建筑构件、家具、装饰雕刻等建筑模数库中选取符合自身喜好的局部构件。通过乡村民居建筑 BIM 信息库，从设计到选型，再到组装等各个环节均可实现建筑的装配化生产。装配化生产环节既能够满足村民多样的建设需求，又能够通过有限数据库控制乡村建筑风貌，同时通过装配式生产标准把控建筑的质量。

3）编制维护景观地域性的村庄景观规划导则

在市场化、逐利化日益严重的现代社会，风貌自由建设的乡村逐步走向千村一面, 原有富有地域文化和乡土风情的乡村风貌正在遗失。 民居建筑的装配化生产趋势将进一步导致各地村庄风貌趋同, 传统建构方式和建筑语言大量消失。 中国现有关于乡村风貌控制的具有强制性法律约束的政策文件较少, 仅限于历史文化名镇名村等局部领域。 大多数乡村聚落的风貌控制只能依靠村庄规划中的风貌建设引导性规划, 约束力十分有限。

因此, 为确保乡村风貌延续式发展, 应加强相关法律法规的建设。 通过乡村景观立法, 进一步规范乡村建设行为, 有效把控风貌发展方向。 村庄应编制乡村风貌规划导则, 确定乡村整体风貌, 并划定传统风貌协调区, 提出与乡村民居建筑原型数据库相统一的规划要求。 乡村建筑的地域差异正是其重要文化魅力所在, 为加强乡村建筑地域文化特征, 应根据乡村民居建筑数据库中建筑色彩及材料数据信息, 分地区制定乡村民居建筑的色彩图谱, 按照建筑屋顶、墙体、局部装饰等不同部位规定可选建筑色彩及建议建筑选材, 作为各地区乡村民居建筑的色彩导则, 指导各地乡村民居的色彩风貌发展。 最后, 为确保乡村民居建筑建设按照规划实施, 采用数字检测技术定期对乡村地域施行调查监测, 如发现超出制定色彩导则的现象, 应按照有关法律给予处罚, 并采取补救措施, 通过 "规划设计—规划实施—监测管理" 的全程监控, 管理乡村民居建筑风貌发展。

在城镇化、工业化发展的现代社会, 乡村建筑的发展与其他事物的现代化历程一样, 统一化、同质化的发展成为必然趋势。 而对于传统农耕社会的乡村, 地域性、民族性和乡土性是其建筑审美的根源。 针对近年来乡村出现风貌美学退化的问题, 结合名城数字技术和建筑装配化发展的契机, 本书从建设技术革新和规划管理手段创新两方面提出解决策略。 首先, 在信息化时代背景加持下, 乡村建筑风貌多样化的调查和统计应借助大数据技术, 建立乡村民居建筑数据库, 梳理各地乡村建筑的形态、建材和色彩装饰等风貌数据。 其次, 在工业化生产的基础上, 基于乡村居民 BIM 信息库, 根据村民多样化需求, 实现 "设计—生产—组装—建设" 全过程的装配化建筑生产线。 最后, 在规划法制化的趋势下, 通过乡村风貌立法化, 分地区制定乡村风貌景观导则, 实现乡村建筑风貌的规范化管理。

7.2.4　与未来握手

城市色彩是地域文化的外衣, 建筑总是依附于一定的地域环境体现色彩特征。为了改善目前寒地城市千城一面、建筑色彩混乱、城市特色不突出的现象, 我们需要从地域性角度重新审视地方色彩语言。 以传统建筑色彩和近代城市色彩文脉发展为规划前提, 通过贴合实际的规划原则增强寒地城市的特色, 得天独厚的冰雪环境是寒地城市的资源特色, 冰天雪地也是金山银山, 积极利用城市色彩规划创造一个地域特色鲜明、建筑色彩和谐的城市环境。

参 考 文 献

[1] 崔唯.城市环境色彩规划与设计[M].北京：中国建筑工业出版社，2006.

[2] 尹思谨.城市色彩景观规划设计[M].南京：东南大学出版社，2004.

[3] 焦燕.城市建筑色彩的表现与规划[J].城市规划，2001，25（3）：61-64.

[4] 路旭，秦涵，王志彬.寒地城市哈尔滨的城市色彩特征研究[J].中国园林，2017，33（2）：43-47.

[5] 路旭，柳超，黄月恒.沈阳城市色彩演变特征与成因探析[J].现代城市研究，2015（3）：98-103.

[6] 郭晓君，陈晓丹.中国传统建筑色彩的文化意义[J].河北建筑工程学院学报，2016，34（4）：37-39.

[7] 陈飞虎.建筑色彩学[M].北京：中国建筑工业出版社，2007.

[8] 刘叙杰.中国古代建筑史：第一卷[M].北京：中国建筑工业出版社，2003.

[9] 余雯蔚，周武忠.五色观与中国传统用色现象[J].艺术百家，2007，23（5）：138-140，28.

[10] 郭建政.浅谈中国传统建筑的色彩[J].山西建筑，2006，32（24）：18-19.

[11] 傅熹年.中国古代建筑史：第二卷[M].北京：中国建筑工业出版社，2001.

[12] 吕英霞.中国传统建筑色彩的文化理念与文化表征[D].哈尔滨：哈尔滨工业大学，2008.

[13] 郭黛姮.中国古代建筑史：第三卷[M].北京：中国建筑工业出版社，2003.

[14] 贾淑华，李素艳，赵新华，等.建筑美与建筑色彩[J].辽宁建材，2005（3）：53.

[15] OSGOOD C E.Method and Theory in Experimental Psychology[J].Quarterly Review of Biology，1953，67（3）：555-561.

[16] GAO X，XIN J H.Investigation of Human's Emotional Responses on Colors[J].Color Research and Application，2010，31（5）：411-417.

[17] OU L C，LUO M R，WOODCOCK A，et al.A study of colour emotion and colour preference. Part Ⅰ：Colour emotions for single colours[J].Color Research and Application，2004，29（3）：232-240.

[18] MEERWEIN G，B RODECK，F H MAHNKE.Color—Communication in Architectural Space[M].Berlin：Birkhäuser Basel，2007.

[19] ALBERTI L B. De re aedificatoria libri decem［M］. Florence： Alamanus Nicolaus Laurentii，1485.

［20］苟爱萍，王江波.国外色彩规划与设计研究综述［J］.建筑学报，2011（7）：52-57.

［21］HITTORFF J J.Restitution du Temple d'Empédocle à Sélinonte ou l'Architecture Polychrôme chez les Grecs：Text［M］.Paris：Didot，1851.

［22］JONES O.The Grammar of Ornament：A Visual Reference of Form and Colour in Architecture and the Decorative Arts-The complete and unabridged full-color edition［M］.Princeton：Princeton University Press，2016.

［23］吴振英.勒·柯布西耶建筑设计中色彩的运用［J］.山西建筑，2007，33（12）：37-38.

［24］WERNER S.The colour scheme［M］//KRIERR.Potsdam Kirchsteigfeld——The making of a town.London：Andreas Papadakis Publisher，1999.

［25］苟爱萍.建筑色彩的空间逻辑——Werner Spillmann 和德国小镇 Kirchsteigfeld 色彩计划［J］.建筑学报，2007，461（1）：77-80.

［26］科帕茨.三维空间的色彩设计［M］.周智勇，译.北京：中国水利水电出版社，2007.

［27］CAIVANO J L.Research on color in architecture and environmental design：Brief history，current developments，and possible future［J］.Color Research and Application，2006，31（4）：350-363.

［28］LENCLOS J P.Couleurs du monde［M］.Paris：Groupe Moniteur（Editions Le Moniteur），1999.

［29］包晓雯，邱惠英.国外城市色彩规划实践及其对上海的启示［J］.上海城市规划，2018，4（4）：115-118.

［30］王冠一.日本城市色彩规划体系研究［D］.沈阳：沈阳建筑大学，2019.

［31］宫川理香.景观法による建筑物等の色彩基の状况［J］.涂料研究，2008（149）：31-35.

［32］王占柱，吴雅默.日本城市色彩营造研究［J］.城市规划，2013，37（4）：89-96.

［33］寺主一成.建築の色彩設計における色属性：ヴォジャンスキーの建築色彩例とその解析［J］.宝塚造形芸術大学紀要，1989（5）：75-98.

［34］吴培阳，李翅.日本城市色彩景观规划控制及其对中国的启示［C］//中国城市规划学会.规划 60 年：成就与挑战 2016 中国城市规划年会论文集.北京：中国建筑工业出版社，2016：380-393.

［35］杨艳红.城市色彩规划评价研究［D］.天津：天津大学，2008.

［36］焦燕，詹庆.当代中国大城市居住建筑色彩的现状与分析——以北京、上海、广州、深圳、香港等五个城市为例［J］.城市开发，2002（2）：32-34.

［37］郭红雨.城市规划的色彩时代［J］.建筑与文化，2009（8）：50-52.

［38］郭红雨.色彩，让城市更个性［J］.公共艺术，2010（2）：39-42.

［39］孙旭阳.基于地域性的城市色彩规划研究［D］.上海：同济大学，2006.

［40］林徽因.论中国建筑之几个特征［J］.中国营造学社汇刊，1936，3（1）：18.

［41］陈昌勇，刘恩刚.由感性认知到量化管控的城市色彩规划实践［J］.规划师，2019，35
（2）：73-79.

［42］杜莹.情感诉求与城市色彩设计的个案研究［D］.西安：西安建筑科技大学，2009.

［43］卞坤.文脉主义视角下历史文化风貌区建筑色彩研究——以太原市钟楼街为例［J］.建筑与
文化，2019（7）：64-67.

［44］李文玲.城市色彩大家谈——首届中国城市色彩高峰论坛集萃［J］.混凝土世界，2010
（6）：74-77.

［45］GOU A. Method of urban color plan based on spatial configuration［J］. Color Research and
Application, 2013, 38（1）：65-72.

［46］王京红.城市色彩能够表述城市精神［J］.城市管理与科技，2016，18（1）：34.

［47］柯珂.北京旧城城市色彩规划研究［D］.北京：清华大学，2015.

［48］吉田慎悟.环境色彩设计技法——街区色彩营造［M］.西蔓·CLIMAT 环境色彩设计中心，
译.北京：中国建筑工业出版社，2011.

［49］韩平，马晓鹏.浅析城市色彩的特色营造［J］.房地产导刊，2014（14）：4.

［50］郭红雨.泛江南地区传统城市色彩特征与应用实践研究［J］.建筑与文化，2020（12）：
78-81.

［51］白舸，文玉丰，甘伟.历史文化街区街道界面色彩特征及控制方法研究——以武汉市黎黄
陂路为例［J］.华中建筑，2020，38（3）：4.

［52］许艳玲.城市主色调定位与引导控制研究［D］.武汉：华中科技大学，2010.

［53］王晓，赵悦，陈畅.武汉城市主色调定位初探［J］.华中建筑，2014，32（10）：25-28.

［54］SERRA J. Three Color Strategies in Architectural Composition［J］. Color Research and
Application, 2012, 38（4）：238-250.

［55］MATTIELLO L F D M, RABUINI E.Colours in La Boca：Patrimonial Identity in the Urban
Landscape［J］.Color Research and Application, 2011, 36（3）：222-228.

［56］王艳辉，张新艳，袁书琪.色彩地理学理论及其在中国的研究进展［J］.热带地理，2010，
30（3）：333-337.

［57］LABIB S M, LINDLEY S, HUCK J J.Spatial dimensions of the influence of urban green-blue
spaces on human health：A systematic review［J］. Environmental Research, 2020
（180）：108869.

［58］CORBUSIER L.Polychromie architecturale［M］.Basel：Birkhäuser Verlag, 1997.

［59］GROPIUS W.Scope of total architecture［M］.New York：Harper & Row, 1955.

［60］TAUT B.Lecture on the renaissance of color published in Farbe am Hause［C］//1st German Colorist Congress.Hamburg：Bauweltverlag, 1925：12-15.

［61］BRINO G.The colours of historical city centres in Europe——restoration experience, 1972—1992［J］.AIC Colour, 1993（93）：11-25.

［62］CRISTINA B. A perceptual approach to the urban colour reading［J］. Colour and Light in Architecture, 2010：459-463.

［63］ANTER K F.Forming spaces with colour and light：Trends in architectural practice and Swedish colour research［J］.Colour：Design & Creativity, 2008, 2（2）：1-10.

［64］彭特.美国城市设计指南：西海岸五城市的设计政策与指导［M］.庞玥, 译.北京：中国建筑工业出版社, 2006 .

［65］宋建明.色彩设计在法国［M］.上海：上海人民美术出版社, 1999.

［66］王洁, 胡晓鸣, 崔昆仑.基于色彩框架的台州城市色彩规划［J］.城市规划, 2006, 30（9）：89-92.

［67］郭红雨, 蔡云楠.为城绘色——广州、苏州、厦门城市色彩规划实践思考［J］.建筑学报, 2009（12）：10-14.

［68］赵春冰, 吴静子, 吴琛, 等.城市色彩规划方法研究——以天津城市色彩规划为例［J］.城市规划, 2009（z1）：36-40.

［69］顾红男, 江洪浪.数字技术支持下的城市色彩主色调量化控制方法——以安康城市色彩规划设计为例［J］.规划师, 2013, 29（10）：42-46.

［70］赵云川.北京城市色彩规划的困境及可能性［J］.城市发展研究, 2006, 13（6）：插1-插6.

［71］于文龙.淮安城市街区色彩定位研究——以淮海广场地段为例［J］.大众文艺, 2011（16）：74-75.

［72］周立.城市色彩——基于城市设计向度的研究［D］.南京：东南大学, 2005.

［73］蒋跃庭, 焦泽阳.城市色彩规划思路与方法探索——以黄岩商业街区城市色彩规划为例［J］.浙江工业大学学报, 2008, 36（5）：578-582.

［74］高金锁, 梁丽娜.天津城市街区色彩的更新设计理念探讨［J］.装饰, 2009（9）：78-79.

［75］郑丽娜, 左长安, 李媛.城市历史街区建筑色彩特征模型的构建方法探讨——以天津五大道风貌区为例［J］.城市发展研究, 2013, 20（2）：5-8.

［76］吴茜.基于孟塞尔系统的北京历史街区色彩特征研究［D］.合肥：合肥工业大学, 2014.

［77］郭红雨, 蔡云楠.以色彩渲染城市——关于广州城市色彩控制的思考［J］.城市规划学刊, 2007（1）：115-118.

[78] 佚名.武汉市城市色彩出台新规[N].楚天都市报, 2003-12-07.

[79] 张楠楠.杭州城市色彩规划与管理探索[J].规划师, 2009, 25（1）: 48-52.

[80] 陈群元, 邓艳华.长沙市城市色彩规划与管理的实践探索[J].规划师, 2011（1）: 88-93.

[81] 王新文, 崔延涛, 张婷婷.济南城市色彩规划编制思路与内容探析[J].规划师, 2012, 28（4）: 36-45.

[82] 苟爱萍.我国城市色彩规划实效性研究[J].城市规划, 2007, 31（12）: 84-88, 彩1.

[83] 李路珂.营造法式彩画研究[M].南京: 东南大学出版社, 2011.

[84] 王国华, 徐良, 王树军.日本城市色彩规划与研究[J].科技资讯, 2014（27）: 231.

[85] 朱静静.基于地域特色的西安市长安区城市色彩研究[D].西安: 西安建筑科技大学, 2010.

[86] 朱瑞琪.基于地域特色的城市色彩景观规划研究探析——以西安市曲江新区为例[D].西安: 长安大学, 2012.

[87] 宋建明.关于"国色"的思考[J].美术观察, 2006（3）: 153-154.

[88] 郝阿娜, 夏柏树, 路旭, 等.民族传统文化在新民居建筑风格中的传承与诠释[J].小城镇建设, 2013（5）: 100-104.

[89] 李路珂.象征内外——中国古代建筑色彩设计思想探析[J].世界建筑, 2016（7）: 34-41.

[90] 哈尔滨工业大学城市规划设计研究院.哈尔滨中心城区总体城市设计——色彩规划研究报告[R].[出版者不详], 2001.

[91] 吴松涛, 陆明, 郭嵘.寒地城市色彩规划研究[J].低温建筑技术, 2011（3）: 17-18, 26.

[92] 孙英博, 刘东亮, 马和.小议寒地城市规划对策[J].低温建筑技术, 2008, 30（3）: 32-33.

[93] 齐伟民, 王晓辉, 高月秋.东北寒冷地区环境色彩控制与规划理念[J].吉林建筑工程学院学报, 2012, 29（6）: 34-36.

[94] 郭春燕, 卫大可.寒地城市住区色彩景观问题探讨[J].华中建筑, 2006, 24（3）: 105-108.

[95] 徐亮, 王国华, 高广利.寒地城市建筑色彩规划与应用研究[J].美术教育研究, 2014（22）: 80.

[96] 何喜凤, 宫金辉.浅议寒地住区绿地色彩设计[J].黑龙江科技信息, 2007（13）: 132.

[97] 客佰慧.寒地植物色彩搭配设计应用研究[D].吉林: 吉林建筑大学, 2015.

[98] 张萃.寒地城市道路景观色彩设计研究[J].现代交际, 2016（6）: 102.

[99] 宋建明.中国古代建筑色彩探微——在绚丽与质朴营造中的传统建筑色彩[J].新美术, 2013, 34（4）: 41-54.

［100］张玉祥.造型设计基础：色彩构成［M］.2 版.北京：中国轻工业出版社，2005.

［101］熊沢伝三.景観デザインと色彩―ダム、橋、川、街路、水辺セーヌ川と隅田川の川辺［M］.［出版者不详］，2002.

［102］苟爱萍，王江波.基于 SD 法的街道空间活力评价研究［J］.规划师，2011（10）：102-106.

［103］大山乾.建築のための心理学［M］.東京：彰国社，1970.

［104］名取和幸，近江源太郎.記憶色の特徴とその測定に関する若干の問題点［J］.日本色彩学会誌.2000，24（s1）：94-95.

［105］冯智军.宋建明：一位"好色之徒"的色彩之途［J］.公关世界，2017（14）：88-93.

［106］赵春水，吴静子，吴琛，等.城市色彩规划方法研究——以天津城市色彩规划为例［J］.城市规划，2009，33（z1）：36-40.

［107］王岳颐.基于操作视角的城市空间色彩规划研究［D］.杭州：浙江大学，2013.

［108］安平.城市色彩景观规划研究［D］.天津：天津大学，2010.

［109］干京红.紫禁城中轴线的色彩分析［J］.建筑技艺，2014（4）：19-21.

［110］宋建明.杭州的色彩表情——杭州城市色彩规划实践心得［J］.公共艺术，2010（2）：28-34.

［111］叶青.船政文化视角下的福州马尾城市色彩规划研究［J］.福建工程学院学报，2014，12（04）：369-374.

附录

附录 A　中央大街街区道路概况

中央大街街区的车行路概况

等级	街道	方向	道路两侧的建筑功能分布	备注
城市主干路	尚志大街	南北向	西侧：多层住宅（含底商）、高层住宅、商业、银行、酒店	研究范围的边界线
	经纬街	西北—东南向	东北侧：商业、多层住宅（含底商）、办公	
	友谊路	东西向	北侧：酒店、银行、商业综合体等 南侧：住宅（含底商）、商业	
	西十六道街		北侧：酒店、商业 南侧：商业	
城市次干路	通江街	南北向	东侧：高层住宅、多层住宅（含底商）、酒店、商业	边界线
	红霞街	东西向	北侧：多层住宅（含底商）、商业 南侧：多层住宅（含底商）、商业、医院	
	西五道街		北侧：商业、酒店、高层住宅 南侧：商业、医院、多层住宅（含底商）	
	霞曼街		北侧：多层和高层住宅（含底商）、商业 南侧：多层住宅（含底商）、商业	
	西十二道街		北侧：商业 南侧：商业、银行、办公	
城市支路	防汛路（斯大林街）	西南—东北向	南侧：高层住宅、商业、酒店	边界线
	上游街	东西向	北侧：多层住宅（含底商）、酒店 南侧：多层住宅（含底商）、商业	
	西二道街		北侧：商店、酒店等 南侧：商店为主	

中央大街街区的步行路概况

街道	方向	道路两侧的建筑功能分布
主街	南北向	商业
中医街	主街西侧—东西向	北侧：多层住宅（含底商）、医院 南侧：多层住宅（含底商）、办公
红砖街		北侧：多层住宅（含底商）、办公 南侧：多层住宅（含底商）、银行、商店等

街道	方向	道路两侧的建筑功能分布
东风街	主街西侧－东西向	北侧：多层住宅（含底商）、银行、商业 南侧：酒店、商业、多层住宅（含底商）
大安街		北侧：多层住宅（含底商）、商业 南侧：多层住宅（含底商）、酒店、商业
端街		北侧：银行、酒店、办公、商店 南侧：商业、办公、学校、商业
红星街		北侧：办公、酒店 南侧：办公、酒店、社区医院
花圃街	主街东侧－东西向	北侧：商业、银行、多层住宅（含底商） 南侧：酒店、商店
西一道街		北侧：学校、酒店、银行等 南侧：酒店、公寓、商店
西三道街		北侧：酒店、办公 南侧：高层住宅、酒店、银行
西四道街		北侧：商业、办公、高层住宅 南侧：商业、酒店、高层住宅
西六道街		北侧：酒店、办公、商业 南侧：商业、高层住宅、酒店
西七道街		北侧：商业、住宅 南侧：商业、会馆
西八道街		北侧：商业、会馆 南侧：酒店、银行
西九道街		北侧：商业、高层住宅 南侧：商业、高层住宅
西十道街		北侧：商业、会馆、银行 南侧：商业、多层住宅、酒店
西十一道街		北侧：商业、多层住宅 南侧：商业
西十三道街		北侧：商业 南侧：商业、高层住宅
西十四道街		北侧：商业、银行、学校 南侧：多层住宅（含底商）、商业
西十五道街		北侧：多层住宅（含底商）、商业等 南侧：多层住宅（含底商）、商业等

附录 B 中街商业类型与建筑类别情况统计表

街道名称	起止区段	方向	主要商业类型	建筑类别	
				类别	数量
中街步行街	西顺城街—正阳街	北侧	金银珠宝、酒店、综合体、网络公司	仿古建筑	1
				现代单体建筑	3
				现代综合体建筑	2
		南侧	金银珠宝、摄影、综合体	老字号建筑	1
				现代单体建筑	6
				现代综合体建筑	2
	正阳街—朝阳街	北侧	金银珠宝、服装、医疗、综合体	遗存建筑	2
				仿古建筑	1
				现代单体建筑	10
				现代综合体建筑	3
		南侧	金银珠宝、摄影、服装饰品、医疗、餐饮娱乐、综合体	遗存建筑	3
				老字号建筑	3
				现代单体建筑	13
				现代综合体建筑	1
	朝阳街—东顺城街	北侧	餐饮、综合体	老字号建筑	1
				现代综合体建筑	2
		南侧	金银珠宝、服装、酒店、电器、综合体	现代单体建筑	6
				现代综合体建筑	1
小东路	东顺城街—大什字街	北侧	综合体	现代综合体建筑	2
		南侧	住宅、综合体	现代单体建筑	1
				现代综合体建筑	2
	大什字街—小什字街	北侧	综合体	现代综合体建筑	1
		南侧	综合体	现代综合体建筑	2
头条胡同	正阳街—朝阳街	北侧	餐饮	底商摊位	41
				底商门市	9
官局子胡同	正阳街—朝阳街	北侧	餐饮	底商摊位	18
				底商门市	11

街道名称	起止区段	方向	主要商业类型	建筑类别	
				类别	数量
三益胡同	朝阳街—东顺城街	北侧	餐饮	底商摊位	7
孙祖庙胡同	正阳街—朝阳街	南侧	餐饮	底商门市	12

附录 C 牡丹江市横道河子镇色彩评价调查表

整体层面色彩评价调查表

类型	评价因子	正面形容词	非常好/强	比较好/强	一般好/强	既不好/强，也不差/弱	一般差/弱	比较差/弱	非常差/弱	负面形容词
			3	2	1	0	-1	-2	-3	
色彩视觉感知	温暖感	温暖的	☐	☐	☐	☐	☐	☐	☐	冰冷的
	明亮度	明亮的	☐	☐	☐	☐	☐	☐	☐	昏暗的
	鲜艳度	鲜艳的	☐	☐	☐	☐	☐	☐	☐	平淡的
	丰富度	丰富的	☐	☐	☐	☐	☐	☐	☐	单调的
色彩心理感知	柔和感	柔和的	☐	☐	☐	☐	☐	☐	☐	生硬的
	轻松感	轻松的	☐	☐	☐	☐	☐	☐	☐	压抑的
	传统感	传统的	☐	☐	☐	☐	☐	☐	☐	现代的
	优雅感	优雅的	☐	☐	☐	☐	☐	☐	☐	粗俗的

街道层面色彩评价调查表

类型	评价因子	正面形容词	非常好/强	比较好/强	一般好/强	既不好/强，也不差/弱	一般差/弱	比较差/弱	非常差/弱	负面形容词
			3	2	1	0	-1	-2	-3	
色彩视觉感知	温暖感	温暖的	☐	☐	☐	☐	☐	☐	☐	冰冷的
	明亮度	明亮的	☐	☐	☐	☐	☐	☐	☐	昏暗的
	鲜艳度	鲜艳的	☐	☐	☐	☐	☐	☐	☐	平淡的
空间感知	协调性	调和的	☐	☐	☐	☐	☐	☐	☐	突兀的
色彩心理感知	丰富度	丰富的	☐	☐	☐	☐	☐	☐	☐	单调的
	柔和感	柔和的	☐	☐	☐	☐	☐	☐	☐	生硬的
	轻松感	轻松的	☐	☐	☐	☐	☐	☐	☐	压抑的
	传统感	传统的	☐	☐	☐	☐	☐	☐	☐	现代的

具体建筑层面色彩评价调查表

类型	评价因子	正面形容词	非常好/强 3	比较好/强 2	一般好/强 1	既不好/强,也不差/弱 0	一般差/弱 -1	比较差/弱 -2	非常差/弱 -3	负面形容词
色彩视觉感知	温暖感	温暖的	☐	☐	☐	☐	☐	☐	☐	冰冷的
	明亮度	明亮的	☐	☐	☐	☐	☐	☐	☐	昏暗的
	鲜艳度	鲜艳的	☐	☐	☐	☐	☐	☐	☐	平淡的
色彩空间感知	注目性	注目的	☐	☐	☐	☐	☐	☐	☐	不注目的
	协调性	调和的	☐	☐	☐	☐	☐	☐	☐	突兀的
	传统感	沉稳的	☐	☐	☐	☐	☐	☐	☐	轻浮的
		传统的	☐	☐	☐	☐	☐	☐	☐	现代的
	新旧感	崭新的	☐	☐	☐	☐	☐	☐	☐	破旧的

附录 D 关于中央大街街区现状城市色彩的调查问卷

尊敬的女士/先生：

您好！ 非常感谢您能在百忙之中抽时间填写这份研究问卷！ 本研究需要对中央大街（以尚志大街、通江街、经纬街和松花江为边界所组成的街区范围）现状的色彩情况开展问卷调研，不会涉及私人信息，其间可能会耗费您 5～10 分钟，希望您可以如实作答，在此向您表示诚挚的谢意！

以下是中央大街历史文化街区整体的现状的色彩分布图，帮助您对中央大街平面布局及色彩情况有大致的了解。 其中，问卷选取了较为典型的"南北向道路"有通江街、主街、尚志大街；"东西向道路"有友谊路、上游街－西二道街、中医街、红霞街－西五道街、东风街、西八道街、大安街、西十一道街、霞曼街－西十二道街、端街－西十三道街、西十四道街与经纬街进行重点调查。

(1) 您的性别：□男 □女

(2) 您的年龄段：□18 岁以下 □18～25 岁 □26～30 岁 □31～40 岁 □41～50 岁 □51～60 岁 □60 岁以上

(3) 您目前从事的职业：

□城市居民/当地在校学生 □游客/外来人口 □管理方/设计人员/色彩相关专业人员

(4) 您对色彩的了解有多少？

□知之甚少 □了解一些 □了解较多 □非常了解

(5) 提到哈尔滨市中央大街片区，您首先想到的是哪种颜色？

_____

(6) 接下来，选取了中央大街街区的典型街道（南北向道路）的建筑色彩进行调查。

下图是通江街西侧和东侧的建筑立面街景图像（注：因问卷篇幅有限，故将街道的立面分成几段），请您根据建筑图像的色彩情况，从色彩带给您的直观感受出发，对其色彩现状的整体进行打分评价。 其中，有非常差～非常好区间共 7 个等级，分别对应-3～3 分，以此来作答。

图例
历史文化街区
保护范围线
核心保护
范围线

中央大街历史文化街区整体的现状的色彩分布图

通江街西侧建筑立面街景图　　　　　　　　　通江街东侧建筑立面街景图

类型	评价因子	正面形容词	非常好/强	比较好/强	好/强	一般	差/弱	较差/弱	非常差/弱	负面形容词
			3	2	1	0	-1	-2	-3	
色彩视觉感知	色相	温暖的	□	□	□	□	□	□	□	冰冷的
	明度	明亮的	□	□	□	□	□	□	□	昏暗的
	彩度	鲜艳的	□	□	□	□	□	□	□	平淡的
色彩空间感知	主次关系	清晰的	□	□	□	□	□	□	□	不清晰的
	协调性	调和的	□	□	□	□	□	□	□	突兀的
	连续性	连续的	□	□	□	□	□	□	□	跳跃的
	标识性	醒目的	□	□	□	□	□	□	□	模糊的
	方向指示性	强的	□	□	□	□	□	□	□	弱的
色彩心理感知	特色性	特色的	□	□	□	□	□	□	□	无特色的
	丰富度	丰富的	□	□	□	□	□	□	□	单调的
	活力性	活泼的	□	□	□	□	□	□	□	沉闷的
	愉悦感	愉悦的	□	□	□	□	□	□	□	悲伤的
	亲和感	易贴近的	□	□	□	□	□	□	□	冷漠的
	柔和度	柔和的	□	□	□	□	□	□	□	生硬的
	舒适性	舒缓的	□	□	□	□	□	□	□	紧张的
	安全度	安全的	□	□	□	□	□	□	□	不安的
	洁净度	干净的	□	□	□	□	□	□	□	肮脏的
	格调度	优雅、华丽的	□	□	□	□	□	□	□	朴素、现实的

（7）下图是"主街"的东、西两侧的建筑立面街景图像，请您根据下图的建筑图像的色彩情况，从色彩带给您的直观感受出发，对其色彩现状的整体进行打分评价。 其中，有非常差～非常好区间共 7 个等级，分别对应–3～3 分，以此来作答。

中央大街主街西侧建筑立面街景图　　　　　中央大街主街东侧建筑立面街景图

类型	评价因子	正面形容词	非常好/强 3	比较好/强 2	好/强 1	一般 0	差/弱 -1	较差/弱 -2	非常差/弱 -3	负面形容词
色彩视觉感知	色相	温暖的	☐	☐	☐	☐	☐	☐	☐	冰冷的
	明度	明亮的	☐	☐	☐	☐	☐	☐	☐	昏暗的
	彩度	鲜艳的	☐	☐	☐	☐	☐	☐	☐	平淡的
色彩空间感知	主次关系	清晰的	☐	☐	☐	☐	☐	☐	☐	不清晰的
	协调性	调和的	☐	☐	☐	☐	☐	☐	☐	突兀的
	连续性	连续的	☐	☐	☐	☐	☐	☐	☐	跳跃的
	标识性	醒目的	☐	☐	☐	☐	☐	☐	☐	模糊的
	方向指示性	强的	☐	☐	☐	☐	☐	☐	☐	弱的
色彩心理感知	特色性	特色的	☐	☐	☐	☐	☐	☐	☐	无特色的
	丰富度	丰富的	☐	☐	☐	☐	☐	☐	☐	单调的
	活力性	活泼的	☐	☐	☐	☐	☐	☐	☐	沉闷的
	愉悦感	愉悦的	☐	☐	☐	☐	☐	☐	☐	悲伤的
	亲和感	易贴近的	☐	☐	☐	☐	☐	☐	☐	冷漠的
	柔和度	柔和的	☐	☐	☐	☐	☐	☐	☐	生硬的
	舒适性	舒缓的	☐	☐	☐	☐	☐	☐	☐	紧张的
	安全度	安全的	☐	☐	☐	☐	☐	☐	☐	不安的
	洁净度	干净的	☐	☐	☐	☐	☐	☐	☐	肮脏的
	格调度	优雅、华丽的	☐	☐	☐	☐	☐	☐	☐	朴素、现实的

（8）下图是尚志大街西两侧的建筑立面街景图像，请您根据下图的建筑图像的色彩情况，从色彩带给您的直观感受出发，对其色彩现状的整体进行打分评价。 其中，有非常差～非常好区间共 7 个等级，分别对应−3～3 分，以此来作答。

尚志大街主街东侧建筑立面街景图　　　　尚志大街主街西侧建筑立面街景图

类型	评价因子	正面形容词	非常好/强	比较好/强	好/强	一般	差/弱	较差/弱	非常差/弱	负面形容词
			3	2	1	0	−1	−2	−3	
色彩视觉感知	色相	温暖的	□	□	□	□	□	□	□	冰冷的
	明度	明亮的	□	□	□	□	□	□	□	昏暗的
	彩度	鲜艳的	□	□	□	□	□	□	□	平淡的
色彩空间感知	主次关系	清晰的	□	□	□	□	□	□	□	不清晰的
	协调性	调和的	□	□	□	□	□	□	□	突兀的
	连续性	连续的	□	□	□	□	□	□	□	跳跃的
	标识性	醒目的	□	□	□	□	□	□	□	模糊的
	方向指示性	强的	□	□	□	□	□	□	□	弱的
色彩心理感知	特色性	特色的	□	□	□	□	□	□	□	无特色的
	丰富度	丰富的	□	□	□	□	□	□	□	单调的
	活力性	活泼的	□	□	□	□	□	□	□	沉闷的
	愉悦感	愉悦的	□	□	□	□	□	□	□	悲伤的
	亲和感	易贴近的	□	□	□	□	□	□	□	冷漠的
	柔和度	柔和的	□	□	□	□	□	□	□	生硬的
	舒适性	舒缓的	□	□	□	□	□	□	□	紧张的
	安全度	安全的	□	□	□	□	□	□	□	不安的
	洁净度	干净的	□	□	□	□	□	□	□	肮脏的
	格调度	优雅、华丽的	□	□	□	□	□	□	□	朴素、现实的

（9）您认为中央大街历史街区的城市色彩还存在哪些问题并需要改进？

_____

_____

_____

_____

此次的问卷到此结束，再次感谢您的填写，祝您工作顺利、学业有成！

附录 E　中街商业街色彩眼动实验调查问卷

沈阳中街商业街色彩问卷调查表

对商业街色彩整体印象

（1）您觉得商业街色彩整体让人有欢快愉悦的感觉吗？

-2 非常压抑　-1 比较压抑　0 适中　1 比较欢快　2 非常欢快

（2）您觉得商业街色彩整体看上去标志性强吗？

-2 非常无感　-1 比较无感　0 适中　1 比较有代表　2 非常有代表

（3）您觉得商业街色彩整体让人觉得吸引力强吗？

-2 非常排斥　-1 比较排斥　0 适中　1 比较吸引　2 非常吸引

（4）您觉得商业街色彩整体协调性如何？

-2 非常混乱　-1 比较混乱　0 适中　1 比较协调　2 非常协调

（5）您觉得商业街色彩整体连续性如何？

-2 非常跳跃　-1 比较跳跃　0 适中　1 比较连续　2 非常连续

（6）您觉得商业街整体色彩丰富度如何？

-2 非常单调　-1 比较单调　0 适中　1 比较丰富　2 非常丰富

（7）您觉得商业街整体色彩让人舒适吗？

-2 非常不适　-1 比较不适　0 适中　1 比较舒适　2 非常舒适

对商业街色彩认同感

（1）您觉得商业街色彩是否有特色？

-2 非常没特色　-1 比较没特色　0 适中　1 比较有特色　2 非常有特色

（2）您觉得商业街的色彩是否与邻近的历史人文背景（沈阳故宫）相互协调呼应？

-2 非常无关　-1 比较无关　0 适中　1 比较呼应　2 非常呼应

（3）您觉得商业街的色彩是否与沈阳的自然地理背景（东北地区）相互适合？

-2 非常不适合　-1 比较不适合　0 适中　1 比较适合　2 非常适合

对商业街色彩体系调和效果

（1）您觉得商业街整体广告部分的色彩搭配（调和、协调）吗？

-2 非常不搭　-1 比较不搭　0 适中　1 比较搭配　2 非常搭配

（2）您觉得商业街整体雕塑和路中间的售货亭的色彩搭配（调和、协调）吗？

-2 非常不搭　-1 比较不搭　0 适中　1 比较搭配　2 非常搭配

（3）您觉得商业街整体各种标识体系的色彩搭配（调和、协调）吗？

-2 非常不搭　-1 比较不搭　0 适中　1 比较搭配　2 非常搭配

（4）您觉得商业街整体建筑墙面（不含广告）的色彩搭配（调和、协调）吗？

-2 非常不搭　-1 比较不搭　0 适中　1 比较搭配　2 非常搭配

（5）您觉得商业街整体道路铺装的色彩搭配（调和、协调）吗？

-2 非常不搭　-1 比较不搭　0 适中　1 比较搭配　2 非常搭配

（6）您觉得商业街整体以上哪类体系色彩设置得最为理想舒适？

1 广告部分　2 雕塑和路中间的售货亭　3 各种标识体系　4 建筑墙面（不含广告）　5 道路铺装